KB198903

우리는 어떻게 움직이는가

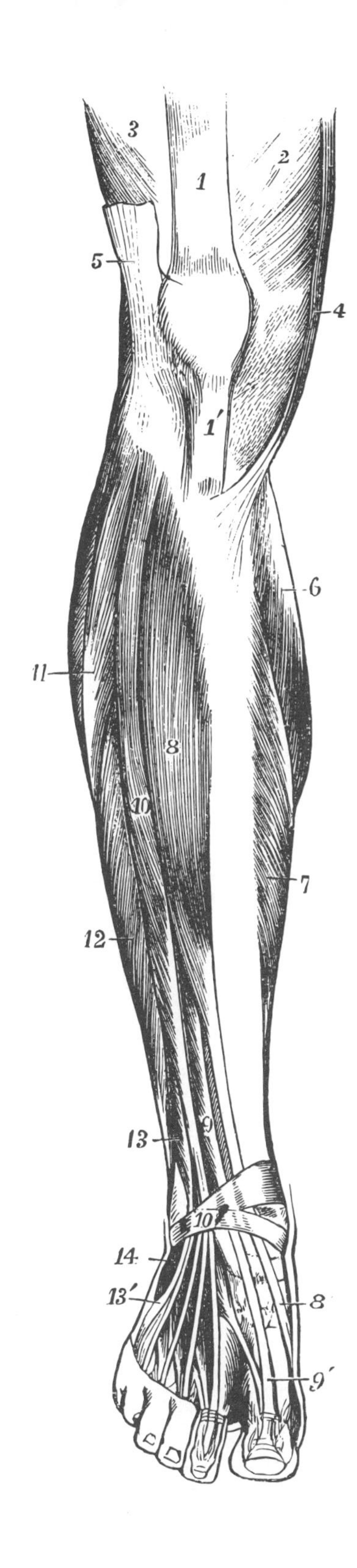

우리는 어떻게 움직이는가

로이 밀스 지음 고현석 옮김

MUSCLE: THE GRIPPING STORY OF STRENGTH AND MOVEMENT

근육의 해부학에서 피트니스까지
삶을 지탱하는
근육의 모든 것

해나무

내가 최선을 다하면서 그 과정에서 재미를 느낄 수 있도록 도와준

수전, 클리프턴, 앤더슨, 시드니에게 이 책을 바친다.

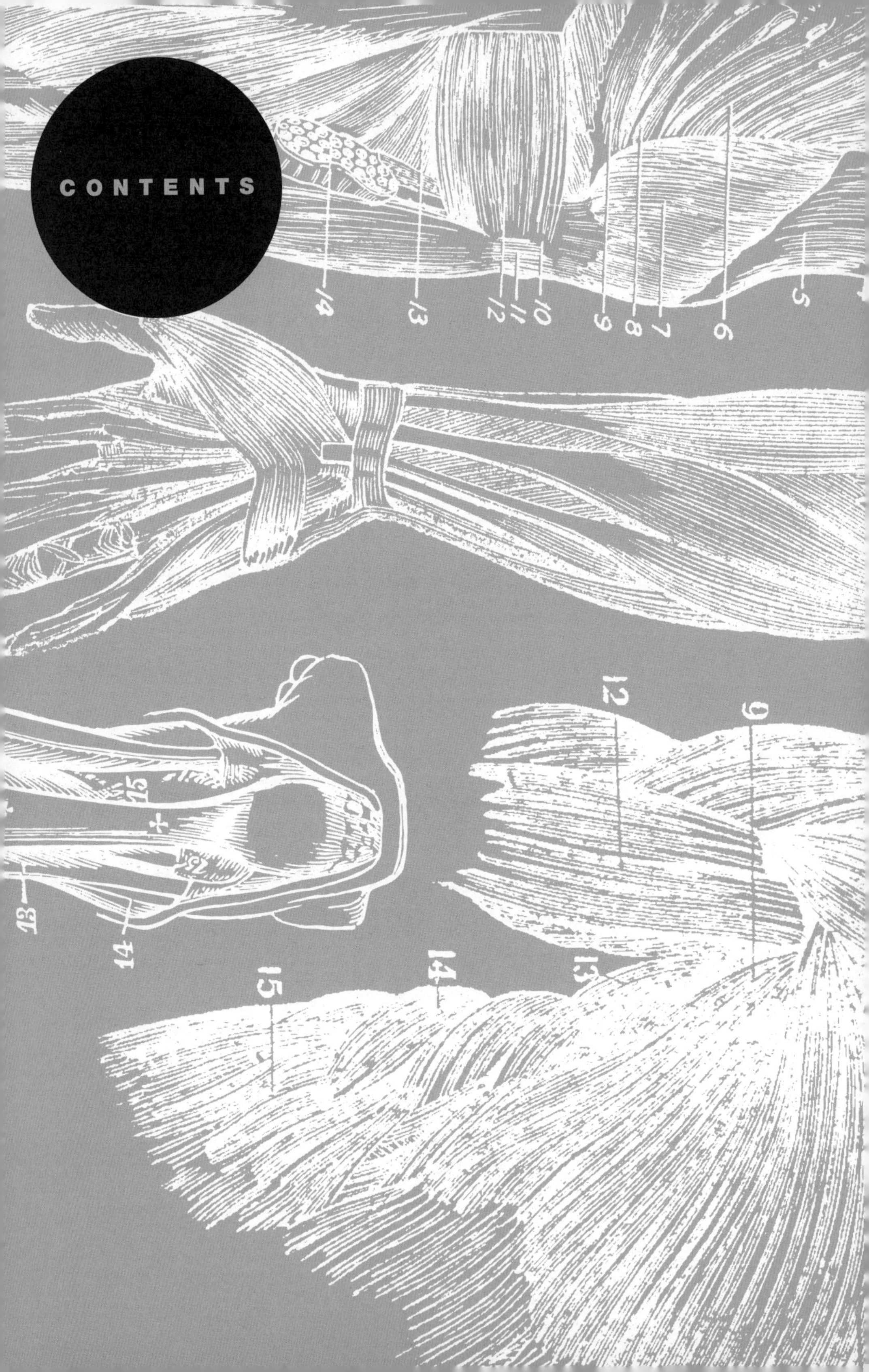

CONTENTS

MUSCLE:
THE GRIPPING STORY OF
STRENGTH
AND MOVEMENT

일러두기

- 이 책에서 사용된 해부학 용어는 원칙적으로 대한해부학회의 용어집을 따랐다. 또, 필요에 따라 현재 임상에서 의사들이 관용적으로 사용하는 한자 용어를 병기했다.
- 본문의 주는 모두 옮긴이의 것이다.

들어가는 말

준비운동

방금 눈을 깜빡였을 것이다. 일부러 깜빡였든 자신도 모르게 그랬든 그 과정에서 한 세트의 미세한 모터들이 여러분의 눈꺼풀을 닫은 뒤 다른 한 세트의 미세한 모터들이 다시 눈꺼풀을 열었을 것이다. 이 글을 읽는 동안에도 눈의 홍채에 있는 근육들은 자동으로 움직이면서 눈으로 들어오는 빛의 양을 조절하고, 수정체 주변의 근육들은 망막에 글자의 상이 정확하게 맺히도록 수정체의 두께를 조절하고 있을 것이다. 생명의 기본적인 특성 중 하나가 바로 이런 운동이다.

아리스토텔레스를 시작으로 오래전부터 학자들은 생명에 대한 보편적인 정의를 내리기 위해 노력해왔지만 모두 실패했다. 따라서 현재의 생물 교사들은 생명에 대한 정의에 근접하기는 하지만 정의 자체는 아닌, 생명의 특성에 대해 학생들에게 가르치고 있다. 교사들은 "MRS GREN(그렌 부인)"이라는 약자를 이용해 학생들이 생명의 특성을 쉽게 외울 수 있도록 돕는다. MRS GREN은 움직임Movement, 생식Reproduction, 감각Sensitivity, 성장Growth, 호흡Respiration, 배설Excretion, 영양Nutrition의 앞 글자를 모아 만든 말이다. 이 7가지 특성은 서로 밀접하게 연결돼 있으며 생명체만 수행할 수 있는 기능이다. 이 속성들 중에서 운동은 인간을 비롯한 동물에게서 두 가지 역할을 한다. 근육의 운동은 호흡, 소화, 생식 등 신체 내부에서 이뤄지는 작용에 필수적일 뿐만 아니라 최상의 공기, 음식, 짝을 찾아 이동하고 위험에서 벗어날 수 있게 해준다(이 점에서는 동물이 식물보다 유리하다). 우리의 몸을 이해하고, 건강을 개선하고, 나이가 들어도 의지대로 움직이려면 근육이라는 조직의 움직임과 근육이 가진 엄청나고 다양한 힘에 대한 이해가 반드시 필요하다.

밤에 잠을 자는 동안 눈 근육은 휴식을 취할 수 있다. 하지만 밤새 쉬지 않고 움직이는 근육들도 있다. 예를 들어, 심장은 우리가 3주 된 태아였을 때부터 지금까지 1분에 약 70~100회 정도 계속 수축하고 있다. 심장 근육cardiac muscle은 놀라울 정도로 내구성이 강하기 때문에 100년이 넘도록 인간을 지탱할 수 있다. 우리가 얼굴을 붉히거나, 몸에 소름이 돋거나, 음식을 소화할 수 있도록 하는 민무늬근smooth muscle(평활근)은 보이지 않는 곳에서 작동하며, 우리의 의지대로 조절되지 않는 불수의 근육이다. 끝부분이 뼈에 단단히 붙어 있어 움직임과 힘 면에서 놀라울 정도로 능력을 발휘하는 근육도 있다. 1분에 턱걸이를 68회나 하는 남성이나 2.4미터 이상의 높이뛰기를 하는 남성, 시속 296킬로미터 이상의 기록적인 속도로 자전거를 타는 여성이 나올 수 있었던 이유가 바로 이 골격근skeletal muscle에 있다고 할 수 있다. 또한 근육은 얼굴 표정, 손짓, 발성을 통해 의사소통을 할 수 있게 해주기도 한다. 실제로, 뇌는 근육을 수축시키지 않고는 생각을 몸에 전달할 수 없다. (뇌파 검사나 기능적 자기공명영상functional MRI 검사를 받는 경우는 이야기가 좀 다르다. 물론, 텔레파시를 할 수 있는 사람이 있다면 근육을 이용하지 않고도 자신의 뇌에서 일어나는 생각을 전달할 수 있을 것이다.) 혈액의 흐름을 유지하는 역할을 하건 조깅할 때 발을 앞으로 나아가게 하는 역할을 하건, 근육은 우리 몸이 필수적이고 일상적인 기능을 유지할 수 있는 힘을 제공해준다.

✦✦✦✦

근육은 우리 몸의 다른 내부 요소들과 역할 면에서 다르기도 하지만, 관찰이 가능하다는 점에서도 차별화된다. 근육은 피부로만 얇게 덮여 있기 때문에 관찰자에게 근육 주인의 전반적인 건강 상태와 활력 상태를 알려준다. 간이나 신장 같은 내부 장기도 근육만큼 중요하긴 하다. 하지만 이런 내부 장기들은 문제가 생기지 않는 이상, 상태가 어떤지 육안으로 관찰하는 것은 불가능하다. 게다가 스팟 트레이닝spot training(특정한 근육만을 강화하기 위한 훈련)이 가능한 신체 구성요소는 근육밖에 없다. 예를 들어 무거운 물건을 많이 들면 팔뚝이 불룩해질 수 있지만, 생각을 많이 한다고 해서 뇌가 커지지는 않는다. (술을 많이 마시면 간이 커지기는 한다. 하지만 이 경우 간은 부분적으로만 커지는 것이 아니라 전체적으로 다 비대해지기 때문에 문제가 된다.)

생활습관은 일단 논외로 하고, 한번 자신에게 질문해보자. 현재의 몸무게, 체력, 체격, 혈압, 혈당수치, 정신적 및 육체적 지구력, 수면 패턴에 만족하는가? 하루의 대부분을 앉아서 보내는 사람이라면 이 질문 항목 중 적어도 하나에는 "그렇지 않다"라는 답을 할 것이다. 오랫동안 활기차게 살고 싶은가? 그렇다면 근육을 건강하게 유지하는 것이 가장 중요하다.

근육량muscle mass은 27세 정도에 정점에 이르며 그 이후에는 계속 가차 없이 떨어지지만, 좋은 생활습관을 선택하면 근육 감소 속도를 늦출 수 있다. 그렇다고는 해도 여전히 우리는 나이가 들면서 고혈압, 심근경색, 위산 역류, 스트레스성 요실금, 발기부전 등 다양한 질환에 직면할 수 있다. 이 모든 질환의 원인은 근육이다. 따라서 근육질환에 대한 이해를 통해 이런 질환들이 어떻게 발생하는지, 그리고 어떻게 이런 질환들을 치료해야 하는지에 대한 확실한 지식을 확보할 수 있다면, 생활 방식을 좋은 쪽으로 바꾸고 치료를 위한 선택지를 늘리는 데 도움을 받을 수 있다. 이런 지식은 정교한 인공심장 제작 기술, 근이영양증muscular dystrophy• 치료를 위한 유전자 편집 기술, 돼지-인간 간 심장 이식을 목표로 하는 면역학적 기술 같은 현재의 최첨단 기술이 더 성숙하고 발달할 미래에는 점점 더 중요해질 것이다.

앞으로는 질병이 더욱 줄어들어 사람들이 근육을 더 오래 사용하게 되겠지만, 기대수명과 여가시간이 더 늘어나는 것도 사람들이 오랫동안 현명하게 근육을 사용하려면 어떻게 해야 하는지 생각하게 만들 것이다. 하지만 그 과정에서 건강과 행복에 대한 잘못된 생각들도 생겨날 것이고, 그 생각들은 결국 과학 연구에 의해 오류가 입증될 것이다. 물론 지금도 사라지지 않고 있는 잘못된 생각들도 적지 않

• 유전적 원인에 의해 신체 특정 부위 근육의 진행성 근 위축 및 근력 약화가 발생하는 근육질환을 말한다. 근위축증이라고도 부른다.

다. 예를 들어 내 부모님은 식사 후 한 시간 안에는 수영을 하지 말라고 내게 말했다. 근육경련이 일어나 익사할 수 있다는 생각에서였다. 1908년에 발간된 보이스카우트 매뉴얼에 포함됐던 이 경고는 현재 완전히 잘못된 생각에 기초한다는 것이 과학적으로 입증된 상태다. 현재 미국 소아과학회와 미국 적십자사는 식사 후 바로 물에 뛰어들어도 문제가 없다고 말하고 있다(실제로 소화 과정 때문에 근육 내 혈액 순환이 일부 줄어들어 근육경련이 일어날 가능성이 있긴 하다. 하지만 경련이 일어난다고 해도 생명을 위협할 수 있을 정도로 심하게 일어나지는 않는다). 이보다 더 심각한 문제는 식이 보충제(영양제), 운동기구, 헬스장에서의 운동이 근육을 키우고 지방을 빼준다는 주장이 난무한다는 데 있다. 이런 주장들은 대부분 유혹적으로 들리지만, 그중 어떤 주장이 가짜이고 어떤 주장이 과학적 근거에 기초해 생명을 잘 유지하고 건강을 증진시키는 데 도움이 되는 주장일까? 이 질문에 대답하려면 힘과 움직임에 대한 이해가 필요하다.

이 책은 힘을 만들어내는 근육의 무수한 미덕과 능력에 대한 안내서다. 이 책을 읽는 독자들은 생물학, 미술사, 대중문화, 보디빌딩 그리고 유전자 편집과 줄기세포 연구 같은 최첨단 연구 분야를 넘나들며 근육의 구조와 기능을 이해하면서 경이로움을 느끼고 새로운 지식들을 접할 수 있을 것이다. 예를 들어, 우리는 이 책에서 우주비행사들이 화성까지 무중력 상태에서 여행을 하는 동안 근육량을 유지할 수 있는 방법에 대해 생각해볼 것이고, 미소를 짓는 행동 자체가 사람을 행복하게 만든다는 말이 사실인지도 탐구해볼 것이다.

"근육muscle"의 어원은 쥐를 뜻하는 라틴어 "*mus*"다. 근육이 움직이는 모습이 마치 생쥐*Mus musculus*가 피부 안에서 꿈틀거리는 것 같다고 해서 이런 이름이 붙었다. 요즘 사람들 중에는 몸매를 개선하기 위해 이 "생쥐"를 키우는 것보다 실리콘 보형물을 주입하는 것을 더 선호하는 사람들도 있다. 근육에 대한 열광은 새로운 현상이 아니며, 이미 수천 년에 걸쳐 이어져왔다. 제우스, 아틀라스, 헤라클라스 같은 신이나 영웅의 모습을 청동이나 대리석으로 묘사한 고대 그리스의 조각상들은 매우 몸매가 좋지만, 당시 조각가들이 근육의 해부학적 특징에 대해 잘 알고 있었을 가능성은 거의 없다. 하지만 르네상스 시대에는 상황이 달라졌다. 예를 들어, 미켈란젤로가 조각한 다비드상은 근육이 생생하게 묘사돼 있어 실제 인간의 모습과 매우 유사하다. 이 조각상은 미켈란젤로의 천재성과 그의 비밀스러운 시체 해부 연구의 결과가 결합된 놀라운 작품이다. 한편, 현대인들은 뽀빠이, 슈퍼맨, 졸리 그린 자이언트Jolly Green Giant•, 찰스 아틀라스Charles Atlas••, 스티브 리브스Steve Reeves•••처럼 매끈한 몸매를 가진 실제인물과 대중문화 캐릭터에 열광하고 있다. 마블 영화에 나오는 배우를 닮기 위해 근육을 단련하고 싶은 사람이나 "살찌지 않으면서" 건강과 웰빙을 유지하고 싶은 사람은 먼저 근육이 어떻게 작동하는지 이해해야 한다. 그럼 이제 시작해보자.

• 미국의 한 통조림 제조 회사의 마스코트인 거대한 초록색 거인.
•• 미국의 전설적인 보디빌더.
••• 미국의 보디빌더 출신 배우.

1장

발견

해부학은 가장 오래된 의학 분야이며, 지금도 모든 의과대학 1학년 학생들은 육안해부학gross anatomy(거시해부학) 실험실에서 그 전통을 이어가고 있다. 육안해부학이라는 말에는 "gross"라는 단어가 들어 있지만, 해부학은 역겨운 학문이 아니다.• 육안해부학은 현미경으로만 관찰할 수 있는 극히 작은 해부학적 구조를 연구하는 학문인 현미해부학microscopic anatomy(미시해부학)과 대조되는 해부학을 말한다. 이제 시간을 거슬러 올라가 간단하게 이 개념들에 대해 살펴보자.

인도 사람들이 "의학의 아버지"라고 부르는 수슈루타Sushruta는 히포크라테스보다 400년 정도 먼저 살았던 사람이지만, 그 시대에 이미 의학을 공부하는 사람이라면 누구나 인체를 해부해야 한다고 주장

• "gross"는 "역겨운"이라는 뜻으로도 쓰인다.

했다. 하지만 당시 사람들은 사망한 지 얼마 안 되는 시신을 신성하게 여겨 매장을 준비할 때만 시신을 만져야 한다고 생각했다. 이런 분위기에서 의학을 공부하는 학생들을 위해 수슈루타가 생각해낸 방법은 시신을 고리버들 바구니에 넣어 천천히 흐르는 시냇물에 담그는 것이었다. 이렇게 시냇물에 잠긴 상태에서 분해되고 있는 시신을 며칠이 지난 뒤 꺼내 빗사무로 쓸어주면 시신의 해부학적 비밀을 밝힐 수 있었다. 이 과정은 정말 역겨웠다. 게다가 이 방법을 사용해 근육의 해부학적 구조에 대해서 쓸모 있는 지식을 얻는 일도 불가능했다.

고대 중국과 고대 이집트에서도 근육에 대한 해부학적 지식은 확보되지도 축적되지도 않았다. 공자가 수 세기 동안 중국의 지적 생활을 지배했던 중국에서는 관찰, 즉 해부보다는 추론과 가정이 우세했다. 고대 이집트에서는 약 7000만 구의 시신이 방부 처리됐기 때문에 해부에 대한 수준 높은 이해가 가능할 정도로 해부 재료가 충분했을 것이다. 하지만 의사가 아닌 사제라는 특수 계층이 시신을 매장할 준비를 하면서 작은 구멍을 통해 내부 장기를 하나씩 제거했기 때문에 인체의 해부학과 병리학을 연구할 수 있는 엄청난 기회를 놓치고 말았다.

갈레노스가 미친 광범위한 영향

고대 이집트나 고대 중국에서처럼 고대 그리스에서도 지식의 기반은 논리와 추론이었고, 논리적 추론이 관찰에 우선했다. 해부학적 관찰은 지중해 연안 도시인 알렉산드리아에서 헤로필로스Herophilus와 에라시스트라투스Erasistratus가 최초로 체계적인 인체 해부를 수행하면서 시작된 것으로 추정된다. 하지만 이런 관찰과학은 지식과 학문 면에서 그리스의 영향이 지배적이었던 로마 제국에서는 널리 확산되지 못했다.

그러던 중 기원전 150년경에 갈레노스Galen가 등장했다. 갈레노스는 당시 로마에서 살던 그리스인 의사였다. 갈레노스는 로마 황제의 주치의이자 검투사들을 치료한 외과의였을 뿐만 아니라, 역사상 가장 영향력 있는 의학 저술가이기도 했다. 하지만 안타깝게도 그는 인체의 해부학적 구조에 대해서는 잘못 알고 있는 부분이 많았다. 이는 그가 부상을 입은 검투사나 가끔씩 해안으로 밀려온 시체들을 통해서만 인체의 해부학적 구조를 부분적으로 관찰할 수 있었기 때문이다. 갈레노스는 원숭이, 돼지, 곰 같은 동물을 해부함으로써 인체의 해부학적 구조에 대한 지식을 보완하려고 했으며, 그러면서 그는 인간의 해부학적 구조가 이런 동물들의 해부학적 구조와 같은 것이라는 잘못된 생각을 했다.

그로부터 1000년이 넘게 지난 뒤에도 의사들과 해부학자들은 갈레노스의 저술을 가장 높이 평가했고, 자신의 눈으로 직접 관찰한 것과 갈레노스의 "진리"가 일치하지 않는 경우에는 항상 갈레노스의 생각이 옳다고 생각했다. 예를 들어 이들은 자신이 직접 관찰한 넙다리뼈thigh bone(넓적다리 뼈, 대퇴골)가 갈레노스가 묘사한 것처럼 구부러져 있지 않은 것을 발견했는데도, 사람들이 갈레노스의 시대 이후로 "원통형 속옷 하의"를 수백 년 동안 입어왔기 때문에 이 뼈의 구조가 변

13세기에 제작된 이 근육 스케치는 어깨세모근과 넙다리근thigh muscle을 상당히 정확하게 묘사하고 있지만, "식스팩" 복근은 완전히 빠져 있다. 어쩌면 화가는 재미있게 표현하려고 복근을 베이글 모양으로 그렸는지도 모르겠다.

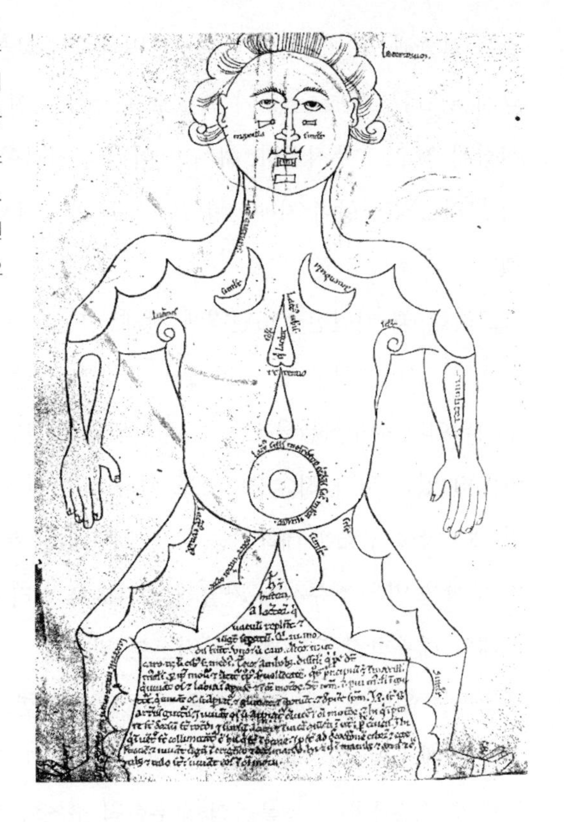

화한 것이라고 생각했다. 또한 중세 해부학자들은 가슴뼈breast bone•의 수가 갈레노스가 기록한 것보다 적다는 사실을 발견했을 때도, 고대 영웅들의 가슴은 더 견고했기 때문에 당시의 보통사람들보다 더 가슴뼈의 수가 더 많았을 수 있다는 추론을 하기도 했다.

따라서 당시의 해부도가 완전히 공상에 의한 것은 아니겠지만 기껏해야 조잡한 스케치 수준이었다는 것은 놀라운 일이 아니다. 하지만

• 가슴 앞쪽 정중앙에 위치하는 납작한 판 모양의 뼈. 복장뼈라고도 부름.

르네상스 이전의 해부학자들과 의사들은 인체의 해부학적 구조, 특히 근골격계의 해부학적 구조를 알아야 할 필요가 별로 없었다. 당시의 팔다리 수술은 사혈과 절단이 전부였기 때문이다.

해부학과 예술

해부학도 다른 많은 학문 분야와 마찬가지로 르네상스 시대의 도래와 함께 변화했다. 예술가들과 해부학자들은 인체의 내부구조를 포함해 인체를 이해하고 묘사하는 데 더 많은 관심을 가지게 됐다. 화가인 형과 함께 시체를 해부한 것으로 알려진 안토니오 델 폴라이우올로Antonio del Pollaiuolo가 1470년대에 그린 〈알몸들의 전투*Battle of the Nudes*〉는 긴장 상태의 근육에 대한 놀라운 이해를 보여주며, "수 세기 동안 길이 남을 해부학적 표현의 수사학"이라는 평가를 받고 있다. 그로부터 30년 후, 독일의 화가 알브레히트 뒤러Albrecht Dürer는 종교적 제재를 피하기 위해 기독교 이야기를 담은 사실적인 누드화를 그리기 시작하면서 예술과 해부학의 결합을 더욱 강화했다.

예술과 해부학의 결합은 르네상스 시대에 절정에 이르렀고, 여기에는 특히 안드레아스 베살리우스Andreas Vesalius(1514~1564)의 공헌이 결정적이었다. 학문적 재능이 뛰어났던 그는 23세가 채 되지 않았을 때 의과대학을 졸업했고, 졸업과 동시에 파도바 대학교의 해부학 및 외과의학 교수로 임용됐다. 그로부터 6년 뒤 그는 후에 기념비적인 책으로 남게 될 『사람 몸의 구조*De Humani Corporis Fabrica Libri Septem*』를 출간했

르네상스 예술가들은 인간의 근육을 묘사하는 데 관심을 갖기 시작했다.

위쪽: 안토니오 델 폴라이우올로, 〈알몸들의 전투〉, 1470년경.

아래 왼쪽: 알브레히트 뒤러, 〈기둥에 묶인 성 세바스티아누스*Saint Sebastian at the Column*〉, 1500년.

아래 오른쪽: 알브레히트 뒤러, 〈나무에 묶인 성 세바스티아누스*Saint Sebastian Tied to a Tree*〉, 1501년경.

다. 갈레노스가 세상을 떠난 뒤 1400년이 지나서야 마침내 갈레노스의 이론을 반박할 수 있는 자신감과 배짱을 가진 사람이 나타난 것이었다. 현대적인 관찰과학과 관찰연구의 시작을 알린 이 책의 출간으로 관찰과 측정이 드디어 추론과 추측보다 우위에 서게 됐다.

당시 가톨릭교회는 인체 해부를 강력하게 금지했기 때문에 인체 해부를 통한 관찰 대부분은 비밀리에 이뤄졌다. 하지만 사형수의 시신에 대한 해부는 예외였다. 중세 의과대학에서는 1년에 한 번씩 해부가 허용됐다. 공개적으로 이뤄진 이런 해부에는 범죄를 억제하기 위한 목적도 있었던 것으로 보인다. 베살리우스의 시대로부터 거의 300년이 지난 뒤에도 암살자에게 내려진 형벌 집행문은 "사형장으로 끌려가서 죽을 때까지 목을 매달고, 시신을 절개하고 해부할 것"이라는 내용을 담고 있었다.

베살리우스는 해부한 시체의 부분들을 그 시체가 살아 있을 때 취했을 자세로 배열했다. 『사람 몸의 구조』에는 이런 자세들을 취했을 때 근육들 사이의 관계를 보여주는 도판이 삽입돼 있다. 베살리우스는 주로 숫자를 이용해 근육을 구분했다. 이를테면 그는 "팔을 들어 올리는, 팔을 움직이는 근육 중 두 번째 근육", "발을 움직이는 첫 번째 근육" 등으로 근육의 이름을 붙였다. 이 두 근육은 현재는 각각 "어깨세모근", "장딴지근gastrocnemius"이라고 부른다. 하지만 베살리우스가 붙인 근육 이름 중에서 배곧은근rectus abdominis(윗몸일으키기에 사용되는 근육), 깨물근masseter(교근, 음식을 씹을 때 사용되는 근육), 관자근temporalis(측두근) 같은 이름은 현재도 그대로 사용된다.

베살리우스는 르네상스 시대 최고의 해부학자였으며, 자신이 해부

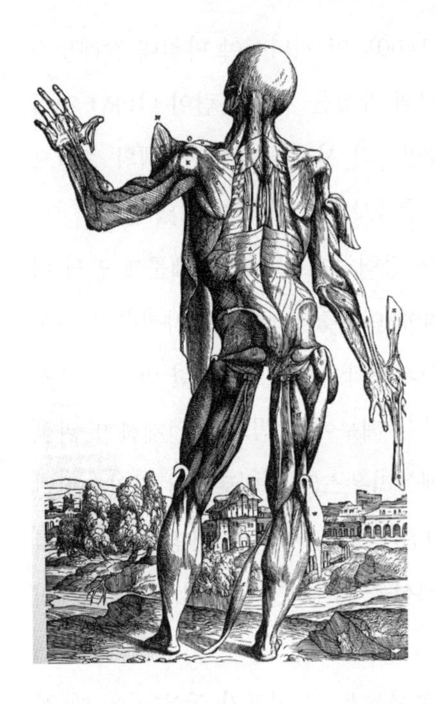

안드레아스 베살리우스는 해부한 시체의 부분들을 그 시체가 살아 있을 때 취했을 자세로 배열하면서 대부분의 근육에 숫자를 붙였고, 몸 안쪽에 있는 근육들을 드러내 보이기 위해 일부 근육은 접기도 했다. 『사람 몸의 구조』에 삽입된 이런 도판들에는 왼쪽의 그림처럼 배경이 그려져 있는데, 도판들을 모두 이어 붙이면 파노라마처럼 하나의 긴 풍경을 볼 수 있다.

한 결과물을 예술가적 감각으로 묘사한 사람이기도 했다. 베살리우스와 미켈란젤로(1475~1564)는 같은 해에 세상을 떠났다. 이 두 사람이 서로 알고 지내면서 아이디어를 공유했는지는 알 수 없지만, 미켈란젤로가 그림을 그리거나 대리석 조각을 할 때 해부학자의 눈으로 정확하게 대상을 묘사한 것은 확실하다. 그는 당시에도 이탈리아에 남아 있던 고대 그리스와 고대 로마의 조각상에서 영감을 얻었지만, 처음부터 제약을 느낄 수밖에 없었다. 가톨릭교회가 인체 해부를 엄격하게 금지하고 있는 상황에서 그는 인체의 내부구조를 알지 못하면 결코 인체를 사실적으로 묘사할 수 없다는 것을 잘 알고 있었다. 하지만 그는 비밀리에 해부를 진행했고, 결과적으로 전 세계 사람들은 그로 인한 문화적 혜택을 누릴 수 있게 됐다. (더 자세한 내용은 어빙 스톤 Irving Stone이 쓴 미켈란젤로 전기 『고뇌와 황홀 *The Agony and Ecstasy*』을 참조하기 바란다.)

미술과 해부학이라는 두 분야의 진정한 화합은 레오나르도 다 빈치(1452~1519)에 의해 이뤄졌다. 레오나르도 다 빈치는 수많은 분야를 연구했지만, 특히 인체해부학에 관심이 많았다. 그는 평생 동안 30구 이상의 시체를 해부했다고 한다. 그가 남긴 그림과 스케치, 함께 첨부된 설명은 움직이는 인간의 근골격계에 대한 그의 깊은 이해를 보여주며, 이런 이해에 기초한 그의 작업 방식은 완전히 새로운 것이었다.

그의 연구 결과들은 그의 사후에야 공개됐고, 일부는 19세기에 이르기까지 발견되지 못했다. 따라서 그가 후기 르네상스 시대의 해부학자들과 예술가들에게 미친 영향은 미미했다고 할 수밖에 없다. 하지만 그의 연구 결과들이 발견되면서 그의 천재성은 또 다른 측면에서 확실하게 부각되기 시작했다. 그는 근육들이 뼈, 특히 어깨 주변의 뼈에 붙어 뼈와 함께 지렛대 역할을 한다는 것을 이해했다. 그는 근육이 제어하는 관절(들)의 시작 위치에 따라 근육의 기능이 달라진다는 사실을 잘 이해하고 있었다. 즉, 그는 어떤 해부학적 구조가 어떻게 움직임을 일으키는지 확실히 이해하고 있었다. 또한 그는 근골격계 구조들의 횡단면에도 관심을 가졌는데, 이에 대한 그의 연구 결과는 그로부터 거의 500년이 지나 발명된 컴퓨터단층촬영 computed tomography, CT 기법과 자기공명영상 magnetic resonance imaging, MRI 기법을 통해 임상적으로 유용하게 사용되고 있다.

르네상스 시대 예술가들은 원근법과 음영기법을 개발해 활용했을

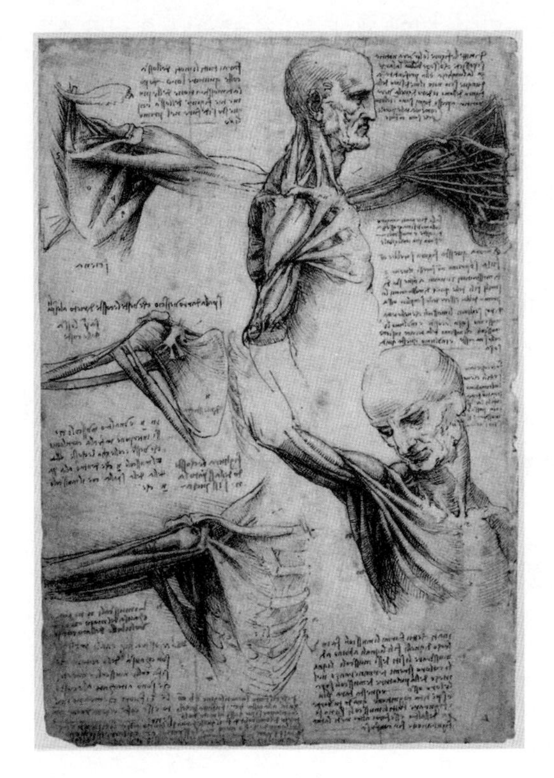

레오나르도 다 빈치의 그림과 메모는 움직임의 해부학적 구조에 대한 그의 깊고 새로운 이해를 보여준다. 특히 어깨의 자유로운 움직임에 대한 그의 해부학적 묘사는 매우 탁월하다. 이 그림을 보면, 같은 관절이라도 팔이 밑으로 내려진 상태에서의 역할과 팔이 어깨 위로 들린 상태에서의 역할이 완전히 다르다는 것을 알 수 있다.

뿐만 아니라 종교적 인물만 묘사하는 관행에서 벗어나기도 했다. 이들은 직접 인체 해부를 하지는 않았지만 교회에서 허용한 사형수 공개 해부 행사에 1년에 한 번씩 참석해 인체의 해부학적 구조에 대한 이해를 넓혔다.

해부학적 설명과 묘사의 오류는 갈레노스의 저술에서뿐만 아니라 그후에도 계속 발생했다. 1632년에 그려진 렘브란트의 〈튈프 박사의 해부학 수업*Anatomy Lessons of Dr. Tulp*〉에서도 오류가 발견된다. 그림에서

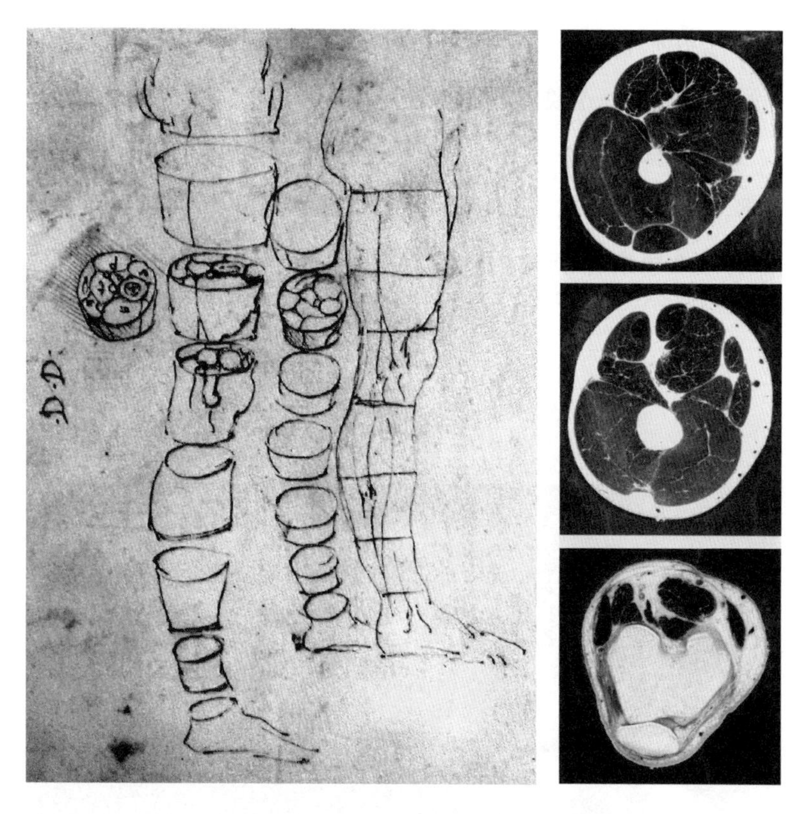

왼쪽: 레오나르도 다 빈치는 해부학적 구조의 횡단면을 관찰하면 근육, 뼈, 혈관, 신경의 상호관계를 확실하게 파악할 수 있다는 점에 주목했다. **오른쪽**: (위에서 아래로) '비저블 휴먼 메일 프로젝트 Visible Human Male Project'•가 공개한 허벅지 중간 부분, 허벅지 말단, 무릎의 횡단면 사진.

주먹을 쥐게 만드는 팔뚝 근육은 팔꿈치 바깥쪽에 붙어 있는 것으로 묘사됐지만, 실제로 이 근육은 팔이 내려졌을 때 몸통 쪽에 가까운 팔

• 미국 국립의학도서관의 인체영상 데이터화 프로젝트로 인체를 직접 해부하지 않고도 그 구조를 이해할 수 있도록 인체를 3차원의 가상현실로 만드는 것을 목표로 한다.

꿈치 옆면에 붙어 있는 근육이다. 이 오류 때문에 이 작품이 주는 감동이 줄어들지는 않겠지만(손 수술을 하는 외과의사라면 그럴 수도 있을 것 같다), 렘브란트가 오른쪽 팔뚝의 해부학적 구조를 먼저 스케치한 다음 최종 단계에서 이 근육의 위치를 반대로 수정하지 않았기 때문에 이런 오류가 발생했을지도 모른다는 생각이 든다.

렘브란트 반 레인Rembrandt van Rijn, 〈튈프 박사의 해부학 수업〉, 1632년. 그림에서 튈프 박사는 암스테르담의 의사들에게 팔뚝의 해부학적 구조에 대해 설명하고 있다. 그림에 등장하는 의사 중 일부는 그림에 자신을 포함시키기 위해 비용을 지불하기도 했다. 그림의 오른쪽 아래 부분에 펼쳐진 책은 베살리우스의 『사람 몸의 구조』일 가능성이 높다.

3차원 묘사

르네상스 시대에는 해부학적 구조에 대한 이해와 그 이해의 결과를 예술적으로 표현하는 방식이 크게 발달했지만, 실제 3차원 구조를 2차원의 그림으로 표현하는 데에는 여전히 문제가 있었다. 18~19세기에는 유럽의 의대생들이 인체해부학을 연구하기 위해 밀랍이나 파피에 마셰papier-mâché•로 실물 크기의 모형을 사용하면서 이 문제가 어느 정도 해결되긴 했다. 하지만 이 방법은 지속적으로 사용되지는 못했다. 결국 다른 방법이 등장해 지금까지 사용되고 있으며, 이 방법의 중요성은 날로 커져가고 있다.

러시아의 유명한 외과의사이자 해부학자인 니콜라이 피로고프Nikolai Pirogov(1810~1881)는 1855년에 출간한 횡단면 해부학 도해서인 『냉동 인체를 톱으로 잘라 얻은 단면들의 3차원 국소해부학*An Illustrated Topographic Anatomy of Saw Cuts Made in Three Dimensions across the Frozen Human Body*』을 집필할 때 레오나르도 다 빈치의 인체 구조 횡단면 스케치에 대해 몰랐을 것이다. 그로부터 9년 전, 한겨울에 정육점에 갔던 피로고프는 냉동된 돼지 사체를 가로 방향으로 톱으로 잘랐을 때 생긴 단면이 해부학적 요소들 간의 상대적인 위치를 정확하게 보여준다는 점에 주목했다. 기존의 해부 방법으로 심층구조를 관찰하기 위해서는 표면구조의 위치를 흐트러뜨려야 했고, 그로 인해 표면구조와 심층구조의 특별한 관계가 와해될 수밖에 없었다. 피로고프는 러시아의 추운 겨울

• 종이에 아교를 섞어 만든 딱딱하고 두꺼운 종이.

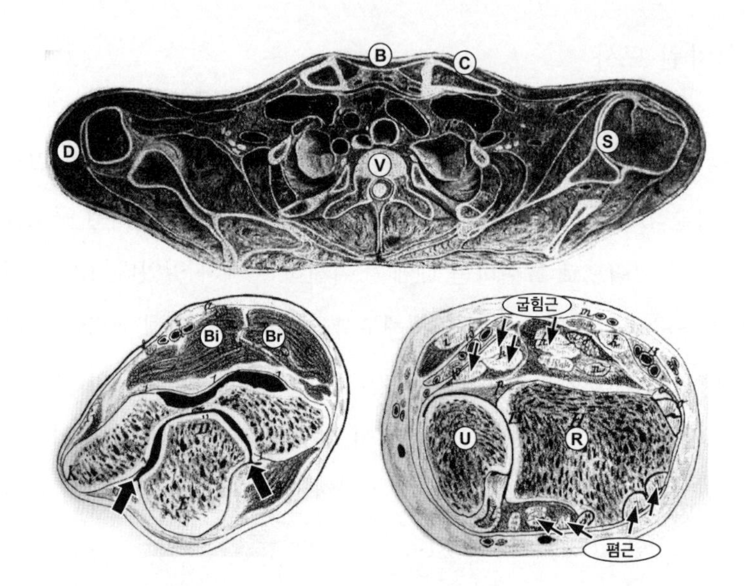

이 단면도들은 피로고프의 1855년 저서 『냉동 인체를 톱으로 잘라 얻은 단면들의 3차원 국소해부학』에서 가져온 것이다.

위쪽: 어깨관절(S), 어깨세모근(D), 척추(V), 가슴뼈(B), 빗장뼈(C)를 보여주는 단면도.

아래 왼쪽: 두갈래근biceps(Bi)과 위팔근brachialis(Br, 상완근)을 보여주는 팔꿈치관절 단면도.

아래 오른쪽: 손목 근처의 팔뚝에서 자뼈ulna(U, 척골)와 노뼈(R, 요골)는 손가락을 접게 만드는 힘줄(굽힘근)과 손가락을 펴게 만드는 힘줄(폄근)을 분리한다.

날씨를 활용해 시체를 "가장 밀도가 높은 나무 정도로" 딱딱하게 얼린 뒤, 톱을 이용해 시체를 여러 조각으로 자른 다음(이 조각 중에는 두께가 1.59밀리미터밖에 되지 않는 것들도 있었다) 그 조각들을 해동했고, 그럼으로써 이 조각들 안에 있는 해부학적 구조들의 서로에 대한 공간적 관계를 무너뜨리지 않으면서 구조를 정확하게 그려낼 수 있었다. 레오나르도 다 빈치처럼 피로고프도 CT와 MRI가 발명되기 100여 년 전부터 이런 단면의 의학적 가치를 인식하고 있었던 것이었다(CT

와 MRI의 원본 이미지는 모두 단면 이미지다).

1990년대에 미국 국립의학도서관은 다 빈치와 피로고프의 연구를 확장하기 위해 한 남성의 시체와 한 여성의 시체를 거대한 얼음덩어리 안에 넣어 냉동시켰다. 그런 다음 해부학자들은 남성의 시체는 머리부터 발끝까지 1밀리미터 간격으로, 여성의 시체는 0.33밀리미터 간격으로 절단해 얻은 각각의 절편의 표면을 일시적으로 해동시킨 후 해부학적 구조를 촬영했다. 키가 180센티미터가 조금 넘는 이 남성의 시체를 이렇게 잘라 촬영해 얻은 이미지는 약 1900장이었다. 이 이미지들을 타임 랩스time-lapse cine 편집 기법으로 이어 붙여보면 인간의 머리부터 발끝까지 해부학적 구조를 생생하게 관찰할 수 있다. 또한 해

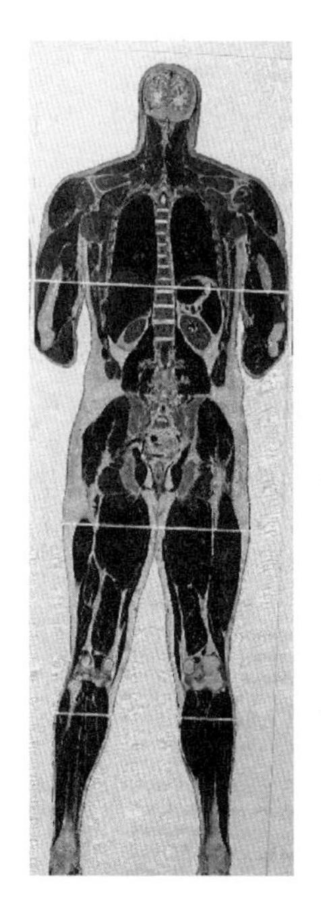

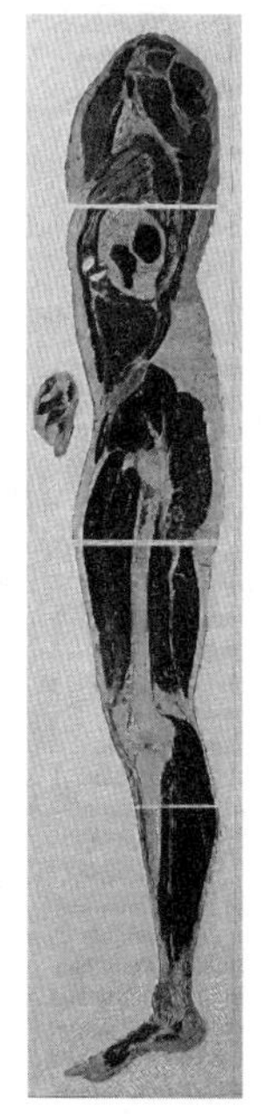

이 이미지들은 비저블 휴먼 메일 프로젝트에 사용된 남성의 시신을 밀리미터 단위로 절단해 얻은 단면 이미지들을 컴퓨터로 조작해, 몸통을 앞뒤로 그리고 옆으로 잘랐을 때 생성될 평면 이미지들을 재구성한 것이다. 왼쪽 이미지에는 팔뚝과 손이 누락되어 있는데, 이는 팔뚝과 손이 시신의 복부 위에 놓여 있었기 때문이다. 손은 오른쪽 이미지에서 볼 수 있다.

부학자들은 이 디지털 이미지들을 컴퓨터로 조작해 몸통을 앞뒤로, 그리고 옆으로 잘랐을 때 생성될 평면 이미지들을 정확하게 만들어냈다. 이 비저블 휴먼 메일 프로젝트에 시신을 기증한 남성은 생전에 살인자였다. 이 남성은 중세와 르네상스 시대의 살인자처럼 철저하게 몸이 "해부된" 셈이었다.

기증받은 시체를 "플래스티네이션plastination" 처리해 세계 곳곳에 전시하는 사람도 있다. 플래스티네이션은 독일의 해부학자 군터 폰 하겐스Gunther von Hagens가 1970년대에 개발한 기술로, 진공흡입장치를 이용해 시체에서 수분과 지방을 제거한 다음, 수분과 지방이 있던 공간에 경화성 중합체를 주입하는 방법이다. 이 기술을 이용하면 피부가 제거된 시신의 신체조직을 단단하면서 냄새가 나지 않게 만들 수 있다. 폰 하겐스는 이렇게 처리한 시신 중 일부를 베살리우스가 해부한 시신들처럼 살아 있을 때의 자세를 취하도록 만들었다. 또한 이런 시신 중에는 말에 탄 여성 시신(네 다리를 최대로 벌리고 전력 질주하는 자세의 이 말 역시 사체를 플래스티네이션 처리한 것이다), 창을 던지는 자세를 취한 시신 등 실제 움직임의 순간을 보여주는 것들도 있었다.

해부학이 역겹다고 생각할 수도 있겠지만, 자연사박물관이나 과학박물관 등에서 열리는 이 순회 전시회는 의료인이 아닌 사람도 해부학에 흥미를 느낄 수 있게 해준다. 나도 이 전시회에 간 적이 있는데, 6세 정도 되는 아이부터 어른까지 근육이 실제로 움직이는 것처럼 보이는 전시물들을 보고 놀라워하는 모습을 볼 수 있었다. 이 전시회에 간다면 누구나 깊은 인상을 받으면서 새로운 사실들을 알게 될 것이다.

근육의 명칭

르네상스 시대에 해부학에 대한 관심과 지식이 꾸준히 증가하면서 새롭게 관찰된 근육을 구분하고 이름을 붙이는 작업도 순조롭게 진행됐다. 베살리우스는 근육 이름에 숫자를 붙이는 것을 선호했지만, 그가 숫자를 붙이지 않은 근육들도 있었다. 예를 들어 그는 두 개의 턱 근육과 식스팩(복근)에 이름을 붙인 뒤 팔 근육 중 하나에 "안테리오르 쿠비툼 플렉텐티움anterior cubitum flectentium"이라는 이름을 붙였다.• 이 경우에는 이렇게 긴 이름 대신 차라리 깔끔하게 숫자를 붙였으면 더 사용자 친화적이었을 것 같다는 생각이 든다. 하지만 그가 모든 근육 이름을 숫자로만 지었다면 그것도 문제였을 것이다. 예를 들어 누군가가 여러분에게 489번 근육을 굽히라고 말했을 때 그 근육이 인간의 몸에 있는 약 650개의 근육 중 어떤 것인지 헷갈릴 수 있기 때문이다.

베살리우스 이후의 해부학자들은 다양한 근육들에 이름을 붙이면서 베살리우스가 붙인 "안테리오르 쿠비툼 플렉텐티움"이라는 이름을 위팔두갈래근biceps으로 바꿨다. 그나마 다행이다. 하지만 이렇게 바꾼 이름도 라틴어이긴 마찬가지기 때문에•• 라틴어를 잘 모르는 우리 같은 사람들에게는 낯설게 느껴질 수 있다는 단점이 있다. 하지만 좋은 쪽으로 생각한다면, 근육 이름들이 모두 라틴어로 통일돼 있는 데서 오는 장점도 있다. 전 세계의 해부학자와 의료종사자들은 이 라틴어

• 라틴어로 '앞쪽 팔꿈치 굽힘 근육'이라는 뜻.
•• "biceps"은 라틴어로 둘을 뜻하는 "bi"와 머리를 뜻하는 "cep"을 합쳐 만든 단어다.

이름을 조금만 "언어학적으로 해부해보면" 뜻을 쉽게 알 수 있고 서로 의사소통을 하기도 쉽다.

근육의 이름이 통일되기 전에는 매우 시적인 이름들도 사용됐었다. 예를 들어 보헤미아의 의사이자 정치가, 철학자였던 얀 예세니우스 Jan Jesenius(1566~1621)는 안구의 움직임을 조절하는 근육들에 아마토리우스 amatorius(연인의 근육), 수페르부스 superbus(탁월한 근육), 비비토리우스 bibitorius(술꾼의 근육), 인디그나토리우스 indignatorius(분노의 근육), 휴밀리스 humilis(비천한 근육) 같은 이름을 붙였다. 예세니우스는 그로부터 20년 뒤 처형을 당했다. 물론 이런 근육의 이름 때문이 아니라 그의 정치적인 신념 때문이었지만 말이다. 그후 1895년에 해부학자들이 근육의 이름들을 통일하면서 이 이름들은 근육의 위치(위쪽, 아래쪽, 안쪽, 바깥쪽 근육)와 배열상태(곧은근과 빗근)에 따라 다른 이름들로 바뀌었다. 지금 생각하면 너무 안타까운 일이다. 실제로 안쪽곧은근 medial rectus muscle이 수축하면 안구가 안쪽으로 모이기 때문에, 용어 제정 위원회가 "술꾼의 근육"이라는 이름을 바꾸지 않고 그대로 보존했어야 한다고 나는 생각한다.

근육의 이름은 대부분 매우 직관적으로 만들어졌기 때문에 약간의 라틴어만 알아도 이해할 수 있다. 예를 들어 위치에 따라 이름이 붙여진 근육 중 빗장밑근 subclavius이나 바깥갈비사이근 intercostales externi은 각각 빗장뼈 clavicle 아래쪽에 위치한 근육, 갈비뼈 사이의 근육 중 바깥쪽에 위치한 근육이라는 뜻이다. 구성요소의 수에 따라 이름이 붙여진 근육도 있다. 2를 뜻하는 "bi"가 붙어 있는 위팔두갈래근 biceps이라는 이름은 이 근육이 두 갈래로 이뤄져 있으며, 그중 한 갈래는 어깨

뼈에서, 다른 한 갈래는 위팔뼈에서 시작됐다는 뜻을 가진다. 따라서 위팔세갈래근triceps은 3개의 뼈에서, 넙다리네갈래근quadriceps은 4개의 뼈에서 시작됐다는 뜻을 가진다.

근육의 길이에 따라 결정된 근육 이름도 있다. 라틴어로 엄지손가락은 "폴룩스pollux"다. 엄지손가락에는 엄지손가락을 손바닥 쪽으로 구부릴 수 있게 해주는 근육이 두 개 있는데, 이 두 근육의 이름은 각각 길이에 따라 긴엄지굽힘근flexor pollicis longus과 짧은엄지굽힘근flexor pollicis brevis으로 정해졌다. 크기에 따라 이름이 붙은 근육도 있다. 여러분은 지금 큰볼기근gluteus maximus을 이용해 의자에 앉아 있을 것이다("gluteus"는 그리스어로 엉덩이를 뜻하는 "gloutos"를 어원으로 한다). 큰볼기근과 골반 사이에는 중간볼기근과 작은볼기근이 있다. 또한 엉덩관절hip joint 뒤쪽, 즉 엉덩이 안쪽 깊숙한 곳에는 위쌍동근superior gemellus과 아래쌍동근inferior gemellus이라는 쌍둥이 근육이 자리 잡고 있다.

배벽abdominal wall•을 이루는 근육들은 정렬 방향이 중요하다. 예를 들어, 배곧은근(사람들이 선호하는 일명 "식스팩 복근")은 세로 방향으로 뻗어 있고, 배바깥빗근obliquus externus abdominis과 배가로근transversus abdominis은 각각 정렬 방향이 다르다.

기하학적 모양에 따라 이름이 붙은 경우도 있다. 예를 들어, 인체 근육 중에는 "네모근quadratus"이 3개 있다. 하나는 발에 있고, 다른 하나는 팔뚝 깊숙이 있으며, 나머지 하나는 엉덩관절을 가로지르는 위치에 있다. 등뼈와 어깨뼈에 붙어 있는 큰마름근rhomboid major과 작은마

• 복강의 경계를 이루는 부위로 후면, 측면, 앞면으로 구분된다.

름근rhomboid minor은 마름모 모양의 근육이며, 어깨 윗부분을 가로지르는 어깨세모근은 그리스 문자 델타(Δ) 모양이다. 앞톱니근serratus anterior은 가슴 앞쪽에 있는 여러 개의 갈비뼈에 들쭉날쭉하게 붙어 있으며, 두덩정강근gracilis은 허벅지 안쪽의 얇고 긴 근육이다("gracilis"라는 라틴어는 "얇고 긴"이라는 뜻이다).

근육은 작용에 따라서 이름이 붙기도 한다. 예를 들어, 고환올림근cremaster이라는 이름은 "매달리다"라는 뜻의 그리스어 동사에서 유래했으며, 어깨올림근levator scapulae이라는 이름은 이 근육이 어깨뼈를 들어 올리는 작용을 하기 때문에 붙은 것이다.

시작되는 위치와 삽입되는 위치에 따라 이름이 붙여진 근육도 있다. 예를 들어, 목 옆에 붙어 있는 목빗근sternocleidomastoid은 고개를 돌리거나 굽히게 해주는 끈 모양의 근육이다. 이 근육의 한쪽 끝은 가슴뼈sterno와 빗장뼈cleido에 붙어 있고 나머지 한쪽 끝은 귓불 바로 뒤에서 만져지는 두개골 꼭지돌기mastoid process에 붙어 있다.

모양이 비슷한 사물의 이름이 근육 이름에 들어가는 경우도 있다. 엉덩이 근육 중 하나인 궁둥구멍근piriformis의 이름은 이 근육의 모양이 과일인 배pirum, 梨와 닮았기 때문에 붙었다. 종아리 깊숙한 곳에 위치한 가자미근soleus의 이름은 이 근육이 샌들처럼 생겼기 때문에 붙었다.• 이 근육 바로 위쪽에는 장딴지근gastrocnemius이 있는데, 이 근육의 이름은 말 그대로 "다리cneme, 脚에서 튀어나온 불룩한 배gastro, 腹"라는 뜻이다. 손바닥과 발바닥에는 각각 벌레처럼 생긴 손 벌레근

• "solea"라는 라틴어 단어는 샌들이라는 뜻이다.

lumbricales manus과 발 벌레근lumbricales pedis이 4개씩 있다. "lumbricus"는 라틴어로 지렁이라는 뜻이다.

내가 가장 좋아하는 이름을 가진 근육은 몸에서 가장 긴 근육인 넙다리빗근sartorius이다. 이 근육은 골반의 가장자리 중 높은 위치에서 시작해 허벅지 앞쪽을 가로질러 무릎 바로 아래의 다리 안쪽에서 끝난다. 양쪽 넙다리빗근을 수축하면 엉덩이가 구부러지고, 허벅지가 바깥쪽으로 회전하며, 무릎이 구부러져 다리를 꼬고 앉는 자세가 만들어진다. 이 자세는 재단사들이 무릎에 옷을 올려놓고 작업할 때의 자세다. 넙다리빗근의 라틴어 이름인 "sartorius"는 재단사를 뜻하는 라틴어 "sartor"에서 비롯된 것이다.

18세기가 되자 육안해부학에 대한 해부학자들의 관심은 시들해졌다. 해부학자들은 거의 모든 생체구조에 대해 이름을 붙인 상태였기 때문에 태아의 발달과 질병에 대한 해부학적 연구로 눈을 돌리기 시작했다. 하지만 근육은 19세기 후반부터 생화학자들의 관심을 끌기 시작했고, 그들은 근육이 어떻게 움직임을 만들어내는지 서서히 밝혀내기 시작했다.

2장

분자의 마법

근육이 어떻게 힘과 움직임을 만들어내는지 이해하려면 근육의 미세한 구조와 화학적 특성을 먼저 이해해야 한다. 근육은 수많은 과학자들이 평생에 걸쳐 연구하는 대상이며, 이 연구 분야에서 현재까지 3번의 노벨상 수상이 이뤄졌다. 근육이 분자 수준에서 어떻게 작동하는지에 대한 설명은 이 책에서 가장 전문적인 내용이 될 것이지만, 나는 최대한 비전문적인 방식으로 설명하기 위해 노력할 것이다. 근육 생리학자들은 나의 설명이 너무 단순하며, 설명을 위한 비유도 적절하지 않아 보인다고 말할 것이다. 하지만 나는 전문가들의 경멸을 받더라도, 전문가가 아닌 사람들이 근육의 기본적인 작동 메커니즘을 쉽게 이해할 수 있도록 돕는 것이 가치가 있다고 생각한다. 사실, 보디빌딩, "벽에 부딪힘hitting the wall"•, 심장마비, 사후경직 등 근육 작동과 관련된 모든 일은 근육을 구성하는 두 가지 분자의 상호작용에 의해 일어난다고 할 수 있다. 따라서 이 두 분자의 작용을 기초적으로 이해하기 위한 노력은 충분히 가치가 있을 것이다. 자, 그럼 마음 단단히 먹고 시작해보자.

근육은 단백질 필라멘트 두 가닥으로 만들어진 놀라운 분자 모터다. 이 두 가닥 중 한 가닥은 다른 한 가닥을 따라 단계적으로 전진했다 후퇴한다. 이 두 가닥의 단백질 필라멘트는 상호작용을 통해 화학에너지를 물리적인 힘으로 변환함으로써 6억 년 전부터 지금까지 해파리, 지렁이, 달팽이, 물고기 그리고 인간에 이르기까지 모든 동물의 움직임을 가능하게 만들고 있다(물고기의 경우 근육의 무게가 전체 몸무게의 최대 60퍼센트를 차지한다). 이 단백질 필라멘트들의 반복적인 상호작용은 벼룩을 공중으로 높이 날아오르게 만들고, 육상선수가 1.6킬로미터를 4분 안에 뛸 수 있게 만든다.

이 두 단백질 중 하나인 액틴actin은 대부분의 식물세포와 동물세포에서 가장 흔한 단백질이며, 지구에서 두 번째로 많은 단백질이기도 하다(지구에서 가장 많은 단백질은 녹색식물에서 광합성을 유도하는 효소다).

액틴은 약 375개의 아미노산 사슬로 구성되어 있으며, 효모에서부터 야크에 이르기까지 매우 다양한 생물체에서 아미노산 서열이 94퍼센트 동일하다. 효모 세포가 지난 10억 년 동안 2시간에 한 번씩 분열해왔기 때문에 그동안 상상을 초월할 정도로 엄청난 수의 세포분열

• 장시간 운동으로 체내 글리코겐 저장량이 부족해질 때 뇌가 몸의 운동능력을 억제하는 현상.

이 이뤄졌을 것이고, 그 과정에서 액틴에 돌연변이가 발생했을 수도 있었다. 하지만 액틴은 처음부터 지금까지 그 형태를 그대로 유지하고 있다. 다시 말해, 엑틴에서 불가피하게 변화를 일으킨 유전적 돌연변이는 주로 생명체에게 불리한 돌연변이었기 때문에 유전되지 않았다는 뜻이다. 액틴의 구조는 지금까지 분자생물학적으로 "보존되고" 있다.

액틴과 함께 움직임을 일으키는 단백질은 미오신myosin이다. 물론 미오신도 돌연변이를 일으켰으며, 현재 적어도 14종의 미오신 변이가 각각 다른 역할을 하는 것으로 확인됐다. 하지만 근육세포에서 액틴과 상호작용하는 것은 이 변이들 중 한 가지밖에 없다.

노를 저어 아이슬란드로

액틴과 미오신이 어떻게 상호작용하는지 이해하기 위해 다음과 같은 상황을 가정해보자. 양쪽 끝에 촉이 달린 짧은 펜이 있다. 손으로 쥐는 부분인 펜대를 따라 바이킹 배처럼 "노"들이 빽빽하게 튀어나와 있다. 이 펜이 배처럼 크다고 가정해보자. 펜의 한쪽 끝에 앉은 "노잡이들(노를 젓는 사람들)"은 다른 쪽 끝에 앉은 노잡이들을 마주보고 있다. 이 펜이 물속에 있다면 펜의 양쪽 끝에 앉은 노잡이들이 아무리 열심히 노를 젓는다고 해도 물이 소용돌이치게만 만들 뿐 펜을 움직일 수 없을 것이다.

이때 이 펜의 양쪽 끝을 살짝 덮는 뚜껑이 양쪽 끝에 느슨하게 씌

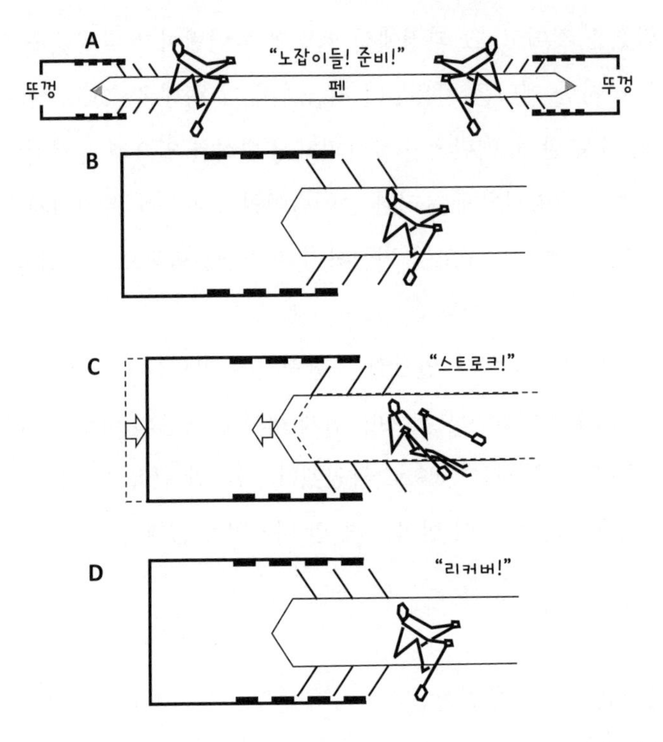

A. 뚜껑이 느슨하게 씌워진 펜의 양쪽 끝에 앉은 "노잡이들"이 서로를 마주보고 있는 상태.

B. 그림 A의 일부를 확대한 그림. 한 쌍의 노가 뚜껑의 첫 번째 구멍에 걸쳐 있다. 펜의 반대쪽 끝에서도 한 쌍의 노(이 그림에는 표시되지 않음)가 첫 번째 구멍에 걸쳐 있다.

C. 노를 한 번 회전시키면 뚜껑과 펜이 서로 더 가까워진다.

D. 리커버 동작을 취할 때마다 노는 뚜껑의 다음 구멍에 걸쳐진다. 현재는 두 쌍의 노가 뚜껑의 구멍들에 걸쳐져 있는 상태다.

E, F, G. 스트로크를 할 때마다 캡과 펜이 점점 더 가까워진다.

H. 노와 펜이 분리되는 휴식 상태에서 뚜껑과 펜은 원래 위치로 돌아간다.

워져 있다고 상상해보자. 이 뚜껑 안쪽의 양쪽 벽에는 각각 여러 개의 움푹 파인 구멍들이 뚜껑 입구에서 안쪽 방향으로, 뚜껑 전체 깊이의 반 정도까지 파여 있다. 이 펜(배)의 조타수가 "스트로크stroke"라고 외

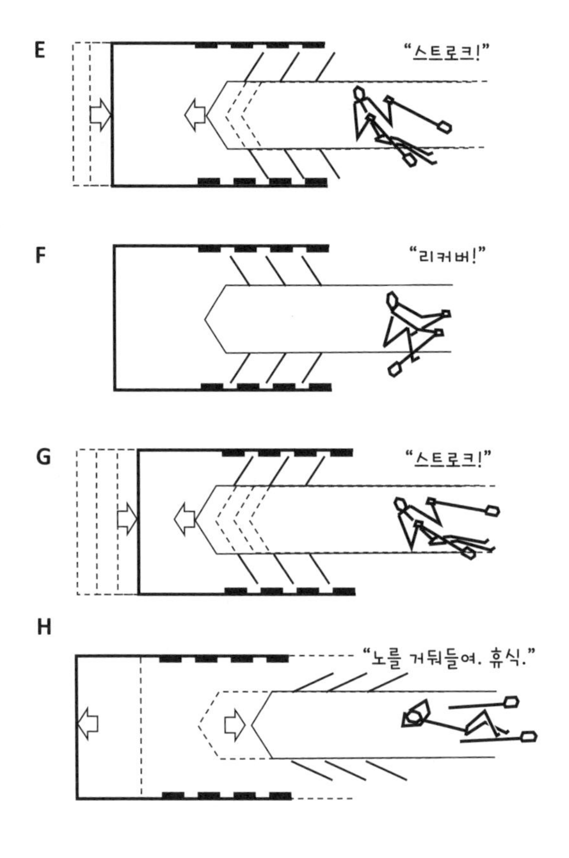

치면 펜 양쪽 끝부분의 가장 바깥쪽에 앉아 있는 노잡이들은 노의 손잡이를 한 바퀴 회전시켜 뚜껑의 가장 바깥쪽 구멍에 노를 걸친다. 이로 인해 뚜껑은 펜에 약간 가까워지게 된다. 이때 조타수가 "리커버recover"라고 외치면,• 가장 바깥쪽 구멍에 걸쳐 있던 노는 그 구멍에서 벗어나 "위로 젖혀진cocked" 상태로 진입한 뒤 뚜껑 안에서 바깥쪽에서

• "리커버"는 노를 다시 젓기 위해 다리, 상체, 팔을 전방으로 움직여 준비하라는 뜻이다.

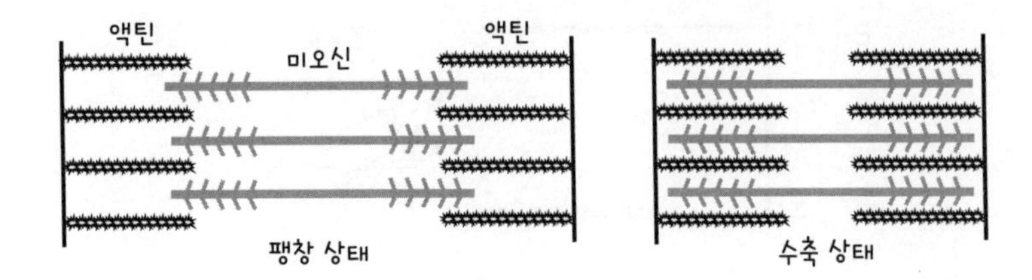

팽창 상태의 근육에서 미오신 필라멘트는 액틴 필라멘트와 거의 맞물리지 않는다. 반면, 근육이 수축하는 동안 미오신의 가지들이 액틴 필라멘트에 반복적으로 결합하면서 전진해 액틴-액틴 결합체의 길이가 짧아진다.

두 번째 구멍에 걸쳐진다. 이와 동시에 방금 노가 걸쳐 있었던 구멍에는 펜의 끝에서 두 번째 위치에 앉은 노잡이의 노가 걸쳐지고, 뚜껑-펜-뚜껑 결합체의 길이는 조금 더 짧아진다. 그후 이런 식으로 "스트로크, 리커버, 스트로크" 과정이 반복되면서 노들은 한 구멍에 걸쳐진 뒤 그 구멍에서 벗어나고, 다시 다음 구멍에 걸쳐지면서 펜 양쪽 끝의 두 뚜껑 사이의 거리가 점점 짧아진다. 그러면서 결국 조타수의 명령에도 불구하고 더 이상 펜과 뚜껑 사이의 거리가 짧아질 수 없는 상태, 즉 움직임이 없는 상태가 된다. 펜이 구멍들이 있는 부분을 모두 지나쳐 뚜껑 안쪽으로 들어갔기 때문에 노를 걸칠 구멍이 없는 상태다. 이 상태는 "휴식" 상태, 즉 모든 노잡이들이 노를 거둬들인 상태로 펜과 뚜껑이 완전히 분리된 상태다. 이 상태에서 뚜껑은 다시 원래의 위치로 돌아가, 처음처럼 펜의 끝부분을 살짝 덮는 상태로 진입하게 된다.

물론 우리 몸에는 이런 펜과 뚜껑이 없긴 하지만, 지금까지 살펴본 것이 바로 근육 수축의 핵심이라고 할 수 있다. 이 비유에서 펜은 두꺼운 단백질 필라멘트(미오신), 뚜껑은 얇은 단백질(액틴)을 나타낸다. 다양한 에너지 방출 분자 중 하나에 의해 자극을 받으면 미오신 필라멘트는 자신에게 달려 있는 짧은 가지들의 배열을 변화시켜 화학에너지를 운동(움직임)으로 변환하고, 액틴 필라멘트들 사이로 "노 젓기"를 통해 이동하게 된다. 이 과정에서 미오신-액틴 결합체의 길이가 줄어든다.

화학적 에너지를 운동으로 전환시키는 이 반응은 이산화탄소를 발생시킨다. 따라서 달리기처럼 격렬한 근육운동을 하면 얼굴이 붉어지고 숨이 차다 결국 지치게 되는 것은 액틴/미오신 상호작용에 필요한 에너지 방출 분자가 고갈되기 때문에 발생하는 자연스러운 현상이라고 할 수 있다. 독일의 의사이자 생화학자인 오토 마이어호프Otto Meyerhof와 영국의 생리학자 아치볼드 힐Archibold Hill은 서로 독립적으로 이 현상과 관련된 화학적 전환, 즉 운동 중이 아니라 운동 후에 발생하는 화학적 전환을 발견해 1922년 노벨생리의학상을 공동수상했다. 이 두 사람의 연구 결과는 상당부분 겹쳤으며, 서로의 연구 결과를 확인해주는 것이었다. 과거에 많은 생물학 및 의학 연구자들이 그랬던 것처럼 힐도 자신을 실험대상으로 삼았다. 그는 근육이 에너지와 산소를 소비하는 방식을 연구하기 위해 매일 아침 3시간 동안 짧은 거리를 전력 질주했고, 휴식하면서 산소를 많이 들이마시면 몸의 에너지가 회복된다는 사실을 발견했다.

화학에너지가 운동으로 전환되는 일은 분자 수준에서 일어나며, 우리는 분자가 매우 작다는 것을 잘 알고 있다. 그렇다면, 이렇게 작은 액틴/미오신 유닛이 어떻게 우리가 눈을 깜빡이게 만들거나 고래가 수면 위로 솟구쳐 오르게 만들 수 있을까? 좀 더 구체적으로 생각해보자. 몸의 어디에나 존재하는 이 정교한 모터는 도대체 어느 정도의 크기를 가질까? 액틴/미오신 유닛 120개를 끝에서 끝까지 일렬로 늘어놓으면 식탁용 소금 한 알 정도의 크기가 된다. 액틴/미오신 유닛 한 개의 크기는 조그만 파리든 큰 소든 동일하다. 수축하라는 메시지를 받으면 이 유닛은 10~25퍼센트 정도 줄어든다. 소금 한 알 크기에서 이 정도의 변화는 눈에 띄지 않을 것이다. 그렇다면 어떻게 미오신 필라멘트가 액틴 필라멘트를 따라 움직이면서 해파리가 헤엄치고 역도 선수들이 무거운 역기를 들게 만들 수 있을까? 정답은 팀워크에 있다! 끝에서 끝까지 연결된 수백만 개의 액틴/미오신 유닛이 동시에 수축하면 전체 근육의 길이가 25퍼센트나 짧아질 수 있다. 위팔두갈래근의 수축이 가능한 것은 액틴/미오신 유닛들이 이렇게 동시에 길이가 줄어들기 때문이다. 이러한 수백만 개의 유닛이 꼬리를 물고 이

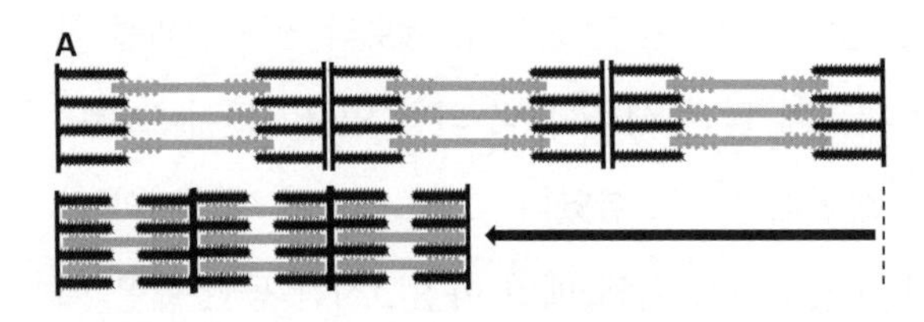

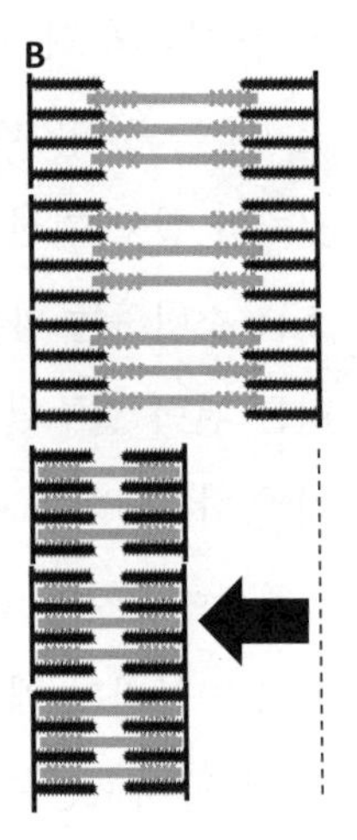

A. 위팔두갈래근처럼 긴 근육의 경우 액틴/미오신 유닛은 대부분 끝과 끝이 이어져 일렬로 정렬된 상태로 배열되기 때문에 수축하면 길이가 상당히 짧아진다.
B. "식스팩"처럼 폭이 넓은 근육의 경우는 액틴/미오신 유닛들이 대부분 좌우로 정렬돼 있기 때문에 수축할 때 길이는 덜 줄어들지만 수축으로 인해 발생하는 힘은 더 커진다.

어지지 않고 좌우로 배열된 근육은 수축을 해도 길이가 크게 짧아지지는 않지만 그 수축으로 인해 발생하는 힘은 매우 커진다. 윗몸일으키기를 할 때 사용되는 근육이 이런 근육이다.

귀를 잘 기울이면 우리 몸의 액틴과 미오신이 움직이는 소리를 들을 수 있다. 역겨운 음식을 먹었을 때처럼 얼굴을 찌푸리고 양쪽 입꼬리를 한껏 올려보자. 먼 곳에서 떨어지는 폭포수 소리 비슷한 것이 들리는가? 그 소리가 바로 안면근육의 액틴 필라멘트를 따라 미오신 분자들이 이동하는 소리다.

근육 수축의 제어

이 놀라운 분자 모터를 제어하는 것은 무엇일까? 간단히 말하면, 답은 전기 자극electric impulse이다. 하지만 전기 자극이 어디서 발생하고 어떻게 액틴/미오신 유닛으로 전달되는지에 대한 설명은 매우 다양하고 복잡하다. 우리에게 가장 익숙한 골격근의 경우, 전기적 메시지는 뇌의 운동피질에서 생겨난 생각에서 시작된다. 이 영역은 귀 위 두개골 바로 안쪽에 위치하며, 골격근에 연결되는 신경섬유에 명령을 내린다. 얼굴에 있는 근육의 경우는 이 영역과 직접 연결된다. 여러 개의 작은 구멍 중 하나를 통해 두개골을 빠져나가는 단일 신경섬유가 뇌에서 근육까지 전기충격을 전한다. 몸통과 팔다리의 근육의 경우, 연결에는 중간 시냅스synapse, 즉 중계국이 필요하다. 첫 번째 신경은 뇌에서 척수로 전기 자극을 전달한다. 척수에서 이 신경은 다른 신경과 연결돼 근육과의 연결을 완성한다. 신경의 전기 자극이 얼굴이든 발이든 근육의 표면에 도달하면 신경 종말은 신경전달물질neurotransmitter이라는 화학물질을 적절히 방출한다. 이로써 근육세포 내부에서 복잡한 화학적 연쇄반응이 시작된다.

바이킹 배에 비유하자면, 신경전달물질은 조타수의 외침에 해당한다. 노를 저으라는 조타수의 명령("스트로크" 명령)은 바람 때문에 잘 전달이 되지 않을 수도 있기 때문에 노잡이가 계속 노를 젓게 만들려면 조타수는 반복적으로 명령을 외쳐야 한다. 이 모든 작업에는 에너지가 필요하며, 이 에너지는 처음에는 분자 크기의 파워바power bar•에서 나온다. 언제든지 빠르게 움직일 수 있도록 노잡이는 잠을 잘 때도 이 파워바를 입에 물고 잔다. "스트로크" 명령이 들리면 노잡이는 이 파워바를 꿀꺽 삼킨 뒤 움직이기 시작하기 한다. 따라서 노잡이는 산소를 많이 소비하지 않고도 기계적인 힘과 열을 발생시킬 수 있다. 노잡이는 노를 한 번 저을 때마다 이 파워바를 한 입씩 더 베어 먹어야 한다. 노잡이가 이 파워바 한 개를 모두 먹는 데는 1~3분이 소요된다. 이 시간은 바이킹 배가 넓은 강을 가로지르면서 속도를 내기에 충분한 시간이다.

이제 조타수는 만으로 들어가기로 결정하지만, 노잡이들에게는 더 이상 먹을 파워바가 없다. 조타수는 화물칸에서 글리코겐glycogen이라는 달콤하고 끈적끈적한 물질을 꺼내 노잡이들에게 나눠준다. 글리코겐은 빠르게 당분으로 전환되고, 노잡이들은 다시 작업에 필요한 에

• 탄수화물이 풍부한 막대 모양의 식품. 에너지 바라고도 부른다.

너지를 얻는다. 글리코겐이 다 떨어지면 지친 노잡이들은 "벽에 부딪혔습니다!"라고 외친다. 이 상태에서는 속도를 늦추거나, 창고에서 파워바를 더 가져오거나, 누군가가 글리코겐이 담긴 통을 찾아낼 때까지 배를 멈춰야 한다. 하지만 이 상황에서 조타수는 "이제 천천히 안정적으로 갑시다. 이 속도를 유지하면서 천천히 가야 아이슬란드까지 갈 수 있으니까요"라고 말한다.

항해 초반에는 선원들이 노잡이들 사이를 돌며 산소탱크, 쿠키, 캔디바, 스포츠음료 등을 나눠준다. 파워바는 산소 없이도 화학에너지를 기계적 에너지로 변환시킬 수 있지만, 탄수화물과 지방은 그렇지 않다. 하지만 장거리 항해에서는 탄수화물과 지방이 훨씬 더 지속 가능하고 효율적인 에너지 전환 수단이 된다. 다만 탄수화물과 지방은 에너지 전환의 시작이 빠르지 않을 뿐이다. 포도당, 지방, 산소를 충분히 순환시켜야만 노잡이들은 활력을 유지하면서 북대서양으로 멀리 노를 저을 수 있다.

하지만 레이캬비크(아이슬란드의 수도)에 도착하기 전에 배는 예상치 못한 어려움에 직면하게 된다. 탄수화물과 지방이 부족해졌기 때문이다. 이제 노잡이들에게 남은 에너지원은 그들을 지금까지 버티게 하고 있는 액틴과 미오신을 포함한 체내 단백질뿐이다. 먹지 못해 몸이 마른 이 노잡이들이 완전히 지치기 전에 항구에 도착하기를 바랄 수밖에 없는 상황이 됐다.

엄밀하게 말하면, 실제로 근육이 파워바를 소비하는 것은 아니다. 사실 근육이 즉각적으로 사용할 수 있는 에너지원은 아데노신삼인산adenosine triphosphate, ATP이라는 분자다. 에너지가 풍부한 이 화학물질의 이름을 꼭 기억할 필요는 없다. 다만 이 화학물질의 이름 중 "tri"가 인산 분자 3개가 이 화학물질에 들어 있다는 사실을 나타낸다는 것만 기억하고 있으면 된다. 이 물질에 연쇄적인 화학반응이 일어나 이 3개의 인산 분자가 떨어져 나가는 과정에서 에너지가 방출되고, 그 에너지는 미오신 필라멘트에 달린 팔들의 모양을 바꿔 미오신 필라멘트가 액틴 필라멘트를 따라 한 걸음씩 전진하게 만든다.

ATP는 미오신에서 가까운 위치에 저장되기 때문에 미오신이 쉽게 ATP를 이용할 수 있다는 장점이 있다. 또한 ATP가 에너지를 방출하는 화학반응은 산소를 필요로 하지 않는다는 것도 장점이다. 따라서 근육의 수축은 즉각적이고 강력하며, 초당 70회 정도 수축할 정도로 빠르다. 얼굴을 심하게 찡그릴 때 희미한 소리를 들을 수 있는 이유가 바로 여기에 있다. 한편, ATP는 단 몇 분 만에 고갈된다는 단점이 있다. 이 몇 분이라는 시간은 놀란 오리가 호수에서 떠오르거나 단거리 육상선수가 400미터를 달리기에 충분한 시간이긴 하다. 하지만 ATP가 고갈된 후에는 근육이 빠르게 피로해지며, 두 가지 방식 중 하나의 방식으로만 활동을 지속할 수 있다.

첫 번째는 몇 분간 휴식을 취하면서 ATP를 새로 공급함으로써 단거리 육상선수가 같은 날 두 번 이상의 예선전이나 결승전을 뛸 수 있도록 하는 것이다. 새로운 에너지 공급원을 이용하는 방법도 생각할 수 있다. 근육은 쉬지 않고 움직일 수 있지만 시간이 지나 에너지가 떨어지면 움직임의 속도가 늦어지기 때문이다. 포도당glucose 분자들의 결합체인 글리코겐과 지방이 이 새로운 에너지 공급원이다. 휴식 중인 근육세포에는 포도당과 지방이 모두 존재한다. 하지만 휴식 중인 근육세포는 글리코겐이나 지방을 이용해 에너지를 만들기는 하지만 ATP를 사용할 때처럼 빠르게 에너지를 만들어낼 수는 없다. 또한 글리코겐은 에너지를 방출하고 미오신의 모양을 바꾸기 위해서 산소와 반응해야 하므로 힘을 생성하는 과정이 느리고(초당 30회 이하로 수축), 필요한 산소를 공급하기 위해서는 혈관이 많이 필요하다. 좋은 소식은 혈액이 충분한 산소를 공급하고 글리코겐 저장량이 충분하다면 이러한 유형의 근육 수축이 몇 시간 동안 지속될 수 있다는 것이다. 마라토너가 장거리를 계속 달리기 위해 사용하는 방식이 바로 이 방식이다. 하지만 단거리 육상선수들이 경기 전 상태로 회복하는 데 몇 시간 또는 며칠밖에 걸리지 않는 데 비해 마라토너는 경기 전 상태로 회복하는 데 몇 주에서 몇 달이 걸린다.

글리코겐이 고갈되면 근육은 간에서 글리코겐을 구해온다. 간에서도 글리코겐이 고갈되면 근육의 글리코겐 탱크는 텅 비게 된다. 지구력 운동을 하는 선수들은 이 메스껍고 약해지는 느낌을 "벽에 부딪힌 느낌"이라고 표현하며, 이는 휴식과 재보급이 필요하다는 것을 뜻한다. 며칠 또는 몇 주 동안 새로운 에너지가 공급되지 않아 기아 상태에 빠진 몸은 우선적으로 지방에 의존하게 된다. 지방마저 고갈되면 몸은 근육의 액틴과 미오신을 포함한 단백질을 분해하기 시작한다. 계속 굶었을 때 몸에 "피부와 뼈"만 남게 되는 이유가 여기에 있다.

여기서 잠깐 섬뜩한 이야기를 하자면, 액틴과 미오신은 사망 후에도 계속 상호작용해 몸을 뻣뻣하게 굳게 만든다. 이른바 "사후경직" 현상이다. 살아 있는 동안에는 미오신이 액틴을 따라 한 걸음씩 나아갈 때뿐만 아니라 다음 단계로 나아가기 위해 미오신이 분리되고 재설정되는 데에도 에너지가 필요하다. 근육으로 가는 산소 공급은 사망과 동시에 차단되지만, 이미 근육에 저장된 화학에너지 때문에 근육은 산소가 없어도 몇 시간 동안, 추운 환경에서는 더 오랫동안 미오신의 움직임에 동력을 공급할 수 있다. 하지만 이 에너지원이 고갈되면 미오신은 액틴에서 분리되지 못하고, 그 결과로 근육 경직 현상이 발생한다. 경직의 진행은 온도에 따라 다르지만, 사망 후 약 12시간이 지나면 최고조에 달하고 48시간이 지나면 액틴과 미오신이 다른 단백질과 함께 분해되기 시작하면서 경직 현상도 사라진다. 검시관이나 강력계 형사가 사망 시간을 파악할 수 있는 것은 시간의 진행에 따라 달라지는 이 현상의 대한 이해에 기초한 것이다.

하지만 수명이 250~500년인 그린란드 상어가 차가운 바다에서 사망한 미스터리 사건의 경우 경직 상태만으로 사망 시점을 정확하게 알아내는 일은 쉬운 일이 아니었다. 1834년에 헨리 윌리엄 듀허스트Henry William Dewhurst는 다음과 같이 썼다. "그린란드 상어는 갑판 위로 끌어올려지면 꼬리를 거칠게 움직이기 때문에 가까이 있는 것은 위험하다. 따라서 선원들은 상어가 끌어올려지면 재빨리 상어를 칼로 자른다. 잘린 부위에서는 생명이 소멸된 후에도 한동안 근육섬유가 수축하는 현상이 나타난다. 따라서 그린란드 상어는 완전히 죽이기가 매우 어렵다. 또한, 머리가 잘려 있는 상태에서도 상어의 입 안에 손을 집어넣은 것은 매우 위험한 일이다. 그리고 크란츠Cranrz•의 말을 믿는다면, 그린란드 상어의 몸은 잘린 지 3일이 지난 후에도 밟거나

• 『그린란드의 역사』를 쓴 다비드 크란츠를 말하는 것으로 보인다.

건드리면 움직인다." 어쨌든 그린란드 상어는 사망 후 냉동 상태에서도 몸에 기계적 자극을 가하면 전기 방전을 일으키는 것으로 보인다. 이는 냉동 상태에서도 액틴/미오신 유닛들이 계속 기능을 유지한다는 뜻이다.

하지만 살아 있는 동안의 근육은 이보다 훨씬 더 흥미롭다. 이제 앞으로 계속 등장할 몇 가지 개념에 대해 알아보자.

들어 올리기와 들고 있기

여행가방을 들고 가만히 서 있다고 상상해보자. 여러분은 이것이 대단한 일이라고 생각해본 적이 없을 것이다. 하지만 이런 일은 생각보다 복잡하다. 여행가방을 든 채 넘어지지 않고 중력에 저항할 수 있으려면 여러 가지 근육을 "동원"해야 하며, 그 근육들은 짧아지거나 길어지지 않아야 하고, 팔, 다리, 등에 있는 관절들도 움직이지 않아야 한다. 이 경우에 일어나는 현상이 등척성isometric(동일한 거리) 근육 활성화(수축)다. 이 경우 근육은 일정한 길이를 유지하면서 힘을 만들어낸다. 이와 대조적인 개념은 등장성isotonic(동일한 장력) 근육 활성화다. 등장성 근육 활성화는 근육의 길이가 변하고 관절이 움직이는 경우를 말한다. 여행가방을 올리거나 내리려면 이 등장성 근육 활성화가 일어나야 한다.

등장성 수축에는 동심성concentric 수축과 편심성eccentric 수축이라는 두 가지 형태가 있다. 동심성 수축은 여행가방을 들어 올릴 때 발생하

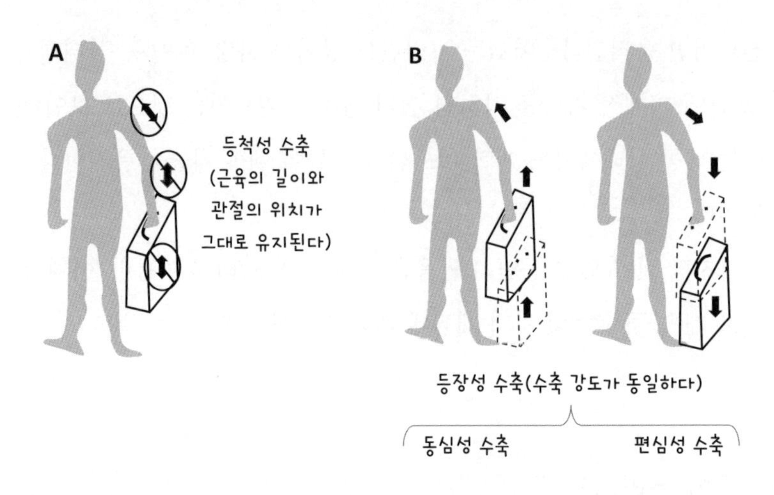

등척성 수축에서는 근육과 관절이 움직이지 않으며, 하중 역시 움직이지 않는다. 등장성 수축은 두 가지 유형으로 나뉜다. 동심성 등장성 수축은 하중을 위로 들어 올리고, 편심성 등장성 수축은 하중을 아래로 내린다.

며, 이 수축으로 인해 팔과 어깨의 근육이 짧아지고 그에 따라 관절이 움직여 여행가방을 들어 올릴 수 있다. 편심성 수축은 그 반대 개념이다. 여행가방을 내릴 때 근육은 수축 상태에서 길어진다. 내리막길을 걸을 때도 같은 일이 일어난다. 길어지는 종아리 근육은 앞으로 넘어지는 것을 막을 정도로만 수축한다.

다양한 유형의 근육 수축에서 미오신과 액틴에 어떤 일이 일어나는지 이해하기 위해, 바이킹 배의 선원들이 세 가지 상황에 처해 있다고 상상해보자. 첫 번째, 선원들이 강한 물살을 거슬러 노를 저으며 버티고 있다고 생각해보자. 이는 등척성 수축 상황으로, 미오신 "노"가 액틴 필라멘트를 따라 전진하지도 후퇴하지도 않는 상황이다. 두 번째, 선원들이 노를 저으면서 섬과 같은 고정된 지표를 향해 배를 전진시키고 있는 상황을 생각해보자. 이는 동심성 수축 상황으로, 이 상황에서 미오신 "노"는 액틴 필라멘트를 따라 전진하면서 앞으로 나아간다. 세 번째, 선원들의 힘겨운 노력에도 불구하고 배를 뒤로 밀어내는 매우 강한 해류를 만나는 상황을 생각해보자. 이 상황은 편심성 수축 상황으로, 전진하려는 최선의 노력에도 불구하고 미오신 필라멘트가 액틴 필라멘트와 완전히 결합하지 못하고 천천히 뒤로 당겨지는 상황이다.

어떤 일을 수행하기 위해 적절한 수의 근섬유를 동원하는 것은 학습된 반응이지만, 때때로 우리는 이 반응에 속아 넘어가거나 다칠 수도 있다. 어느 정도의 근육 운동을 예측하면서 여행가방을 들었을 때 그 가방이 생각했던 것보다 무겁거나 가벼워 놀란 적이 있을 것이다. 이런 상황에서 가방이 공중으로 확 들어 올려지면 근육이 동심성 등장성 수축을 한 것이고, 당혹스럽게도 가방이 전혀 움직이지 않는다면 근육이 등척성 수축을 한 것이다.

더 극단적인 예를 들어보자. 역도 선수는 바벨을 최대한 들어 올린 후 매트에 떨어뜨리는데, 이때 팔꿈치를 곧게 펴고 봉을 머리 위로 들어 올리기 위해 팔뚝 뒤쪽의 세갈래근이 수축해서 짧아지는 동심성 수축이 일어난다. 봉의 양 끝에 달린 원판은 무게가 수백 킬로그램에 이를 정도로 무겁기 때문에, 선수가 바벨을 천천히 내리려고 하면 세갈래근이 이 무게를 견디면서 길이를 늘려야 하기 때문에 근육 파열이나 힘줄 박리가 발생할 수 있다(편심성 수축). 따라서 역도 선수는 바벨을 내려놓을 때 자신의 발 위에 내려놓지 않도록 조심하면서 근육의 편심성 수축에 대처해야 한다. "등장성", "등척성", "동심성", "편심성" 같은 말은 헬스장에서 자주 사용된다. 웨이트 트레이닝•과 컨디셔닝conditioning과 관련해 근육 수축의 다양한 형태는 각각 모두 장단점이 있다(이에 대해서는 6장에서 자세히 설명할 것이다). 이제 운동 능력과 관련된 근육의 또 다른 특성을 살펴보자.

연축

골격근 섬유에는 즉각적이고 강력한 요구에 적합한 것이 있고, 지속적이고 온건한 수축에 더 적합한 것이 있다. 갑작스럽고 폭발적인 수축을 일으킬 수 있는 근섬유는 빠른 연축fast twitch 섬유로 분류된다. 이 유형의 근섬유에서는 미오신이 액틴을 따라 초당 최대 70회의 스트로크-리커버 운동을 할 수 있다. 이와는 대조적으로, 느린 연축slow twitch 섬유는 몇 시간이고 계속 반복적으로 수축할 수 있지만, 초당 스트로크-리커버 횟수는 30회 이하다.

칠면조를 예로 들어보자. 추수감사절에 즐겨먹는 칠면조는 이 두 가지 유형의 근섬유를 모두 가지고 있다. 칠면조는 가슴 근육과 날개 근육을 사용해 나무에 올라탄다. 그러기 위해서는 순간적인 추진력이 필요한데, 이 추진력은 즉각적으로 이용 가능한 에너지원인 ATP를 공급받는 빠른 연축 섬유에서 나온다. 반면, 칠면조는 여유롭게 사물을 긁거나 천천히 걸을 때는 다리 근육과 넓다리근육에 주로 분포

• 근력을 증가시키거나 근육량을 늘리기 위한 운동.

하는 느린 연축 섬유를 수축시킨다. 느린 연축 섬유는 글리코겐과 산소에서 에너지를 얻는다. 혈액 속의 헤모글로빈이 근육 수축에 필요한 산소를 근육 표면으로 운반하면, 근육에 포함된 붉은색 분자인 미오글로빈myoglobin이 산소를 근육에 저장한다. 미오글로빈은 가열하면 갈색으로 변한다. 조리한 칠면조(그리고 닭)의 넙다리살과 다리살을 "다크 미트dark meat(어두운 색의 고기)"라고 부르는 이유는 칠면조의 이 부위들에 느린 연축 섬유가 풍부해 (가열하면 갈색으로 변하는) 미오글로빈의 농도가 높기 때문이다. 반면, 가슴살과 날개살 근육은 미오글로빈 농도가 낮은 빠른 연축 섬유로 대부분 구성돼 있기 때문에 "화이트 미트white meat(밝은 색의 고기)"라고 부른다.

이와는 대조적으로 오리 가슴살은 다크 미트인데, 이는 이 철새의 가슴에는 장시간 비행하는 데 유용한 느린 연축 섬유가 주로 분포되어 있기 때문이다.

빠른 연축 섬유와 느린 연축 섬유의 양은 사람에 따라 다르다. 운동선수는 타고난 조건을 최대로 활용하기 위해 자신의 특성이 가장 잘 반영될 수 있는 신체활동에 집중한다. 그 상태에서 운동선수는 적절한 기술 훈련을 통해 어떤 유형의 근섬유가 자신에게 풍부하게 존재하는지 알게 되고, 어떤 유형의 근섬유를 사용하는 것이 유리한지 판단할 수 있게 된다. 단거리 달리기, 높이뛰기, 역도 같은 운동을 하는 선수들은 빠른 연축 근섬유가 압도적으로 많은 사람들이다.

✦✦✦✦

빠른 연축 근섬유의 능력에 감탄하면서 서재의 천장을 올려다봤다. 천장의 높이는 2.5미터 정도로, 지금 내가 살고 있는 빈티지 주택을 지을 때 그 정도의 높이로 결정된 것이었다. 천장 몰딩•의 두께가 10센티미터 정도였지만, 발끝으로 서도 몰딩에 손이 닿지 않았다. 나는 다시 천장을 올려다보며 1993년에 쿠바의 하비에르 소토마요르가 이 천장 높이보다 더 높은 바를 뛰어넘어 높이뛰기 세계 신기록을 세웠다는 사실을 떠올렸다. 그의 기록은 오랫동안 유지됐다. 그후로도 몇십 년 동안 소토마요르만큼 폭발적으로 빠르게 근육을 움직인 사람은 없었으니 말이다.

단거리 달리기, 장대높이뛰기, 슬램덩크 등에도 빠른 연축 근섬유가 매우 많이 필요하다. 한 발로는 풀 스쿼트 자세를 취한 상태에서 다른 발을 앞쪽으로 차면서 처음에는 한쪽으로, 그다음에는 다른 쪽으로 반복해서 점프하면서 코사크 춤Cossack dance••을 추는 무용수들을 생각해보자. 이 무용수들은 계속 미소를 지으면서 춤을 추고 있지만, 이들의 넙다리네모근과 엉덩근육에서 빠른 연축 섬유근들은 고통을 호소하면서 열심히 일을 하고 있을 것이다.

느린 연축 근섬유가 많은 사람은 조정, 크로스컨트리 스키, 장거리

• 벽과 천장, 가구나 창틀 등 모든 면과 면이 닿는 부분들을 띠 형태로 깔끔하게 하기 위해 덧대는 장식물.

•• 우크라이나 및 러시아 남부 지역의 전통 춤.

달리기 같은 지구력 운동에서 노력에 대한 보상을 더 잘 받을 수 있다. 이런 종목에서 갱신된 기록은 사람들에게 경외감을 불러일으킬 것이며, 수십 년, 어쩌면 그 이상 지속될 가능성이 높다. 미국의 드니즈 뮬러-코레넥이라는 여성이 중년의 나이에 달성한 기록을 보면 놀라지 않을 수 없다. 그녀는 19세에 은퇴하기 전까지 도로, 트랙, 산악자전거 전국 선수권 대회에서 15번이나 우승했다. 그녀는 36세에 다시 자전거를 타기 시작했고, 2018년에 보네빌 소금 평원에서 페이스드 자전거paced-bicycle• 부문에서 신기록을 세웠다. 이런 경주를 할 때는 특수한 보호용 덮개가 장착된 레이스카가 선수를 5등급 이상의 허리케인과도 같은 바람으로부터 보호한다. 뮬러-코레넥은 이 도전에서 최고 시속 295.958킬로미터를 기록했다. 이는 당시 남성이 보유하고 있던 기존 기록보다 시속 27킬로미터나 빠른 속도였다. 이 속도가 얼마나 빠른 속도인지는 쉽게 상상할 수 있다. 그녀는 자전거를 타고 자동차나 이착륙하는 제트기보다 훨씬 더 빨리 달린 것이었다.

제한된 범위 안에서 컨디셔닝 운동은 ATP가 필요한 빠른 연축 근섬유를 글리코겐과 산소가 필요한 느린 연축 근섬유로 변화시키거나 그 반대의 과정을 일으킬 수 있다. 하지만 그렇다고 해서 컨디셔닝 운동이 산악 코스가 많은 투르 드 프랑스 경기에서 하비에르 소토마요르가 우승을 하게 만들거나 데니스 뮬러-코레넥이 코사크 춤을 추게 만들 수는 없을 것이다.

• 자동차나 모터사이클의 보조를 받아 기록을 향상시키는 자전거 경주 방식.

◆◆◆◆

이 장에서는 나는 사람들에게 가장 친숙한 근육 유형, 즉 골격근과 관련해 액틴과 미오신의 상호작용에 대해 설명했다. 다음 장에서는 범위를 좀 더 넓혀, 아주 작은 액틴/미오신 유닛들이 미소를 짓거나 홈런을 치거나 둘 다를 가능하게 만드는 골격근을 어떻게 구성하는지 설명할 것이다. 골격근은 범위를 넓혀 설명할 수밖에 없다. 골격근은 우리 몸무게의 약 40퍼센트를 차지하기 때문이다.

3장

골격근

골격의 움직임은 한 뼈가 다른 뼈와 관계를 맺으며 움직이기 때문에 발생한다. 뼈와 뼈의 교차점은 관절이다. 뼈와 뼈 사이를 잇는 인대ligament는 관절이 통제할 수 없을 정도로 흔들리지 않도록 잡아주는 튼튼하고 가느다란 섬유질 끈이다. 무릎의 측면에 위치한 인대들을 예로 들어보자. 이 인대들이 뼈와 뼈 사이를 잇기 때문에 우리는 무릎을 곧게 펴거나 구부릴 수 있다. 그뿐만 아니라 인대는 무릎이 좌우로 흔들리거나 무릎이 벌어지는 것을 방지하기도 한다.

끈 모양의 힘줄은 인대를 구성하는 질긴 섬유질 물질과 동일한 물질로 구성돼 있다. 인대는 관절을 가로질러 뼈와 뼈를 연결하는 반면, 힘줄은 관절을 가로지르지만 근육과 뼈를 연결한다. 따라서 근육이 수축하면 근육-힘줄 쌍이 관절을 벌리거나, 좁히거나, 회전시킨다. 손가락을 힘껏 펴면, 피부 밑에서 손가락의 뼈와 팔뚝에 있는 근육이 연

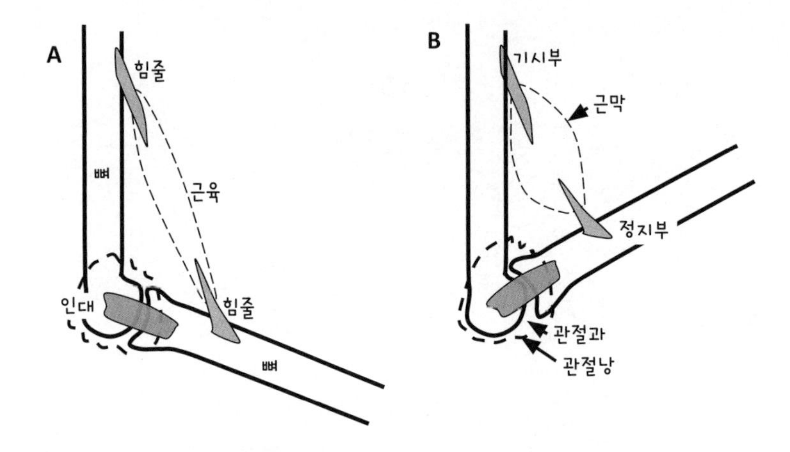

A. 힘줄은 근육과 뼈를 연결하며, 인대는 관절을 가로질러 뼈와 뼈를 연결한다. 근육은 수축하면서 짧아지고, 그로 인해 근육이 걸쳐 있는 관절이 움직이게 된다.
B. 근육이 수축할 때 움직이지 않는 뼈에 부착된 근육 부분을 "기시부origin", 근육이 수축할 때 움직이는 뼈에 부착된 근육 부분을 "정지부insertion"라고 부른다. 관절을 둘러싸고 있는 관절낭joint capsule은 유연하며, 관절이 움직일 때마다 그 모양이 변한다. 근막fascia은 근육을 둘러싸고 있는 질기고 강한 층이다.

결돼 있는 것을 볼 수 있다. 이런 근육은 직접적으로, 또는 힘줄을 통해 뼈와 연결되기 때문에 "골격skeletal" 근육이라고 부른다.

힘줄이 왜 필요한지 의문이 들 수도 있다. 근육의 양쪽 끝이 직접 뼈에 연결되면 되는데 왜 굳이 힘줄이 필요할까? 그 이유는 근육이 기본적으로 부피가 큰 데다 수축하면 더 부피가 커진다는 사실에 있다. 만약 근육 자체가 관절을 가로지른다면 관절의 움직임이 제한될 수 있다. 예를 들어, 바지를 입은 상태에서 빵 한 덩어리를 무릎 뒷부분에 끼워 넣는다면 무릎관절이 제대로 움직일 수 있을까? 그럴 수 없을 것이다. 근육에 의한 관절 통제가 가능한 것은 일반적으로 근육이 관절에서 떨어져 있으며, 근육의 힘은 가는 힘줄을 통해 관절로 전달되기 때문이다.

한 가지 예로 우리가 발끝으로 서 있을 수 있는 것은 장딴지에 있는 상당히 부피가 큰 근육들이 수축하기 때문이다. 만약 이 근육들 자체가 발목을 가로지른다면 신발을 신기가 어려울 것이다. 우리가 신발을 쉽게 신을 수 있는 이유는 아킬레스건(발꿈치 힘줄)이 힘을 확장하는 역할을 하는 동시에 이 근육들이 원격으로 작동할 수 있게 해주기 때문이다. 힘줄의 장점은 놀랍도록 강하면서도 가늘고 유연한 손가락에서 가장 잘 드러난다. 손가락이 유연하게 움직일 수 있는 이유는 손가락에 힘을 공급하는 근육들이 손바닥과 팔뚝에 있으며, 이 근육들이 힘줄을 통해서만 손가락으로 힘을 전달하기 때문이다. 이 경우 우리는 이 근육들의 "기시부"는 팔뚝, "정지부"는 손가락이라고 말한다. 팔뚝은 손가락이 움직일 때도 움직이지 않는다.

하지만 근육의 기시점과 정지점이라는 개념은 사실 좀 복잡하다고 할 수 있다. 위팔두갈래근을 예로 들어보자. 이 근육은 어깨 근처의 뼈에서 시작돼 팔꿈치 바로 너머에 있는 팔뚝 뼈에 부착된다. 예를 들어 덤벨을 들어 올리느라 위팔두갈래근이 수축하는 경우 위팔(기시부)은 움직이지 않고, 팔뚝(정지부)이 움직이면서 팔꿈치가 접힌다. 기시부와 정지부에 대한 정의는 바로 이 움직임 여부에 기초한다. 즉, 움직이지 않는 뼈가 근육의 기시부, 움직이는 뼈가 정지부다. 하지만 턱걸이를 하는 경우, 똑같이 위팔두갈래근이 수축하지만 팔뚝은 움직이지 않는다. 이 상황에서는 어깨가 손목 위치로 올라가면서 팔꿈치가 접힌다. 그렇다면 이 경우에는 위팔두갈래근의 기시부가 팔뚝, 정

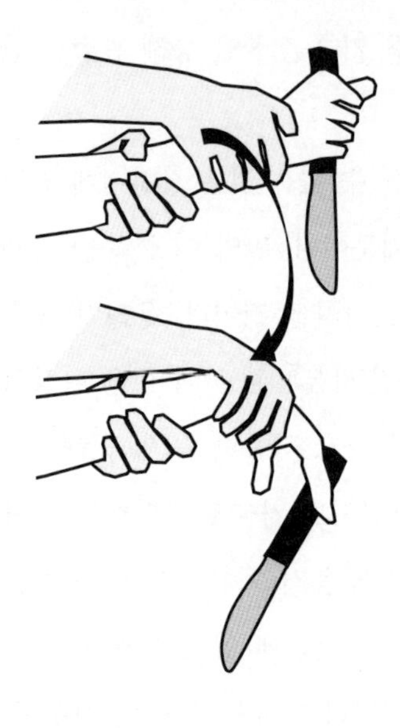

손목을 아래로 강하게 꺾으면 손가락을 곧게 펴도록 만드는 힘줄은 팽팽해지고, 주먹을 꽉 쥐게 만드는 힘줄은 느슨해진다. 따라서 이 동작을 이용하면 어떤 사물을 꽉 쥐고 있는 사람의 손에서 그 사물을 잡아 빼내거나 그 사람의 손가락을 펴려고 노력할 필요 없이 사물을 손에서 놓도록 만들 수 있다.

지부가 위팔일까? 이런 경우는 이 두 부분 모두를 "부착부attachment"로 부르는 것이 최선의 선택일 것이다.

또한 근육이 기시부와 정지부 사이에서 하나의 관절에서만 교차하는지 또는 두 개 이상의 관절에서 교차하는지도 중요하다. 근육이 길어지거나 짧아질 수 있는 정도에는 한계가 있으며, 두 개 이상의 관절을 가로지르는 경우 한 관절의 위치가 다른 관절에서 근육이 하는 역할에 상당한 영향을 미칠 수 있기 때문이다. 경찰은 칼을 휘두르는 범인을 제압할 때 범인의 손가락을 펴 칼을 떨어뜨리게 만들 필요 없이, 이 근육 수축과 근육 이완의 길이 제한을 활용해 범인이 칼을 손에서 놓게 만들 수 있다. 범인의 손목을 아래쪽으로 확 꺾으면 칼이 손에서 떨어지기 때문이다. 뭐든(꼭 칼이 아니더라도) 손에 잡고 실험을 해보자. 먼저 손바닥을 위로 향하게 한 다음 주먹을 꽉 쥐어보자. 그 상태에서 주먹의 끝부분이 팔꿈치 주름 쪽을 향하도록 손목을 안쪽으로 구부린 다음, 주먹을 쥔 손의 등을 반대편 손으로 밀어 팔꿈치 주름 쪽으로 훨씬 더 가깝게 만든다. 자, 이제 더 이상 주먹을 꽉 쥐고 있을 수 없다는 것을 알게 될 것이다. 손목이 크게 안쪽으로 구부러지면서, 손가락을 접게 만드는 근육이 수축력 대부분을 소진해 더 이상 주먹을 꽉 쥘 수 없게 된 것이다. 또한 이 상황에서는 손가락을 곧게 펴는 근육이 손목의 뒤쪽(볼록한 쪽)에서 한계까지 늘어나 있기 때문에 더 이상의 팽창이 불가능하며, 따라서 손가락은 더 이상 꽉 접을 수 없게 된다.

또 다른 예로는 허벅지 뒤쪽의 햄스트링 근육을 들 수 있다. 햄스트링 근육은 골반 뒤쪽에서 시작해 무릎 바로 아래의 다리 뒤쪽에서 끝난다. 따라서 햄스트링 근육은 엉덩이를 곧게 펴고 무릎을 구부리는 역할을 한다. 하지만 햄스트링 근육이 뭉쳐 있으면 이 두 동작을 동시에 할 수 있을 만큼 늘어나지 않을 수 있다. 직접 시험해보자. 의자에서 앉아 몸을 앞으로 기울이면 엉덩이가 구부러진다. 그 상태에서 무릎을 완전히 펴면서 발을 바닥에서 들어 올린다. 이때 허벅지 뒤쪽이 당기는 느낌이 들 것이고, 그 느낌을 없애기 위해 몸을 뒤로 젖히게 될 것이다. 그 순간 기시부 근처인 엉덩이가 펴지면서 그 부분에서 햄스트링 근육이 좀 느슨해지고, 중지부 근처인 곧게 펴진 무릎 주변의 햄스트링 근육이 이완되는 것을 느낄 수 있을 것이다.

수의근은 항상 내 의지에 따라 움직일까?

앞서 언급한 햄스트링 근육, 종아리 근육, 위팔두갈래근은 힘줄에 의해 확장되며 근육의 양쪽 끝이 뼈에 붙어 있는 전형적인 골격근이다. 하지만 골격근 중에는 한쪽 끝만 뼈에 붙어 있고, 다른 쪽 끝은 골격이 아니라 섬유조직이나 연골 또는 피부에 붙어 있는 것도 있다. 근육해부학이 복잡하면서도 경이로운 이유 중 하나가 이것이다. 예를 들어 손과 발에는 각각 4개의 벌레 모양 근육이 있는데, 이런 근육은 뼈가 아니라 힘줄에서 시작한다. 다른 예도 있다. 손목을 팔꿈치 쪽으로 살짝 구부린 상태에서 엄지손가락과 다른 손가락을 힘껏 맞대면 지름이 연필 정도 되는 힘줄이 팔뚝 피부 밑에서 돌출할 가능성이 85퍼센트 정도 된다. 이 힘줄은 긴손바닥근palmaris longus의 힘줄이다. 긴손바닥근은 팔꿈치 근처의 뼈에서 시작돼 뼈가 아니라 손바닥의 섬유조직에 연결돼 있다.

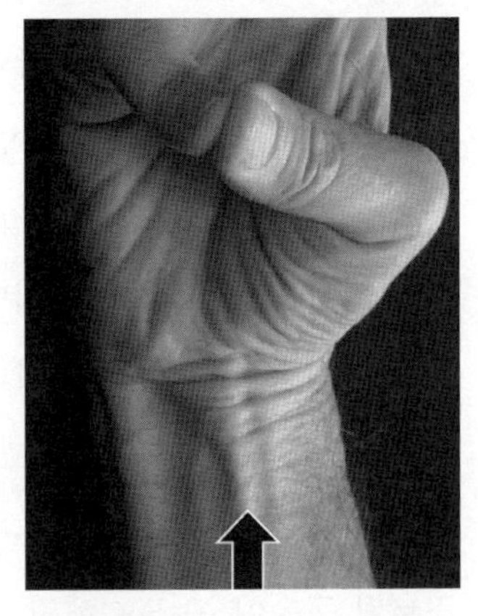

손목을 팔꿈치 쪽으로 살짝 구부린 상태에서 새끼손가락과 엄지손가락을 맞댔을 때 팔뚝의 피부 밑에서 돌출되는 힘줄이 긴손바닥근 힘줄이다. 이 힘줄이 없는 사람도 있다.

대부분의 안면근육도 한쪽 끝만 뼈에 붙어 있으며, 나머지 한쪽 끝은 피부에 붙어 있다. 안면근육이 피부에 붙어 있지 않다면 사람들은 웃고 찡그리고, 귀를 움직일 수 없을 것이다. 눈을 둘러싸고 있는 근육 중 하나인 눈둘레근orbicularis oculi은 세 부분으로 이루어져 있는데, 그중 두 부분은 뼈에 붙어 있지 않다. 혀에 있는 근육 중 4개는 한쪽 끝만 뼈에 붙어 있고, 나머지 4개는 골격과 전혀 연결돼 있지 않다. 성대를 조절하는 근육들도 마찬가지다. 이 근육들은 모두 연골에서 시작해 연골에서 끝난다. 하지만 이 모든 근육은 "골격근"으로 분류된다. 이 근육들은 모두 수의근voluntary muscle이기 때문이다. 수의근은 우리가 원할 때 우리 의지대로 수축시킬 수 있는 근육을 뜻한다. 예를 들어 팔꿈치, 무릎, 입술을 움직이는 근육은 모두 수의근이다.

하지만 안타깝게도, "수의근"이자 골격근인 근육 중에도 때로는 우리가 의지대로 통제할 수 없는 것들이 있다. 눈둘레근에 대해 다시 한번 살펴보자. 우리는 의지대로 눈둘레근을 수축시켜 눈을 깜빡일 수 있다. 하지만 눈둘레근은 눈에 벌레가 날아들면 반사적으로 수축한다. 이 경우 수축 속도는 우리 의지에 따른 수축의 속도보다 더 빠르다.

기침과 호흡도 이와 마찬가지로 이중적인 통제를 받는다. 지난 몇 분 동안 여러분은 리드미컬하게 수축하는 횡격막에 대해 생각하지 않았겠지만, 이제 생각해보자. 1장에서 다룬 최초의 인체 해부학자 중 한 명인 안드레아스 베살리우스는 "호흡이 우리 자신의 의지와 충동에 의존하지 않는다면 우리는 오랫동안 계속해서 말을 할 수 없을 것이며, 만약 그랬다면 이는 우리의 삶의 질에 악영향을 미쳤을 것이다"라고 말한 바 있다(베살리우스가 농담으로 이렇게 말한 것 같지는 않다).

골격근인데도 우리의 의지와는 전혀 상관없이 작용하는 근육도 있다. 이 근육은 중이middle ear에 위치한 뼈들을 통과해 몸 안으로 들어오는 진동을 반사적으로 감쇠시킴으로써 내이inner ear를 극도로 큰 소리로부터 방어한다. 등자근stapedius이라는 이름의 이 근육은 우리 몸에서 가장 작은 근육으로, 크기가 6밀리미터 정도에 불과하다.

다른 수의근 중에서도 상황에 따라 우리의 의지와는 상관없이 작동하는 것들이 있다. 예를 들어 몸이나 이가 떨리는 것은 추위나 두려움에 근육이 우리의 의지와 상관없이 반응한 결과다.

때때로 우리는 자신도 모르게 수의근을 수축시켜 생각을 전달하기도 한다. 몸짓언어body language가 바로 수축의 결과다(그 결과가 항상 좋은 것만은 아니다). 몸짓언어에는 얼굴 표정과 눈동자 움직임뿐만 아니라 자세, 손짓, 공간 활용도 포함된다. 멘탈리스트는 능숙한 포커 플레이어처럼 이런 몸짓언어를 읽는 데 뛰어나다. 포커 플레이어는 자신은 포커페이스를 완벽하게 유지하면서 다른 사람의 생각을 읽는다. 하지만 보통 사람은 아무리 생각을 숨기려고 애를 써도 5분의 1초도 안 되는 순간 동안 얼굴에 나타나는 움직임에서 감정을 드러낼 때가 있다. 근육을 수축시키는 사람 자신 그리고 일반적인 관찰자가 모두 놓칠 수 있는 이런 미세하고 순간적인 근육 수축을 미세 감정micro-emotion 또는 "미세 감정 실마리tell"라고 부른다. 미세 감정은 그 자체로 연구 대상이다. 예를 들어 세관 단속요원이 밀수꾼의 이러한 찰나의 순간을 포착하는 방법을 배울 수 있는지에 대한 논란이 있다. 성대가 미세한 감정을 표현하는지는 잘 모르겠지만, 스트레스를 받으면 목소리가 갈라지는 것은 확실하다. 어쩌면 공항에서 일하는 교통안전국 직원이 입국심사대에서 여행자에게 노래를 불러달라고 해야 할지도 모르겠다.

특이한 사례들

나는 골격근의 다양한 부착 부위와 조절 양상이 복잡하긴 하지만 흥미롭다고도 생각한다. 여러분도 골격근의 형태, 기능, 제어의 다양성을 즐길 수 있기를 바란다. 이렇게 생각해보자. 사람들은 키가 크거나, 작거나, 가볍거나, 어둡거나, 마른 체형이거나, 뚱뚱하거나, 곱슬머리가 있거나, 머리가 없거나, 얼굴이 비대칭인 등 다양한 모습을 하고 있다. 그렇기 때문에 사람들을 관찰하는 것이 재미있을 때도 있지만, 사람들에 대한 관찰 결과를 정확하게 분류하기가 어려울 때도 있다. 모두가 같은 모습이라면 얼마나 지루할까? 하지만 이런 해부학적 다양성과 모호함은 피부에서 끝나지 않는다. 내부적으로도 무수히 많은 변형이 존재하기 때문이다. 이러한 모든 변형은 장기 시스템에서 발생하며 해부학자와 의사들을 긴장하게 만든다.

예를 들어 1만 명당 1명꼴로 내부 장기가 완전히 좌우로 뒤집힌 경우가 있다. 심장이 오른쪽에 있고, 일반적으로 오른쪽에 있는 맹장이 왼쪽에 있는 경우다. 특정한 골격근이 한쪽 팔다리에만 있고 다른 쪽 팔다리에는 없는 경우도 있다. 따라서 이 책을 읽고 있는 여러분을 보고 누군가 "골격근이 몇 개나 되나요?"라고 묻는다면 한숨을 쉬며 "약 650개"라고 대답해야 할 것이다. 이 대답을 할 때는 반드시 "약"이라는 말을 강조해야 한다. 지금부터는 이런 모호함의 원인을 제공하는 골격근 변형 중 몇 가지에 대해 살펴보자.

앞에서 나는 긴손바닥근 힘줄이 몸에 있는지 확인하는 방법을 알려주기 위해 내 팔뚝에 있는 힘줄을 보여줬다. 이 힘줄의 존재 여부

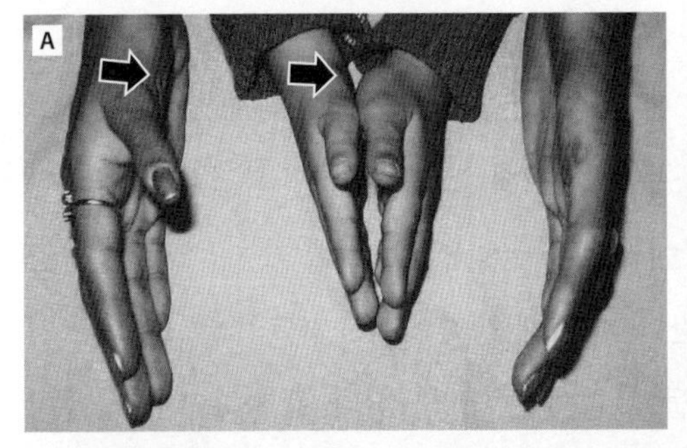

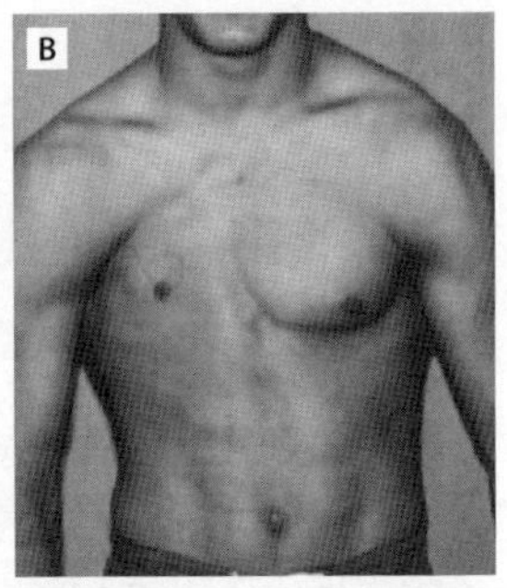

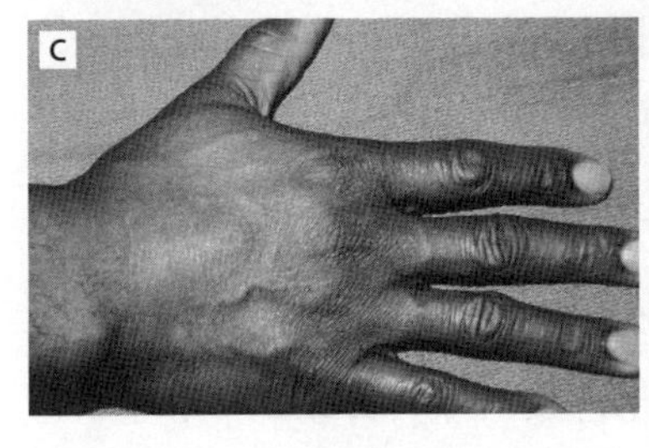

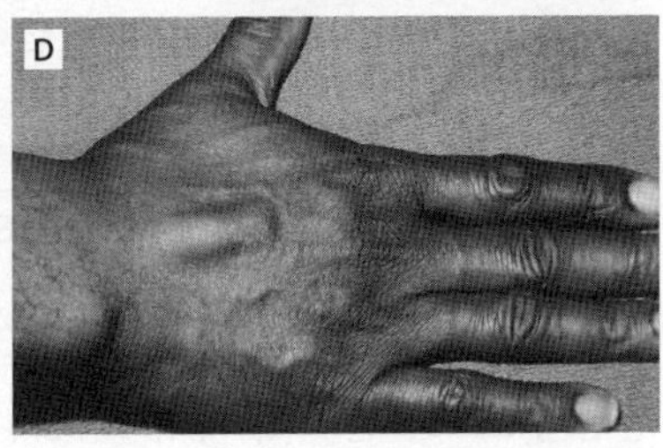

A. 태어날 때부터 엄마(큰 손)와 딸(작은 손)은 모두 오른쪽 엄지손가락 아래 부분의 두툼한 근육이 없었다. 또한 엄마의 왼손 엄지손가락은 완전히 발달하지 못한 반면, 딸의 왼손 엄지손가락은 정상이다.

B. 이 고등학생 레슬링 선수는 선천적으로 오른쪽 가슴 근육pectoralis major(큰가슴근)이 없지만 전혀 운동에 지장을 받지 않고 있다.

C. 발등에 짧은 근육이 위치하는 것은 정상이지만, 손등에 짧은 근육이 위치하는 일은 매우 드물며, 이는 종양으로 오인될 수 있다.

D. 이 근육은 근육 소유자의 의지대로 수축할 수 있기 때문에, 종양이 아니라 근육이라는 것을 알 수 있다.

는 인종에 따라 다르다. 백인의 약 85퍼센트는 양쪽 팔뚝에, 8퍼센트는 한쪽 팔뚝에만 있으며, 7퍼센트는 양쪽 팔뚝 모두에 이 힘줄이 없다. 하지만 아프리카계 미국인과 아시아인 중에서 이 힘줄이 아예 없는 사람은 각각 5퍼센트와 3퍼센트에 불과하다. 다행히도 이 힘줄이 없어도 팔이 기능하는 데는 전혀 문제가 없다. 손을 치료하는 외과의사들은 이 힘줄이 특별한 역할을 하지 않으며, 없어도 전혀 문제가 될 것이 없다는 사실을 잘 알고 있다. 따라서 외과의사들은 수술을 할 때 환자의 몸의 다른 곳에서 힘줄이 필요한 상황이 생기면 이 힘줄을 이식용 힘줄로 사용하곤 한다(자세한 내용은 8장에서 다룰 것이다).

다리 뒷부분 장딴지를 가로지르는 장딴지빗근plantaris muscle도 긴손바닥근 힘줄처럼 없는 사람이 많으며, 수술을 할 때 이식용으로 유용하다. 드물긴 하지만, 근육이 다른 형태로 이상 현상을 보이는 경우도 있다. 앞의 A, B, C, D 사진들은 내가 진료실에서 관찰한 이런 사례들을 보여준다.

반사

반사에 대해서는 앞에서도 몇 번 언급한 바 있다. 반사 현상 중 가장 잘 알려진 것은 무릎반사다. 허벅지근육을 의도적으로 수축시킨 채 다리를 곧게 펴거나, 긴장을 풀고 한쪽 무릎을 다른 쪽 무릎 위로 교차시킨 다음, 다른 사람이 무릎뼈(슬개골) 바로 아래 힘줄을 두드리도록 하면 무릎반사를 관찰할 수 있다(나무 숟가락으로 두드려도 된다). 두드리는 순간 무릎이 순간적으로 약간 곧게 펴질 것이다. 이 반사는 척수 반사의 일종이다. 이 힘줄을 가볍게 두드리면 무릎뼈 주변 근육이 아주 약간 늘어나면서 이 근육 내부에 있는 뻗침 수용체stretch receptor가 활성화된다. 이 수용체는 팔다리를 따라 척수로 전기 메시지

를 보내고, 척수는 즉시 허벅지 근육에게 수축하라는 메시지를 보낸다. 이는 뇌가 "쇼트"되는 현상이다.•

이 과정에 일반적으로 뇌는 관여하지 않는다. 19세기 후반, 헝가리의 의사 에르뇌 옌드라시크Ernő Jendrassik가 개발한 "옌드라시크 기동Jendrassik maneuver"은 뇌가 관여하지 않는 근육 움직임인 무릎반사를 더 강화하기 위한 방법이다. 양손을 고리모양으로 맞잡은 상태에서 이를 악물고 힘껏 양팔을 바깥쪽으로 잡아당긴 다음, 다른 사람이 무릎뼈 힘줄(슬개건)을 두드리게 해보자. 이 상태에서 신경계는 적색경보를 발령하고 있기 때문에 무릎반사가 강화될 것이다. 이때 무의식적으로 다른 사람을 발로 찰 수도 있으니 조심해야 한다.

뻗침 수용체는 골격근이나 골격근에 부착된 힘줄에 내장된 두 가지 특수한 모터 중 하나다. 무릎반사에서도 관찰할 수 있듯이, 근육 안에 위치한 뻗침 수용체는 이완된 근육이 갑자기 길쭉하게 늘어나 손상되지 않도록 보호하는 역할을 한다. 하지만 뻗침 수용체는 근육 스트레칭이 7~10초 이상에 걸쳐 천천히 이뤄지는 경우에는 활성화되지 않는다. 이 경우에 뻗침 수용체는 뭔가 끔찍한 일이 일어날 것 같지는 않다고 판단해, 근육이 늘어나는 것을 반사적으로 멈추게 만들지 않는다. 따라서 요가를 할 때처럼 천천히 조금씩 스트레칭을 하면 유연성이 점차 향상된다. 뻗침 수용체는 잠자는 경비견이라고 생각하면 된다. 이 경비견에게 소리를 지르면 짖겠지만, 부드럽고 다정하게 말

• 흔히 "쇼트"라고 부르는 "단락 현상"은 전기가 원래 흐르는 경로에서 벗어나 저항이 거의 없거나 아예 없는 곳으로 흐르는 것을 뜻한다.

옌드라시크 기동은 피험자가 양손을 고리 모양으로 맞잡은 상태에서 힘껏 양팔을 바깥쪽으로 잡아당기게 만든 다음(양팔 근육을 등척성 수축시킨 다음) 무릎반사 정도를 테스트하는 방법이다.

을 걸면 배를 쓰다듬어 달라고 할 것이다.

뻗침 수용체는 이완 상태의 근육이 갑자기 지나치게 길어지는 것을 방지할 뿐만 아니라 신경학자들이 제6의 감각으로 간주하는 "위치 감각position sense"에도 크게 기여한다. 우리에게 익숙한 다섯 가지 감각은 주변 환경에 대한 정보를 제공하는 반면, 위치 감각은 시각과는 상관없이 몸의 방향이 중력의 영향을 받아 어떻게 변하는지 그리고 몸의 부위들이 서로에 대해 상대적으로 어디에 위치하는지 알려준다. 우리가 어둠 속에서도 넘어지지 않고 걸을 수 있고, 기타나 피아노 건반 위에 손가락이 어디에 있는지 보지 않고도 알 수 있는 것은 모두 위치 감각 덕분이다. 하지만 이 정밀 조정시스템은 빠르게 성장하는 십대의 뼈와 근육을 따라가지 못하는 경우가 많으며, 길어진 팔다리에 적응하는 데 지연이 발생해 어색한 움직임을 유발한다. 또한 모든 연령대에서 알코올은 이 시스템의 기능을 저하시킨다. 음주운전이 의심되는 사람에게 경찰이 눈을 감고 검지로 코를 만지게 하거나 발끝에 발뒤꿈치를 붙이는 방법으로 일직선으로 걷게 해 음주 여부를 현장에서 테스트하는 것은 이 사실을 잘 알고 있기 때문이다.

근육 내 뻗침 수용체와 함께 작동하는 다른 모니터 세트는 골지힘줄기관Golgi tendon organ이다. 힘줄에 내장돼 있는 이 기관은 긴장을 감지한다. 골지힘줄기관은 수축하는 근육이 감당할 수 있는 무게보다 더 무거운 무게가 가해지면 반사를 통해 근육을 이완시켜 근육이 찢어지지 않도록 보호하며, 너무 무거운 물건을 떨어뜨리게 만들 수도 있다. 또한 이 기관은 무게를 감지할 수도 있다. 예를 들어, 이 기관은 스프레이 캔에 남아 있는 페인트의 양을 파악할 수 있다.

히스테리성 근력

생리학자들은 일반적으로 근육이 최대 수축 범위의 60퍼센트 정도로 수축하면 근육 내 뻗침 수용체와 골지힘줄기관이 경보를 울리기 시작한다고 추정한다. 경보가 울리면 뇌는 "수축하라"라는 메시지 전송을 중단하고, 근육은 반사적으로 이완돼 근육 자체 또는 인대나 뼈가 부러지는 것을 방지한다(근육 수축이 극도로 심하게 일어나면 뼈가 부러질 수도 있다). 근육 수축이 과도하게 일어나고 있다는 메시지가 전송되는 속도는 사람에 따라 다르다. 운동선수는 선천적 능력이나 훈련, 또는 둘 다를 통해 근육 수축을 그만하라는 첫 번째 신호를 무시하고 근육을 이론적인 최대 수축 비율의 약 80퍼센트까지 수축시키는 능력을 가질 수 있다.

그렇다면 근육은 어느 정도까지 능력을 발휘할 수 있을까? "차에 깔린 자전거 탑승자를 한 남성이 차를 들어 구하다", "어린 아이가 차를 들어 올려 할아버지의 생명을 구하다" 같은 신문기사 제목을 보면 알 수 있다. 이 영웅들은 훈련도 받지 않았고, 전혀 준비되지 않은 평범한 사람들이지만, 위급한 순간에 히스테리성 근력hysterical strength이라고 불리는 비현실적인 힘을 내 사람의 생명을 구했다. 어떻게 이런 일이 가능한 것일까? 덩치가 큰 건장한 사람이 끙끙대며 작은 자동차를 뒤집는 동영상들이 있긴 하다. 하지만 이 사람들은 고된 웨이트 트레이닝을 받은 사람들이며, 아마도 많은 사람들 중 성공한 한 명만이 자신의 동영상을 유튜브에 올렸을 것이다. 하지만 "1.5톤 트럭에 깔린 오리건주 남성, 10대 딸들이 구하다" 같은 기사 제목 뒤에 숨은 사연은 좀 다를 수 있다. 이 경우 아버지를 구한 딸들은 전복된 차를 마치 다리 한 개가 짧은 테이블처럼 기울여 피해자가 몸을 움직일 수 있는 충분한 공간을 확보했을 수 있다.

다른 상황에서는 영웅이 한쪽 바퀴를 들어 올려 피해자가 탈출할 수 있는 공간을 확보할지도 모른다. 헬스장에서 데드 리프트dead lift라고 부르는 이 동작은 바닥에 놓인 바벨을 잡고 팔을 구부리지 않은 자세로 엉덩이 높이까지 들어 올리는 동작이다. 데드 리프트의 남성 세계기록은 500킬로그램 이상, 여성은 거의 320킬로그램에 이른다. 생사를 넘나드는 상황에서 일반인이 어느 정도까지 데드 리프트를 할 수 있을까? 차에 깔린 아이를 보거나, 훈련소 교관이 크게 소리를 지르는 것을 듣거나, 수천 명의 광적인 홈팀 팬들이 고함을 지르는 소리를 듣는 등의 정신적 스트레스는 경보 임계값을 재설정할 수 있다. 아드레날린이 확실히 근육 수축 강도를 높일 수는 있다. 하지만 초인적인 힘이 발휘되는 순간은 이 호르몬이 부신adrenal gland에서 분비돼 근육에 영향을 미치기 전일 가능성이 높다.

히스테리성 근력이 나타나는 현상은 통제된 방식으로 연구하기가 어렵다. 생사를 가르는 순간을 시뮬레이션하는 것은 윤리적으로 정당화되기 힘들기 때문이다. 하지만 두 명의 연구자가 이 연구에 근접한 적은 있다. 이들의 연구 결과는 심리적인 억제가 힘의 발생을 제한한다는 이론을 뒷받침한다. 이 실험에서 피험자들은 앉은 상태에서 악력계를 들고 일정한 간격으로 악력계를 힘껏 쥐라는 요청을 받았다. 이때 피험자들 뒤에 서 있던 연구자 중 한 명이 무작위로 스타팅 피스톨(운동 경기 등에서 시작을 알리는 신호 용도로 사용하는 권총)을 허공에 발사했다. 그 결과, 피험자들은 권총 소리를 들었을 때 평균적으로 악력이 7퍼센트 증가한 것으로 나타났다. 연구자들이 피험자들에게 악력계를 꽉 쥐면서 최대한 큰 소리로 외치라고 요청했을 때는 악력의 강도가 기준치보다 평균 12퍼센트 더 높았다.

이것이 바로 〈브레이브하트Braveheart〉 같은 영화에 등장하는 전사들이 적과 맞서기 위해 피 끓는 분노의 함성을 지르는 이유일 것이다. 분노 감정은 적을 잠재적으로 위협할 수 있을 뿐만 아니라, 골지힘줄기관과 뻗침 수용체가 근육 수축을 억제하지 못하도록 만들어 60퍼센트였던 근육의 능력을 80퍼센트 가까이까지 끌어올릴 수 있다. 이는 현대의 테니스 선수, 무술 수련자, 역도 선수들에게도 같은 효과가 있는 것으로 보이는데, 이들 대부분은 최대로 힘을 내려는 순간에 기합 소리를 내며 숨을 강하게 내뱉는다(일부 헬스장에서는 이런 원초적인 소리를 내지 못하게 한다). 한 연구 결과에 따르면 대학 테니스 선수가 서브나 포핸드 발리forehand volley• 동작을 하는 순간에 기합 소리를 내면 공의 속도가 5퍼센트 증가한다. 물론 이런 소리를 내는 것은 경기력을 향상시키기도 하지만, 상대방 선수의 주의를 분산시킬 수 있기 때문에 반칙으로 간주될 수도 있다.

다른 신기한 신경근육 현상으로는 콘슈탐 현상Kohnstamm phenomenon이 있다. 파티에서 한번 시험해보면 재밌을 것이다. 이 현상은 독일의 신경학자이자 정신과의사인 오스카 콘슈탐Oscar Kohnstamm에 의해 1915년에 처음 묘사된 것으로 알려져 있지만, 나는 아이들이 그전부터 이 현상에 대해 알고 있었을 거라고 본다. 한번 직접 해보자. 문 앞에 서서 문틀의 양쪽 세로 부분에 양손 손등을 대고 마치 문틀 사이를 넓히려고 하는 것처럼 약 30초 동안 밀어보자. 그런 다음 뒤로 물러나 긴장을 풀고 있으면, 마치 마법처럼 두 팔이 옆구리에서 위로 올라갈 것이다.

콘슈탐 현상은 다른 근육에서도 나타나며, 개인에 따라 현상의 강도가 다를 수 있다. 예를 들어 한 연구진은 열린 공간 가장자리에 서 있는 피험자들의 눈을 가린 뒤 그들에게 몸통을 왼쪽으로 비틀어보라고 요청했다. 이와 동시에 연구자들은 피험자들 뒤에 앉아 피험자

• 테니스에서 오른손잡이의 경우는 몸의 오른쪽, 왼손잡이의 경우는 몸의 왼쪽에서 공을 받아 넘기는 동작.

들의 엉덩이를 잡고 몸통이 비틀어지지 않게 했다. 그로부터 30초 후, 연구자는 눈을 가린 피험자에게 일직선으로 앞으로 걸어가라고 요청했다. 이때 대부분의 피험자는 무의식적으로 45도에서 270도 사이로 왼쪽으로 방향을 틂으로써 콘슈탐 현상을 보였다. 신경과 소위 수의근 사이에서 이런 상호작용이 발생하는 원인은 아직 확실하게 밝혀지지 않은 상태다.

고환올림근cremaster에서도 이런 현상이 나타난다. 이 근육은 고환에 저장된 정자가 너무 차가워지거나 뜨거워지지 않도록, 고환을 올리거

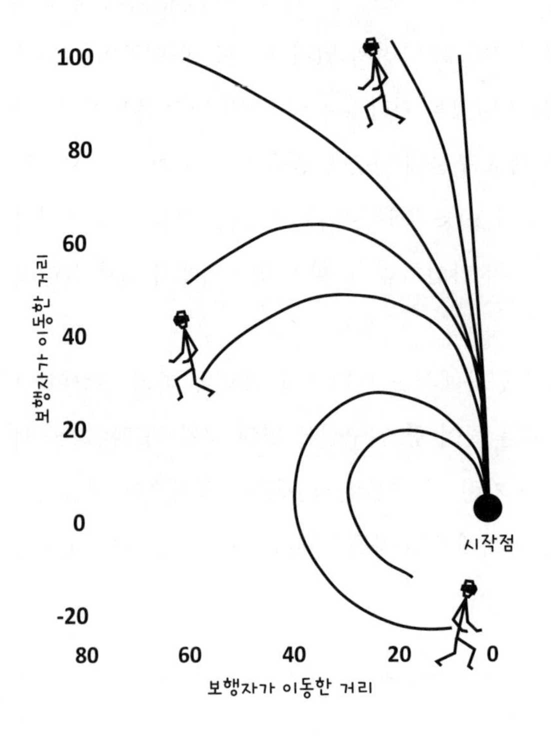

눈을 가린 피험자가 몸통 비틀기 가동에 저항한 뒤 공간에서 걸이간 궤적을 보여주는 그림. 이 그림은 다른 각도에서 콘슈탐 현상을 보여준다.

나 내려 정자의 온도를 일정하게 유지하는 역할을 한다. 남성은 이 온도 조절 엘리베이터를 자신의 의지대로 제어할 수 있는 능력이 거의 없다. 그리고 내가 아는 한, 기후 변화가 고환올림근의 기능에 미치는 영향은 아직 확인되지 않고 있다.

몸은 마음이 통제하지만, 어떤 경우에는 몸이 마음을 통제할 수 있다. 예를 들어 연구자들은 위아래 이로 연필을 가로로 물고 있면 미소를 짓게 되고, 그렇게 되면 행복한 생각을 할 가능성이 높다는 것을 증명했다. 반대로, 연필을 윗입술과 코 사이에 끼우면 얼굴 근육이 찡그린 표정을 짓게 되고 생각도 부정적으로 변한다. 이를 체화된 인지 embodied cognition이라고 한다.

한 연구에서는 피험자들이 팔짱을 끼거나 끼지 않은 채로 과제에 집중하는 동안 시간을 측정했다. 그 결과 연구자들은 팔짱을 낀 상태의 피험자들이 더 오래 견뎌냈다는 사실을 밝혀냈으며, 이는 그들에게 더 강한 의지가 있음을 시사한다. 비슷한 맥락에서 연구자들은 스트레스를 많이 받을 수 있는 활동을 하기 전에 2분 동안 자신감 넘치는 슈퍼맨의 자세를 취하면 기분이 좋아진다는 사실을 발견했다. 법정이나 회의실 밖에서 팔짱을 끼고 연필을 치아 사이에 낀 슈퍼히어로 자세를 취하면 사람들의 시선을 끌 수 있겠지만, 확실히 효과가 있을 테니 시도해보기 바란다. 현재도 연구와 토론이 활발한 주제인 체화된 인지는 마음과 근육의 복잡한 상호작용과 그에 대한 우리의 불완전한 이해를 잘 드러내고 있다.

중앙 제어

이제 우리는 신경섬유를 따라 흐르는 전기 자극이 뇌와 근육 사이에서 메시지를 전달한다는 사실을 잘 알고 있다. 이 사실은 1780년에 루이지 갈바니Luigi Galvani와 그의 아내 루치아Lucia의 우연한 발견을 통해 처음 밝혀졌다. 이 발견은 2000년이 넘는 세월 동안의 추측과 도그마에 정면으로 맞서는 것이었다. 이런 추측은 기원전 400년경 힘줄과 신경이 하나라고 생각한 히포크라테스에서 시작됐다. 그로부터 약 50년 후 아리스토텔레스는 이 생각을 반박했고, 그로부터 다시 50년 후 에라시스트라투스는 과학에 또 다른 족적을 남겼다. 그는 최초의 체계적인 인체 해부를 수행한 사람으로 알려져 있다. 또한 그는 뇌로 가는 신경을 추적해 속이 빈 신경을 통해 "정신적 숨psychic pneuma"이 흐르면서 근육을 부풀리거나 수축시킨다는 가설을 세웠다. 갈레노스는 막강한 영향력을 행사하며 에라시스트라투스의 가설을 지지했다. 갈레노스는 신경액이 근육을 움직인다는 "풍선 이론balloonist theory"을 주장했으며, 이 주제에 대한 저술을 비롯한 그의 저술은 수 세기 동안 영향력을 발휘했다. 나는 갈레노스가 생물학 역사상 가장 오랫동안 잘못된 상태로 유지된 이론을 지지한 인물이라고 생각한다.

갈레노스의 풍선 이론이 잘못된 이론이라는 증거는 1666년에 나왔다. 네덜란드의 생물학자 얀 스바메르담Jan Swammerdam은 실험을 통해 수축하는 근육이 부풀어 오르지 않는다는 것을 증명했다. 그후 갈바니와 그의 아내는 죽은 개구리의 뒷다리 신경에 전기충격을 가하면 다리가 움직인다는 것을 보여줌으로써 나중에 갈바니즘galvanism으로 알려진 동물 전기의 존재를 증명했다. 이로써 "정신적 숨"과 "동물혼 animal spirit"에 관한 수천 년간의 추측이 사라지고 새로운 과학인 전기 생리학이 태동했다.

오늘날에는 뇌의 전기적 활동 검사(뇌파 검사), 신경의 전기적 활동 검사(신경전도 검사), 근육에 대한 검사(근전도 검사)가 일상적으로 이루어지고 있다. 손목과 발목의 표면, 그리고 심장 바로 위 피부에 전극을 부착하는 것만으로도 가능한 심전도 검사와 달리, 정밀 근전도 검사는 일반적으로 바늘 전극을 근육에 직접 삽입해야 한다. 건강한 골격근은 안정적일 때는 전기적으로 아무 신호도 보내지 않지만, 근육이 최대로 수축하는 동안에는 모니터에 들쭉날쭉한 시각적 신호를 생성한다.

휴식 상태에서 전기적 활동이 관찰되거나 전기적 활동이 나타나는 동안 파형의 변화가 관찰되면 다양한 문제를 예상할 수 있다. 예를 들

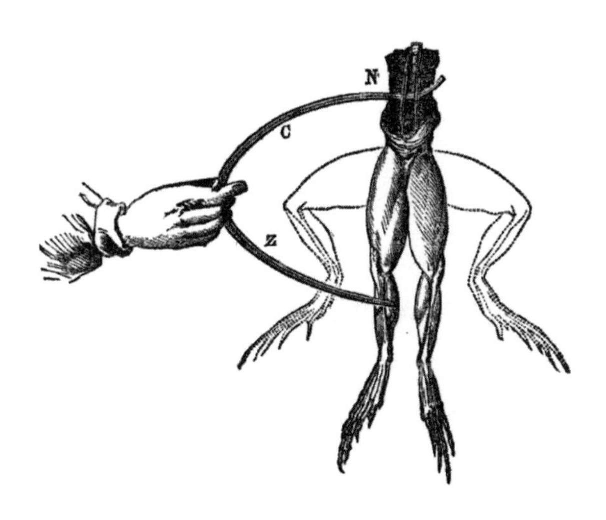

1859년에 그려진 이 그림은 그로부터 80년 전 루이지 갈바니와 루치아 갈바니가 발견한 사실을 잘 보여준다. 갈바니 부부는 죽은 개구리의 다리를 전기로 자극하면 근육이 수축한다는 사실을 발견했다.

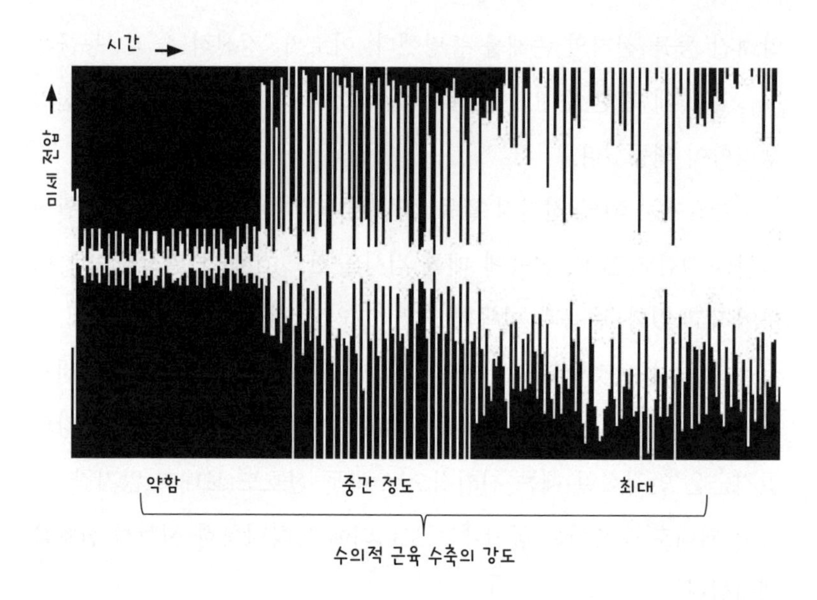

이 근전도 파형은 골격근이 약하게, 중간 정도로, 최대로 수의적 수축을 하는 몇 초 동안의 근육의 전기적 활동을 보여준다. 수축이 강해질수록 이미 활성화된 운동 단위가 더 빠르게 활성화되고 더 많은 근섬유가 활성화된다. 또한 수축이 강해질수록 전기 방출 빈도가 높아지며(수직 파형들이 더 촘촘하게 뭉치며) 전기 방출 강도도 높아진다(수직 파형들의 위아래 폭이 늘어난다).

어 이런 현상은 척추 내부 또는 척추 근처(척추 협착증, 근위축성 측삭 경화증), 근육으로 가는 신경(당뇨병성 신경병증, 손목 터널 증후군), 신경이 근육과 접촉하는 부위(보툴리눔 독소증) 또는 근육 자체(근이영양증)의 이상 때문에 발생할 수 있다. 2장에서 얼굴을 세게 찡그리면 미오신 분자가 액틴 필라멘트를 따라 움직이면서 발생하는 낮은 수준의 웡웡거리는 소리가 들린다고 말한 것을 기억할 것이다. 연구자들 중에는 근육의 소리를 듣는 방법으로 근육에 대한 더 나은(또는 다른) 정보를 얻기 위한 기법인 "근육음기록법phonomyography"을 연구하는 사람들도 있다.

대부분의 의사들은 일부 환자들이 완전히 편안한 경험은 아니라고 지적하는 근전도 검사를 하기 전에 근력 검사를 먼저 실시한다. 근력 검사는 간단한 정성 검사("손가락 꽉 쥐기", "앉은 자세에서 혼자 일어서기" 등)부터 다이나모미터dynamometer라는 전기 기계장치를 사용해 결과를 수치로 표시하는 복잡한 검사까지 다양하다. 다이나모미터 중에는 핸드헬드형(그립 미터, 핀치 미터)도 있고, 바닥에 설치해 몸통과 팔다리의 다양한 근육을 테스트할 수 있는 무겁지 않은 제품도 있다. 특정한 검사를 위해 독특한 모습으로 설계된 것들도 있다.

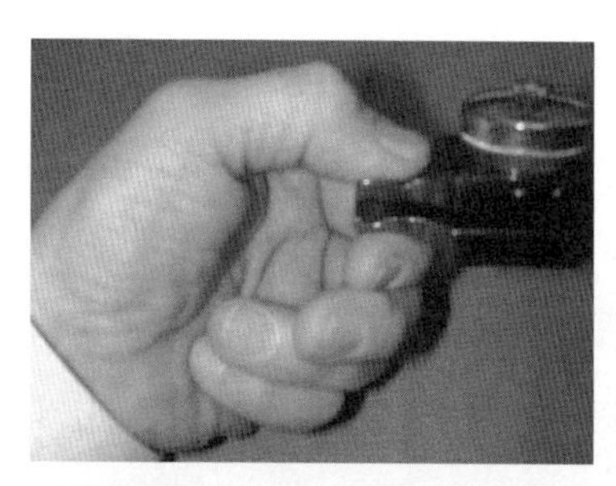

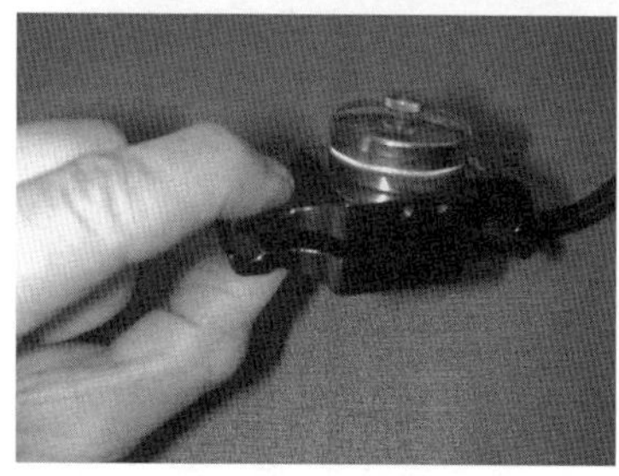

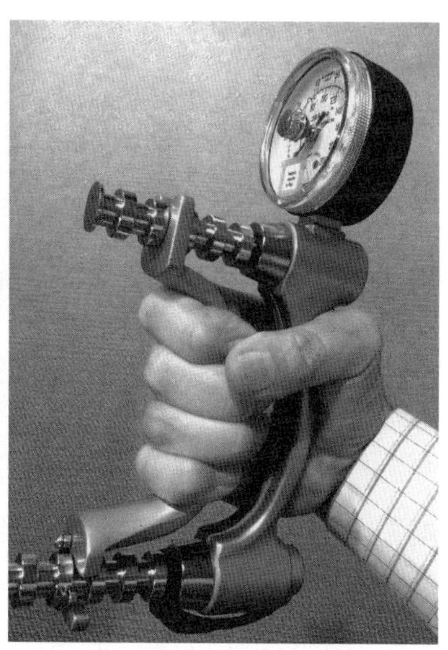

왼쪽 위: 핀치 측정기pinch meter로 검지의 "측면"과 엄지로 꼬집을 수 있는 힘을 측정하고 있다.
왼쪽 아래: 같은 핀치 측정기로 엄지와 검지의 "끝부분"으로 꼬집을 수 있는 힘을 측정하고 있다.
오른쪽: 악력 측정기는 손의 크기와 상관없이 손이 쥐는 힘의 최대치를 측정할 수 있다.

예를 들어 아이오와 오럴 퍼포먼스 인스트루먼트Iowa Oral Performance Instrument는 음식물을 삼키는 훈련을 한 뇌졸중 환자의 훈련 전후 삼킴 능력의 차이를 측정할 수 있다. 이 다이나모미터는 입안에 장착돼 환자의 혀가 입천장을 누르는 힘을 측정한다. 출산 후에 골반바닥근이 약해진 여성은 회음질압계perineometer를 이용해 케겔 운동의 성과를 정확하게 파악할 수 있다.

신체 건강 모니터링

근력과 함께 신체 건강을 정의하는 데 도움이 되는 다른 측정 항목으로는 근육량, 제지방량lean body mass•, 총 체지방량이 있으며, 이 네 가지 요소는 모두 상관관계에 있다. 기본적으로 근육은 좋지만 지방은 좋지 않다고 할 수 있다. 따라서 주기적으로 근육과 지방의 비율을 확인하고, 그 비율의 변화를 모니터링하면 건강을 향한 여정을 평가할 수 있다.

집에서 쉽게 할 수 있는 건강 테스트에는 3가지가 있다. 줄자 테스트는 남성의 경우 목과 허리둘레를, 여성의 경우 목, 허리, 엉덩이 둘레를 줄자로 측정하는 방법이다. 인터넷에서 "체지방 계산기"를 검색한 다음, 이 계산기에 체중과 키 그리고 줄자로 측정한 수치들을 입력하면 쉽게 체지방 비율을 확인할 수 있다. 주기적으로 이 작업을 반복

• 우리 몸에서 지방을 제외한 뼈, 근육, 장기 등 모든 조직의 무게.

하면 신체의 지방과 근육 비율의 변화를 확실하게 알 수 있다. 줄자 테스트는 가장 간단한 테스트이지만 동시에 가장 정확성이 떨어지는 테스트이기도 하다. 줄자를 얼마나 팽팽하게 당기는지에 따라 측정 결과가 달라지기 때문이다.

집에서 할 수 있는 두 번째 테스트는 피부를 꼬집어 당겨 지방층의 두께를 캘리퍼caliper•로 측정하는 방법이다. 캘리퍼는 비싸지 않으며 인터넷으로 쉽게 살 수 있다. 내가 구입한 캘리퍼와 함께 제공된 설명서에 따르면, 캘리퍼로 복부 주름을 한 번만 측정한 뒤, 그 수치를 성별과 연령별로 따로 만들어진 차트에 입력하면 내 체지방 비율을 확인할 수 있었다. 신체 부위 3곳, 7곳, 9곳에서 피부 주름을 측정한 후 그 수치를 공식에 입력하는 방법도 있다.

세 번째 가정용 테스트는 특수 욕실용 체중계나 손잡이가 달린 체중계가 필요한데, 이 두 가지 모두 온라인에서도 구입할 수 있다. 이 체중계는 한쪽 발을 통해 희미한 전류를 몸 위로 보내고, 그 전류가 다른 쪽 발로 다시 내려왔을 때의 세기를 측정하는 장치다. 휴대용 체중계의 원리도 이와 동일하지만, 두 발이 아니라 두 손 사이의 전류 차이를 측정한다는 점이 다르다. 지방은 근육보다 전류에 더 잘 저항한다. 따라서 전기 전도성conductivity이 높을수록 근육이 많다는 것을 뜻한다. 이 테스트는 수분 섭취량과 식사 또는 운동 후 얼마나 많은 시간이 지났는지에 따라 달라지기 때문에 정확도가 떨어질 수 있다.

실험실 기반 테스트 중 일부는 신체의 부피와 체중을 비교한다. 근

• 물체의 반대쪽 두 면 사이의 거리를 측정하는 데 사용되는 장치.

육은 지방보다 더 무겁기 때문에 같은 부피의 두 사람 중 체중이 더 많이 나가는 사람이 근육이 더 많다고 할 수 있다. 부피는 일정한 공간에 몸을 완전히 집어넣었을 때 얼마나 많은 물이나 공기가 그 공간 밖으로 밀려나가는지 측정하면 알 수 있다. 물이 가득 채워진 특수 욕조에 최소한의 옷을 입은 채 몸을 완전히 담근 다음, 넘친 물을 모아 무게를 측정함으로써 몸의 부피를 계산할 수 있다. 달걀 모양의 캡슐인 보드포드Bod Pod에 몸을 집어넣어 몸의 부피를 측정하는 방법도 있다. 몸을 기계 안에 집어넣기 전에 기계 안에 들어 있던 공기의 부피와 몸을 집어넣은 후의 공기의 부피를 측정해, 그 차이로 몸의 부피를 측정하는 방식이다. 또는 몸을 전자 스캔한 결과를 컴퓨터가 처리해 실물 크기의 3차원 가상 복제물을 만들게 함으로써 몸의 부피를 계산할 수도 있다.

체지방을 측정하는 또 다른 방법은 이중 에너지 X-선 흡수dual energy X-ray absorption, DEXA 기법을 이용해 머리부터 발끝까지 몇 분 동안 스캔해 지방과 근육을 구별해내는 것이다. 이때 몸에 흡수되는 방사선의 양은 우리가 일상적으로 걸을 때 자연에서 흡수하는 방사선의 양보다 적다. (이 스캔은 골밀도를 측정하는 같은 이름의 더 정교한 검사와는 좀 다르다.) DEXA 스캔은 영양사, 노인병 전문의, 심장 전문의 및 스포츠의학 전문가가 주기적으로 체성분을 모니터링하기 위해 사용한다.

각 검사에는 장단점이 있다. 예를 들어 특수 욕조를 이용하는 검사는 물에 몸을 담가야 하는 단점이 있고, 줄자 테스트는 장비가 거의 필요 없다는 장점이 있다. 각각의 테스트는 피험자의 수분 섭취 수준에 따라 다른 결과를 제공한다. 신체 건강을 나타내는 지표 중 하나인 체지방 수치를 모니터링하는 데 관심이 있다면 한 가지 방법을 선택하여 꾸준히 사용하는 것이 좋다. 또한 하루 중 같은 시간대에 같은 양의 수분을 섭취하면서 테스트를 하는 것이 바람직하다.

지구력 활동을 할 때 근육이 사용할 수 있는 최대 산소량인 최대산소섭취량 VO_2max 을 측정하면 근육의 건강 상태를 알 수 있다. VO_2max 는 호흡의 효율성, 심박출량, 혈관의 산소 운반 능력, 근육의 산소 추출 및 사용 능력 등이 반영된 수치다. 개인의 VO_2max는 실험실에서 피험자를 러닝머신이나 운동용 자전거에 태운 상태에서 피험자의 심박수 및 산소 소비량을 정확하게 측정함으로써 계산할 수 있다. 이 측정에는 많은 장비가 필요한 데다 모든 사람이 심장을 최대로 뛰게 할 수는 없기 때문에 나이, 안정 시 심박수, 1마일 조깅 또는 빠른 걷기 후 심박수를 고려해 VO_2max를 추정하는 공식(인터넷에서 찾을 수 있다)을 이용하기도 한다.

20대 정상인의 평균 VO_2max(체중 1킬로그램당 1분 동안 소비하는 산소량으로, 밀리리터로 측정)은 남성은 48, 여성은 38이다. 이 수치는 10년마다 약 10퍼센트씩 감소하는데, 이 감소량은 예측 가능한 골격근량의 10년 단위 감소량과 거의 비슷하다. 나이가 들수록 계단을 몇 계단만 올라가도 숨이 차는 일이 많아지는 이유가 여기에 있다. 열심히 운동을 한다면 VO_2max 감소량을 절반 정도로 줄일 수 있지만, 감소량이 줄어든다고 해도 최고 수준 운동선수의 VO_2max 수치와 비교하는 것은 별로 의미가 없을 것이다.

뛰어난 지구력 운동선수들은 장거리 달리기나 크로스컨트리 스키 경주와 같은 종목을 선호할 가능성이 높다. 그 이유는 느린 연축 섬유가 많은 근육에 많은 양의 산소를 공급할 수 있는 능력이 선천적으로 뛰어나기 때문이다. 이런 선수들은 자신의 이런 특성을 강화하고 최대로 활용하기 위해 추가적인 훈련을 한다. 다음은 최고 수준 지구력 운동선수들의 VO_2max 수치다. 이들의 VO_2max 수치가 "보통" 사람의 약 두 배에 달하는 것은 놀라운 일이 아니다.

VO_2max

- 98 오스카 스벤센, 18세, 사이클 선수, 노르웨이
- 93 그렉 르몽드, 사이클 선수, 미국, 투르 드 프랑스 우승자, 25세, 28세, 29세
- 84 스티브 프레폰테인, 육상선수, 미국, 24세, 2K~10K 경주에서 모든 기록 경신
- 84 랜스 암스트롱, 사이클 선수, 미국, 투르 드 프랑스 7회 우승, 28~34세
- 81 짐 륜, 육상선수, 미국, 고등학생 최초로 1마일 경주 4분대 돌파, 3분 51.1초로 세계신기록 수립, 20세
- 79 조안 베누아, 1984년 올림픽 마라톤 금메달리스트, 27세
- 76 마이클 펠프스, 수영선수, 미국, 올림픽 금메달 23개 기록

이 장에서는 골격근에 대해 기본적인 설명을 하는 데 중점을 두었다. 신체의 운동 능력을 뒷받침하고 크게 향상시키기 위해서는 두 가지 다른 유형의 근육이 중요한 역할을 한다. 두 가지 유형 모두 비골격근이며 거의 대부분 불수의근이다.

4장

민무늬근

영화 〈사이코Psycho〉를 본 사람이라면 마지막 부분에서 소름이 돋은 경험을 했을 것이다. 피부 전체에 작은 돌기가 생기는 이 현상을 경험한 사람이라면 한 번쯤은 왜 이런 현상이 생기는지 궁금했을 것이다.

원인은 모낭의 기저부와 피부의 몸 안쪽 표면undersurface을 연결하는 근육에 있다. 이 근육은 추위나 공포를 느끼는 상황에서 수축해 모낭을 들어 올리면서 곧게 세우는데, 그 결과로 피부에 돌기가 생기면서 모섬유hair fiber가 곧게 서게 된다. 털이 많은 동물의 경우는 이로 인해 털이 두터워져 추위로부터 몸을 더 잘 보호할 수 있게 된다. 목과 등의 털들이 곧추서게 되면 덩치가 더 커 보이기 때문에 위협적으로 보이게 된다. 따라서 개, 고양이, 사슴 같은 포유류가 이런 자동 반응을 보이면 뒤로 물러나는 것이 좋다. 하지만 사람이 이런 현상을 보이면 두꺼운 스웨터를 주거나 따뜻한 음료수를 주면 된다. 참고로 말하면, 추위나 공포를 느낄 때 눈썹은 곧추설 수 있지만 속눈썹은 그렇지 않다.

액틴과 미오신으로 이뤄진 수축성 필라멘트를 포함하는 이 보이지 않는 조직을 민무늬근smooth muscle이라고 부른다. 하지만 민무늬근이라는 이름은 이 근육이 매끄럽고 자신감 있어 보이기 때문에 붙은 것이 아니라 현미경으로 관찰했을 때의 모습 때문에 붙은 것이다(이에 대해서는 나중에 자세히 설명할 것이다). 소름은 눈에 잘 띄지만, 대부분의 민무늬근은 피부 깊숙한 곳에 위치하며 기체, 액체, 고체를 운반하는 데 관여한다. 우리 몸은 이런 용도로 사용되는 관으로 가득 차 있으며, 운반 속도를 조절하기 위해 관 벽의 민무늬근 섬유가 수축과 이완을 반복해 관을 간헐적으로 작아지거나 커지게 만든다. 이 관의 크기는 매우 다양하다. 대장의 일부에서는 이 관의 지름이 6.35센티미터에 이르며, 대동맥aorta은 그 절반 정도, 기관trachea•은 그보다 약간 작다. 가장 지름이 작은 림프관의 경우, 흔히 사용하는 빨대 안에 24개가 들어갈 수 있을 정도로 지름이 작다. (모세혈관의 지름은 이보다 더 작다. 모세혈관은 빨대 한 개에 거의 200개가 들어갈 수 있지만, 수축하지는

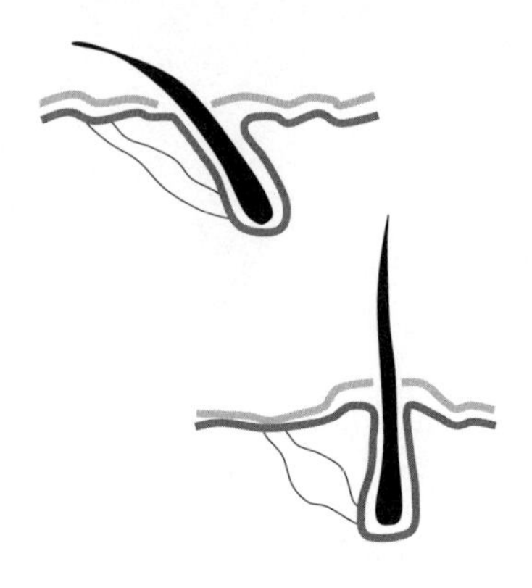

모낭의 기저부와 피부는 한 가닥의 민무늬근에 의해 연결된다. 이 근육이 수축하면 모낭을 들어 올리고 곧게 펴 피부에 돌기를 일으키고 털을 똑바로 세운다.

• 후두와 폐를 연결하는 관 모양의 구조물.

않는다.)

동맥은 위치에 따라 이름이 달라지긴 하지만, 심장에서 나와 발끝으로 이어지는 동맥의 길이는 약 1.2미터에 이른다. 하지만 몸에서 가장 긴 관은 근육이 잘 발달한 소장이며, 길이가 약 6.7미터에 이른다.

이 수축성 관은 밤낮으로 움직이며 움직임, 생식, 감각, 성장, 호흡, 배설, 영양 등 생명의 모든 중요한 기능(MRS GREN)에 결정적인 기여를 한다. 이 각각의 기능을 담당하는 기관은 근육, 생식기, 피부, 내분비기관, 심폐기관, 비뇨기, 소화기 등이다. 대부분의 경우 우리는 이런 시스템과 그 기능에 대해 어렴풋이 알고 있을 뿐이며, 알고 있더라도 이 기관들은 우리의 의지와 상관없이 움직인다. 우리가 이런 기관들을 의지대로 통제할 수 없다는 사실이 좀 자존심 상하기는 한다. 하지만 이런 근육들은 우리의 의지와는 상관없이 작동하는 것이 훨씬 더 낫다. 만약 그렇지 않다면 우리는 하루 종일 "점심 먹은 거 소화시켜", "일어설 때 어지럽지 않게 해", "더위를 식혀줘", "소변이 계속 나오게 해" 같은 중요한 명령을 내리는 데만 몰두해야 하기 때문이다.

이렇게 중요한 기능을 수행하는 근육은 관 모양이나 모낭을 휘감는 근육 같은 모양 외에도 다양한 모양을 띤다. 이 책의 시작 부분에서 동공의 크기와 수정체의 모양을 조절하는 눈의 근육에 대해 설명했던 것이 기억날 것이다. 여러분이 이 책을 듣지 않고 읽고 있다면, 그 근육들이 지금 이 순간에도 작동하고 있을 것이다. 그 근육들을 우리가 의식적으로 조절해야 한다면 얼마나 짜증이 날까?

자율신경계

민무늬근을 조절하는 신경들은 자율신경계를 구성하며, 이 신경들은 지금 이 순간 여러분의 눈을 뜨게 만드는 신경들을 포함한 수의적 시스템에 속한 신경들과는 거의 완전히 분리돼 있다. 자율신경계는 교감신경과 부교감신경의 두 부분으로 구성된다. 나는 두 부분의 이름이 특별한 의미가 없다고 본다. 따라서 나는 이름보다는 이 두 부분이 민무늬근에 미치는 영향을 이해하는 것이 더 쉽다고 생각한다.

교감신경은 자동차의 가속 페달, 부교감신경은 브레이크에 해당한다고 생각하면 된다. 불이 난 건물에서 탈출할 때와 같이 빠른 반응이 필요한 경우에는 가속이 필요하다. 교감신경은 가속 페달을 밟아 동공을 확장하고(먼 곳을 더 잘 보기 위해), 심장 박동수를 높이고(더 많은 혈액을 순환시키기 위해), 폐 기도를 확장해 더 많은 산소를 포집하도록 만든다. 또한 교감신경은 근육으로 가는 동맥을 확장해 더 많은 에너지를 공급하는 동시에 장과 신장으로 가는 동맥을 수축시켜 응급상황에서 필요하지 않은 기능에 혈액이 동원되는 것을 일시적으로 차단하기도 한다. 다시 말해, 교감신경은 긴급한 상황에서 투쟁-도피 반응fight-or-flight response•을 활성화하고, 극도의 공포에 질린 상태에서는 얼어붙기 반응freeze response••을 일으킨다.

• 투쟁-도피 반응이란 긴장 상황이 발생했을 때 뇌는 맞서 싸울 것인지 도망갈 것인지 둘 중 하나를 선택하게 되는데 그 결과로 심박동-호흡 속도 증가, 위와 장의 활동 감소, 혈관 수축, 근육 팽창, 방광 이완, 발기 저하 등이 나타나는 현상을 말한다.

•• 위험한 상황에서 싸우거나 도망칠 수 있는 가능성이 없을 때 몸이 움직이지 않게 되는 반응.

이와는 대조적으로 휴식을 취할 때는 부교감신경 자극이 브레이크를 밟는다. 부교감신경은 심장박동을 느리게 하고, 소화와 소변 생성을 촉진하며, 동공을 수축시켜 근거리 시력을 향상시키고, 혈액을 큰 근육에서 내부 장기로 이동하도록 만든다. 따라서 부교감신경은 휴식-이완 신경 또는 먹이-번식 신경으로 부르기도 한다.

자율신경계의 이 두 부분은 경쟁자라기보다는 협력자이며, 민무늬근의 수축과 이완 양상은 결코 간단하다고 할 수 없다. 예를 들어 부교감신경과 교감신경이 함께 작용하면 어지럼증 없이 앉았다 일어설 수 있다. 부교감신경은 성적 흥분을 담당하지만, 그것만으로는 종족을 유지시킬 수 없으며, 교감신경이 오르가즘에 관여하는 민무늬근을 자극하는 데 동참한다.

게다가 자율신경계는 완벽하게 자율적이라고 할 수도 없다(삶이 그렇듯이 자율신경계도 매우 복잡하다). 세 가지만 예를 들어보자. 첫째, 심호흡, 마음챙김mindfulness,• 모노태스킹(멀티태스킹의 반대말) 등 스트레스를 해소하기 위한 의식적인 행동은 부교감신경 자극을 활성화해 휴식과 소화를 도울 수 있다. 둘째, 명상을 하고 있는 요가 마스터들의 피부 온도를 과학자들이 측정한 결과, 손가락과 발가락의 피부 온도가 다른 피부 표면 온도보다 4도 정도 온도가 높아진 반면 다른 부위의 피부 표면 온도는 변화가 없다는 사실이 발견됐다. 이는 명상이 손과 발의 동맥의 민무늬근을 의도적으로 이완시켜 동맥이 확장되도록 만들고 더 많은 혈액을 피부에 전달해 피부를 따뜻하게 했다는 뜻이

• 자신의 생각과 자신을 둘러싼 주위의 시각자극, 소리, 냄새, 맛에 완전히 집중하는 것.

다. 셋째, 길이 38센티미터 이상의 칼을 삼키려면 구역질을 하지 않으면서 불수의적인 하부 식도 괄약근(링 모양의 근육)을 통해 위장으로 칼을 통과시켜야 한다. "swordswallow.com"에 따르면, 정상인이 삼킨 가장 긴 칼은 약 64센티미터로 "불수의근"인 식도 괄약근을 훨씬 넘어서는 길이이다. 칼을 삼키는 행동의 부작용에 대해 다룬 유일한 의학 논문에는 "때때로 칼이 전진하거나 후퇴하기 어려운데, 이는 긴장이나 통증과 관련된 경련이나 점막 건조로 인한 것으로 추정된다"라고 명시돼 있다. 이 상황은 교감신경이 당황하여 얼어붙기 반응을 한다는 말로 해석할 수 있다.

자율신경계가 교감신경계와 부교감신경계로 나뉘듯이 민무늬근도 각 세포가 수축을 명령하는 전기 메시지를 수신하는 방식에 따라 나뉜다. 가장 일반적인 방식은 하나의 신경섬유가 인접한 여러 근육세포를 자극하는 방식이다. 그러면 세포들은 그 자극을 이웃 세포들에 전달해 이웃 세포들이 일제히 수축하게 만든다. 이 과정은 세부적인 감독을 필요로 하지 않으면서 전체적인 움직임을 만들어내는 효율적인 과정이며, 자궁, 위, 소장, 방광처럼 전체적인 수축만으로도 충분히 작동하는 기관에서 효과적이다.

민무늬근 세포는 이보다 더 복잡한 방식으로도 전기 메시지를 받는다. 민무늬근 세포는 세포 하나하나에 신경섬유가 포함돼 있기 때문이다. 팔뚝에는 소름이 돋지만 목에는 소름이 돋지 않는 이유가 바로 여기에 있다. 눈의 홍채도 이와 비슷한 방식으로 미세하게 제어되기 때문에 빛의 변화에 따라 민감하게 반응할 수 있다.

소장에는 교감신경섬유와 부교감신경섬유가 모두 연결돼 있지만,

소장의 근육운동은 자율신경계의 제어 없이도 일어날 수 있다. 사냥꾼들은 사슴 사냥을 하면서 소장의 이런 능력을 흔하게 목격한다. 사슴의 소장은 사체에서 완전히 제거된 후에도 계속해서 리드미컬하게 수축한다. 소장의 이런 자기 조절 능력 때문에 소장 이식 수술을 하는 의사들은 신경을 다시 연결하지 않고도 기증된 소장을 환자에게 이식할 수 있다(자세한 내용은 뒤에서 설명할 것이다). 이러한 민무늬근의 궁극적인 자율성은 소화기관에 있는 자체적인 신경계를 통해 설명할 수 있다. 이 신경계는 수억 개의 신경섬유가 촘촘하게 연결되어 있으며, 수천 개의 작은 신경절ganglia에 의해 제어된다. 신경절이란 신경세포들이 뇌의 모양처럼 뭉쳐 있는 다발을 말하며, 이 신경절은 우리의 의지와는 전혀 상관없이 움직인다. 소화는 이런 신경계의 자발적인 움직임에 의해 자동으로 이뤄진다.

수축성 관

신체의 수축성 관 중 림프관, 정맥, 동맥은 벽에 민무늬근이 한 층 자리 잡고 있다. 이 민무늬근 섬유는 관을 둘러싸고 있기 때문에 수축하면 관의 지름을 좁힌다. 동맥은 심장에서 펌핑되는 혈액의 높은 압력에 저항하기 때문에, 체액을 심장으로 되돌릴 때 낮은 압력에만 저항해도 되는 정맥과 림프관보다 민무늬근층이 더 두껍다.

다음으로 복잡한 곳은 소장과 수뇨관ureter의 윗부분이다. 수뇨관은 신장과 방관을 연결하는 작은 관이다. 이 관들에는 관의 지름을 줄이는 원주 방향의 민무늬근층과 관 벽을 보강하고 관 안의 내용물이 이동하는 데 도움을 주는 세로 방향의 민무늬근층이 있다. 위벽에는 무늬가 사선 방향인 층이 추가적으로 존재하며, 이 층은 음식물과 위산이 서로 섞이는 데 도움을 준다. 방광과 자궁에는 여러 개의 민무늬근층이 있는데, 그 층의 배열은 쉽게 설명하기 어렵다. 다양한 방향으로 배열된 민무늬근층이 리드미컬하게 수축하고 이완할 때, 부분적으로 소화된 음식물, 소변 또는 수정란 등 관의 내용물이 연동운동peristalsis이라는 움직임에 의해 압착된다. 연동운동은 거의 비어 있는 치약 튜브의 바닥에서 윗부분까지 손가락을 짜 올리는 행동과 비슷하다. 연동운동의 효율성은 손가락을 얼마나 꽉 쥐고 있는지에 따라 결정된다.

나팔관fallopian tube의 연동운동은 통로를 약간만 좁히면서 수정란이 자궁으로 압박 없이 이동할 수 있도록 만든다. 소장의 경

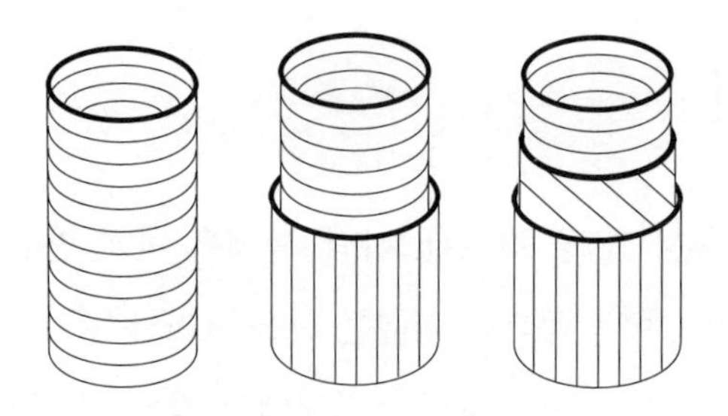

관상 구조에서 민무늬근 세포의 방향을 나타내는 모식도.

왼쪽: 동맥에는 한 층의 민무늬근이 있으며, 이 민무늬근은 원주 방향으로 배열되어 있다.

가운데: 소장과 수뇨관 상부에는 각각 원주 방향과 세로 방향의 민무늬근 세포를 포함하는 두 개의 층이 있다.

오른쪽: 수뇨관 하부에는 비스듬한 방향의 민무늬근 세포를 포함하는 층이 추가적으로 존재한다.

우, 연동운동으로 인해 좁아지는 비율은 60퍼센트 정도이며, 이때 음식물과 소화효소가 잘 섞이도록 짧은 구간에서 짧은 시간 동안 역연동 운동이 일어날 수 있다. 수뇨관 벽의 원주 방향 민무늬근은 수뇨관의 통로를 95퍼센트나 좁힐 수 있다. 따라서 수뇨관은 신장에서 방광으로 소변을 효율적으로 전달할 뿐만 아니라 일반적으로 박테리아가 방광에서 신장을 감염시키기 위해 올라가는 것을 충분히 차단할 수 있다.

체온 조절하기

지금까지 민무늬근의 일반적인 특성과 교감 및 부교감 신경섬유에 의한 자율적 조절에 대해 설명했으니, 이제 민무늬근의 구체적인 역할에 대한 흥미로운 세부 정보를 알아보고, 때때로 질병에 어떻게 기여할 수 있는지 살펴볼 차례다.

심장에서 아치형으로 뻗어 있는 대동맥은 벽에 민무늬근이 있지만, 이 민무늬근은 대동맥의 지름을 변화시킬 만큼 수축과 이완을 반복하지는 않는다. 오히려 대동맥의 민무늬근은 대동맥을 탄력 있게 만들고, 산소가 포함된 혈액을 심장이 순환계로 힘차게 내보낼 때 대동맥이 초 단위의 압력 변화를 견딜 수 있도록 도와준다. 더 나아가 모든 동맥과 동맥의 잔가지, 즉 세동맥arteriole에 있는 민무늬근들은 자율신경계로부터 섬유를 공급받는다.

그런 다음, 세동맥이 모세혈관으로 분화되기 직전에 특별한 일이 일어난다. 모세혈관에서는 산소와 포도당이 빠져나가고, 이산화탄소와 기타 대사 부산물이 추가된다. 뇌와 장은 세동맥에 원주 방향의 민무늬근으로 이루어진 고리 모양의 괄약근이 있어 이 기관들로 가는 혈액의 흐름을 제어한다는 점에서 특별하다. 이 괄약근은 자율신경계에 의해 제어되며 혈액이 필요한 뇌와 장에 추가적인 순환 조절 기능을 제공한다. 투쟁-도피 상황에서 장으로 이어지는 세동맥의 괄약근이 조여지고, 뇌로 이어지는 괄약근은 이완돼 뇌가 위기를 해결하는데 필요한 영양분을 공급받을 수 있도록 만든다. 휴식과 소화가 필요한 시간이 되면 장으로 가는 혈액을 조절하는 괄약근이 이완돼 더 많은 혈액이 장으로 보내지고, 혈액 순환이 줄어든 뇌는 낮잠을 잘 수 있다.

피부, 특히 손과 발의 피부에만 존재하는 기계적 민무늬근 혈류 조절기도 있다. 이 괄약근들은 간접적으로 내부 장기의 온도를 조절한다. 혈액은 심장을 빠져나와 동맥, 세동맥, 모세혈관, 세정맥venule을 거쳐 심장으로 다시 들어온 뒤, 폐를 거쳐 다시 심장으로 돌아와 또 다른 순환을 시작하는데, 이 과정에서 손과 발에 있는 괄약근을 통과하기 때문에, 이 괄약근들에 의해 장기들의 온도가 조절될 수 있는 것이다.

내부 장기가 차가워지면 자율신경계는 피부 바로 아래의 작은 동맥을 수축시켜 혈액의 대부분을 차단하고 뇌와 가슴과 복부의 장기에 공급되는 혈액을 증가시킨다. 결과적으로 손가락과 발가락의 피부는 혈액 부족으로 창백해지며, 극한 상황에서는 동상에 걸릴 수도 있다. 반대로 내장이 과열되면 자율신경계는 피부의 모세혈관에 더 많은 혈액을 보낸다. 이 상황에서는 피부가 붉어지면서 열이 방출되고, 열 방출로 온도가 낮아진 혈액이 온도에 민감한 내부 장기로 흘러들어가 내부 장기들을 진정시키게 된다.

민무늬근이 잘못되는 경우도 있다. 특히, 관에 포함된 민무늬근에는 다양한 문제가 발생할 수 있다. 이 문제에 비하면 집에서 발생하는 배관 문제는 아무것도 아니다. 물론 집에 설치된 관들은 막히거나 새는 경우는 있어도, 몸 안에 있는 관들처럼 필요에 따라 지름을 수시로 바꾸지 않는다. 게다가 집에 설치된 관들은 수십 년이 지나도 구부러지지 않는다. 우리 몸 안에 있는 민무늬근 관은 내구성이 뛰어나기는 하지만, 그럼에도 불구하고 여러 가지 문제를 일으킬 수 있다. 이런 문제 중에서 흔하면서 흥미로운 것들 몇 개를 살펴보자.

동맥 질환

나이가 들어감에 따라 동맥의 자연적인 수축 및 팽창 능력이 떨어지는 경우가 많다. 의학용어로는 이 현상을 동맥경화라고 한다. 동맥경화의 가장 흔한 형태는 죽상동맥경화증atherosclerosis이다. 죽상동맥경화증이라는 용어는 독일의 병리학자 펠릭스 야코프 마르샨트Felix Jacob Marchand가 1904년에 만들었다. 그리스어로 "*athero*"는 죽이라는 뜻인데, 마르샨트 박사는 동맥 내벽에 쌓인 침전물을 보고 묽은 죽을 떠올렸던 모양이다.

죽상동맥경화증의 발병 과정은 아직도 전문가들이 확실하게 이해하지 못하고 있는 복잡한 과정이다. 하지만 수십 년 동안 무인도에서 산 사람이 아니라면 이 질병을 일으킬 수 있는 원인이 나이, 콜레스테롤, 고혈압, 당뇨병, 비만, 흡연, 유전적 요인, 건강에 해로운 식단 등이라는 것쯤은 알고 있을 것이다. 따라서 죽상경화성 심혈관질환atherosclerotic cardiovascular disease, ASCVD이 선진국 사람들의 사망원인 중 1위를 차지하는 것은 당연해 보인다. 동맥 플라크plaque(죽종)는 치위생사가 치아에서 긁어내는 물질과는 전혀 다른 물질로, 동맥의 지름에 상관없이 모든 동맥에서 서서히 축적되는 지방, 콜레스테롤, 칼슘의 침전물이다. 동맥 플라크는 동맥을 딱딱하게 만들고 확장시킨다. 그 결과 중의 하나가 고혈압이다. 민무늬근 세포가 혈관벽에서 플라크 안으로 기어들어가 증식하고 석회화하면 또 다른 문제를 일으킬 수 있다(10장에서 세포가 이동하는 놀라운 방식에 대해 설명할 것이다). 플라크가 커지면 결국 동맥이 막히거나 파열되며, 그 위치에 따라 뇌졸중, 심장마비, 실명, 발가락이 검게 변하는 현상 등 심각한 문제를 일으킨다.

건강한 생활습관은 다양한 약물과 마찬가지로 이 과정을 늦추는 데 도움이 된다. 막히기 직전에 상황을 해결하거나 최근에 발생한 막힘을 치료하기 위해 의사는 기계적으로 이 문제에 접근할 수 있는 여러 가지 방법을 사용한다. 직접적인 접근 방식은 동맥을 세로로 열고, 가능한 한 많은 플라크를 긁어냄으로써 막힌 부분을 외과적으로 제거한 다음, 혈관을 더 넓히기 위해 패치를 붙이고 혈관을 봉합하는 것이다. 동맥내막절제술endarterectomy이라는 이름의 이 수술은 수술 부위가 큰 혈관(사타구니의 대퇴동맥, 목의 경동맥 같은 혈관)일 때와 플라크로 막힌 부분이 짧고 접근하기 쉬운 경우에만 효과가 있다.

특히 심장 표면의 작은 혈관 문제에 적합한 덜 침습적인 기술(혈관 성형술angioplasty)은 심장 전문의가 일반적으로 사타구니, 때로는 팔에 있는 큰 동맥을 통해 동맥 시스템에 접근하는 방법이다. 의사는 모니터로 실시간 모션 엑스레이 이미지를 보면서 병든 관상동맥에 카테터를 삽입한다. 그런 다음 카테터를 좁아진 혈관 부위에 집어넣고 작은 풍선을 반복적으로 부풀려 동맥을 원래 직경으로 다시 늘린다. 확장된 혈관을 유지하기 위해 그물망 모양의 확장 가능한 금속 튜브를 병든 부위에 밀어 넣어 혈관을 "스텐트stent"한다. (동맥을 열어주는 이 확장 장치를 스텐트라고 부르는 이유는 19세기 영국의 치과의사 찰스 스텐트Charles Stent가 입안에 붙일 수 있는 특수 상처 드레싱[붕대]을 고안한 데서 유래했다. ASCVD가 계속 발생하는 한 그의 이름은 계속 사용될 가능성이 높다.)

위험할 정도로 큰 플라크, 특히 동맥에 길게 분포하는 플라크 문제를 해결하는 방법은 혈액이 문제가 되는 부분을 우회하여 흐를 수 있도록 플라크 주변에 혈액 통과 경로를 만드는 것이다. 우회로를 만드는 데 사용되는 재료는 대부분 환자의 정맥 중 한 부분이다. 정맥은 쉽게 구할 수 있고 생체 적합성이 있으며, 신체의 정맥 시스템에서 중복되는 경우가 많기 때문에 좋은 재료가 될 수 있다. 충분히 길거나 직경이 큰 정맥을 사용할 수 없는 경우에는 대크론Dacron이나 테플론Teflon 같은 관상형 직물 이식 재료가 유용한 것으로 입증됐다.

심장외과의사들도 관상동맥의 막힌 부분을 우회하기 위해 정맥 이식편을 사용한다. "4중 우회술quadruple bypass"이라는 말은 4개의 관상동맥에서 병든 부분을 해결했다는 의미이며, 단일, 이중 또는 삼중 우회술로 관리할 수 있는 것보다 병든 부분이 더 많았다는 것을 뜻한다. 이 수술은 공식적으로 관상동맥우회술coronary artery bypass graft, CABG이라는 말로 알려져 있다. 외과의는 원래 환자 자신의 정맥을 우회 도관으로 사용했지만, 이렇게 이식된 정맥이 익숙하지 않은 동맥 압력을 경험하면 자체적으로 죽상경화성 플라크가 발생해 막힘이 반복적으로 발생하는 경향이 있다. 이식된 동맥에서는 이런 문제가 발생할 가능성이 적기 때문에 팔뚝의 동맥(맥을 측정할 때 손을 대는 부위에 위치한 동맥)이 선호된다. 물론 이 동맥은 일부를 제거하고도 환자에게 문제가 없을 정도로 많아야 하지만, 대부분의 환자들은 이 동맥이 충분히 많이 있다.

정맥이나 직물 이식으로는 탄력성과 자율조절 기능을 갖춘 건강한 민무늬근 동맥을 완전히 대체할 수 없다. 현재 연구 중인 ASCVD의 또 다른 동맥 대체 수단은 생체공학을 이용해 만든 동맥이다. 실험실에서 기술자는 생분해가 가능한 관상 그물망에 필요한 만큼의 길이와 직경으로 민무늬근 세포를 심는다. 그런 다음 이 합성물을 영양액에서 배양한다. 몇 주에 걸쳐 세포가 증식해 견고하고 섬유질이 많은 튜브 형태의 세포가 생성되고, 그 과정에서 관상 그물망이 녹아내린다. 그런 다음 기술자는 다양한 화학물질을 사용해 튜브에서 살아 있는 세포와 그 단백질을 모두 제거한다. 이 단계는 섬유질로 이루어진 이 생물학적 튜브가 생체 내에 이식돼 작용할 때 면역반응을 일으키는 것을 방지한다.

ASCVD를 치료하는 또 다른 접근 방식은 발가락에 혈액을 공급하는 동맥과 같은 가장 작은 혈관의 경우에 유용하다. 지름이 0.16센티미터 정도밖에 되지 않는 이 동맥은 동맥내막절제술, 혈관 확장 및 스텐트 삽입, 우회 이식술을 적용하기에는 너무 작기 때문에 의사들은 사지의 먼 부분의 동맥을 수축시키는 교감신경을 차단하는 방법을 사용한다. 그렇게 하기 위한 한 가지 방법은 신경을 따라 마취제를 주입하는 것이다. 이 방법은 약물의 효과가 사라질 때까지 수개월 동안 혈관 확장을 제공할 수 있다. 다른 방법은 내시경 수술을 통해 해당 부위의 교감신경을 물리적으로 차단하는 것이다.

동맥 민무늬근에 대해 마지막으로 한 가지만 더 설명해보자. 동맥이 찢어져 그 결과로 심장박동에 맞춰 혈액이 분출될 때 동맥 민무늬근은 생명을 구하는 기능을 할 수 있다. 이 경우 출혈을 최소화하기 위해 상처에 압력을 가하는 것이 확실히 도움이 되긴 한다. 하지만 그렇게 하지 않아도 동맥 벽의 민무늬근은 혈액의 흐름을 막기 위해 열심히 움직인다. 혈관의 원주 방향 민무늬근 섬유가 수축해 찢어진 부분의 구멍이 좁아진다는 뜻이다. 또한 동맥의 자연적인 탄력성은 찢어진 부분 주위를 다시 끌어당겨 안정화 혈전이 더 쉽게 형성될 수 있도록 만든다.

혈관이 절단된 경우를 제외하면 순환계는 외부로 통하는 관이 없는 우리 몸의 유일한 기관이다. 민무늬근 관이 있는 다른 신체 기관(호흡기, 소화기, 비뇨생식기)에는 적어도 하나 이상의 자연적인 외부 개방구가 있다. 이런 시스템에서의 민무늬근 배열과 기능은 각각 다르며, 흔한 질병과 희귀한 질병 모두에 노출될 수 있다.

위장관계의 문제들

소화기관은 위와 아래에 구멍이 뚫린 긴 민무늬근 관이다. 이 관 안의 음식물은 먼저 목구멍의 민무늬근을 만난다. 이 근육은 우리의 의지와는 무관하게 수축해, 음식물을 삼킬 때마다 식도로 이동시킨다. 식도의 양쪽 끝에는 링처럼 생겨 열리고 닫히는 괄약근이 있다.

실험실에서 현미경으로 관찰한 결과에 따르면 위쪽 괄약근은 수의근으로 분류되지만, 우리는 이 괄약근이 언제, 어떻게 수축하는지 전혀 알 수 없다. 아래쪽 괄약근은 식도와 위장이 만나는 곳에 위치한다. 이 근육은 불수의근이며, 음식물을 통과시킬 때 외에는 언제나 닫힌 상태를 유지한다. 우리가 삼킨 고형물과 액체는 모두 식도 위쪽 괄약근을 통과한 다음 연동운동을 통해 식도로 내려간다. 누워 있거나 물구나무서기를 할 때에도 음식물이 위장으로 문제없이 갈 수 있는 이유가 여기에 있다.

식도에서와 마찬가지로 소화관의 양쪽 끝에도 괄약근이 위치한다. 따라서 음식물은 위십이지장 괄약근이 열리기 전에 위의 세 층으로 이루어진 민무늬근에 의해 완전히 교반된 다음에야 소장으로 넘어갈 수 있다. 여기서 음식물은 약 6.7미터 정도 이동하면서 완전히 분해되며, 영양분이 혈류로 흡수된 음식물은 대장의 문지기 역할을 하는 불수의적 괄약근을 다시 만나게 된다. 이 소화관 부분(대장)은 약 1.5미터 길이의 민무늬근 관으로, 앞의 모든 작용에서 남은 수분을 흡수한다.

대장의 말단부에서는 인접한 두 개의 괄약근이 소화관을 외부로부터 차단한다. 첫 번째 괄약근은 불수의근이고, 두 번째 괄약근은 수의근이다. 이 두 괄약근이 인접해 있다는 것은 인접함으로 인해 중요한 기능이 수행된다는 뜻이다. 1960년에 월터 C. 본마이어Walter C. Bornemeier 박사는 이를 다음과 같이 설명했다.

> 인간은 손을 영리하게 사용하기 때문에 동물이 실패한 곳에서 성공했다고 말하지만, 항문 괄약근은 손보다 훨씬 뛰어나다. 액체, 고체, 기체가 섞인 혼합물을 컵 모양으로 오므린 손에 담은 다음 두 손 사이의 틈새로 기체만 빼내려고 하면 실패할 것이다. 하지만 항문 괄약근은 그렇게 할 수 있다. 항문 괄약근은 고체, 액체, 기체를 구분할 수 있는 것으로 보인다. 항문 괄약근은 주인이 혼자 있는지 누군가와 함께 있는지, 서 있는지 앉아 있는지, 주인이 바지를 입고 있는지 벗고 있는지도 구분할 수 있는 것으로 보인다. 우리 몸의 어떤 근육도 인간의 존엄성을 이렇게 잘 지켜주면서도 언제든 주인을 구할 준비가 되어 있지 않다. 이런 근육은 보호할 가치가 있다.

방귀를 뀌는 일이 기적처럼 놀라운 일이라고 생각한다면, 트림을 하는 행동도 그런지 생각해보자. 위장 민무늬근에서 발생하는 일반적인 질병 중 하나는 식도와 위 사이의 불수의근인 민무늬 괄약근이 음식물을 통과시키지 않을 때 제대로 닫히지 않기 때문에 발생한다. 이 경우 산도가 높은 위의 내용물이 식도로 올라올 수 있다. 이것이 속쓰림의 원인이며, 비공식적으로는 산성 소화불량, 공식적으로는 위식도 역류성 질환gastroesophageal reflux disease, GERD으로 알려져 있다. 우리 모두는 적어도 한 번쯤은 속쓰림을 경험했을 것이다.

괄약근이 완전히 닫히지 않은 상태에서 몸을 구부리거나 누워 있으면 이 증상이 악화될 수 있다. 또한 꽉 끼는 옷은 위를 압박해 역류를 촉진할 수 있다. 이 경우 식사를 적게 하면서 천천히 먹으면 부피 과부하를 줄일 수 있다. 의사의 처방전 없이 구입할 수 있는 약물도 위산 분비를 감소시켜, 위의 내용물이 괄약근을 지나 소장으로 빠르게 이동하는 데 도움을 줄 수 있다.

이런 치료법이 실패하면 몇 가지 새로운 수술 방법으로 식도 하부 괄약근 문제를 해결할 수 있다. 고전적인 수술은 위의 일부를 식도 주위로 감싸서 괄약근의 압력을 높이는 것이다. 놀랍게도, 현재는 의사들이 복벽에 몇 개의 작은 절개를 통해, 또는 전혀 절개하지 않고도 내시경으로 이 시술을 수행할 수 있다. 다른 시술과 마찬가지로 후자의 시술도 마취가 필요하며(다행히도), 이 경우 복잡하고 유연한 기구를 내시경에 부착한 다음 입을 통해 위로 집어넣어야 한다.

이런 시술 기법은 괄약근 강화를 위해 환자 자신의 민무늬근을 사용하는 기술이다. 또한 의사는 서로 끌어당겨 괄약근을 닫게 하는 자석 구슬 고리로 괄약근을 둘러싸서 위식도 괄약근이나 항문 괄약근의

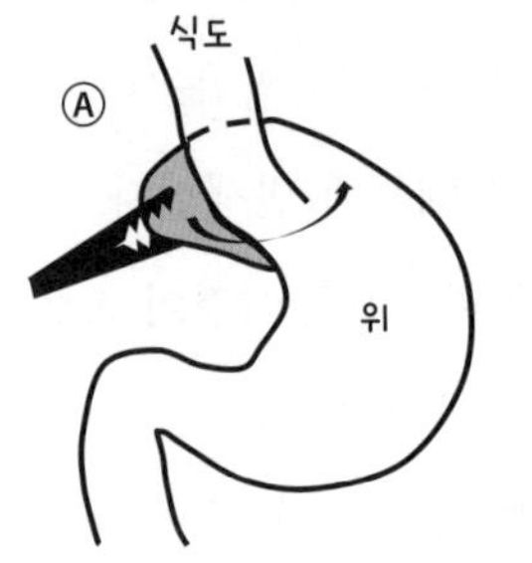

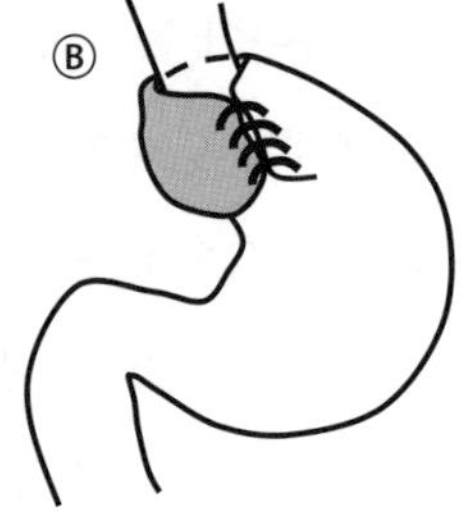

위식도 역류성 질환(역류성 식도염)을 치료하는 한 가지 방법은 식도와 인접한 위의 윗부분을 접어서 꿰매는 방법으로 위식도 괄약근을 강화하는 것이다.

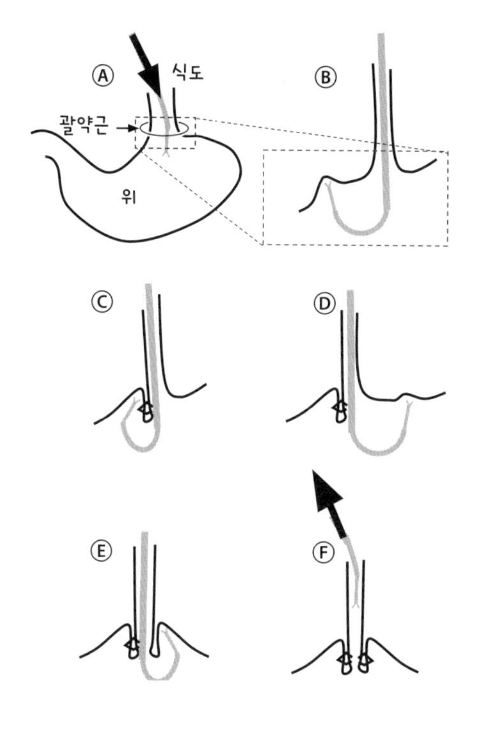

경구강을 통해 절개를 하지 않고 식도 하부 괄약근을 강화하는 기법
A. 괄약근을 조이기 위해 입을 통해 유연한 기구를 위 안으로 삽입한다.
B. 기구를 이용해 위벽을 잡아 접은 다음,
C. 스테이플로 고정하고,
D. 반대쪽 위벽을 잡고 비슷하게 접는다.
E. 이 과정이 완료되면 식도와 위 사이의 근육 접합부가 두꺼워져 위 내용물이 위로 역류하는 것을 막을 수 있다.

힘을 강화할 수도 있다. 관 내부의 압력이 증가하면 자석 구슬의 상호 인력이 약해지면서 괄약근 고리가 일시적으로 열려 물질이 통과할 수 있게 된다.

소장은 소화된 영양분의 흡수가 일어나는 곳이다. 때때로 유아가 극도로 짧은 소장을 가지고 태어났을 때, 그리고 성인의 경우에는 치명적인 혈전이나 감염이 일어났을 때 영양실조가 발생할 수 있다. 새로운 치료법 중 하나는 음식과 물이 소장을 통과하는 속도를 늦춰 흡수가 일어날 수 있는 시간을 늘리는 것이다. 이를 위해서는 기존 소장의 일부분(몇 센티미터 길이)을 수술로 뒤집어 일반적인 연동 작용 방

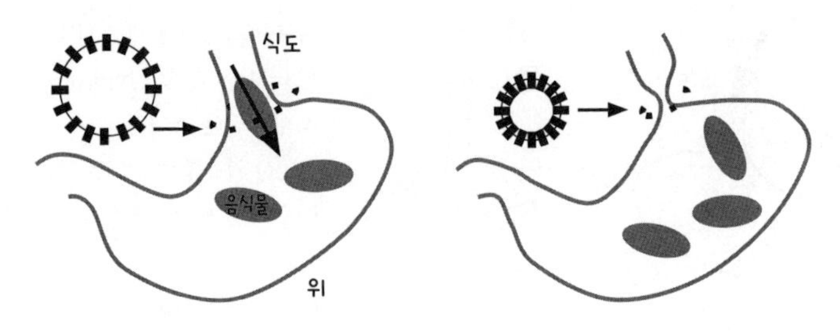

위식도 접합부 주위를 둘러싼 서로 자연스럽게 끌어당기는 자식 구슬 고리가 순간적으로 커지면서 음식물이 식도에서 위장으로 이동할 수 있게 된다. 그런 다음 고리가 조여져 위의 내용물이 식도로 재진입하는 것을 방지한다.

향에 제동을 걸고 소화를 돕는 방법을 이용할 수 있다.

수술이 불가능하거나 효과가 없는 것으로 판명된 환자는 매일 여러 번 정맥으로 영양분을 공급받아야 한다. 시간이 지남에 따라 이 방법이 완전히 알맞지도 않고 안전하지도 않다는 것이 입증되면 소장 이식을 고려하게 된다. 살아 있는 기증자는 소장 중 1.8미터 정도에 해당하는 부분을 기증해도 소화에 전혀 지장을 받지 않으며, 사망한 지 얼마 안 된 기증자도 필요에 따라 간이 부착돼 있는 상태로 소장 전체를 기증할 수 있다. 이식 수술에서 혈관은 혈액 순환을 재개하기 위해 다시 연결되지만, 자율신경 섬

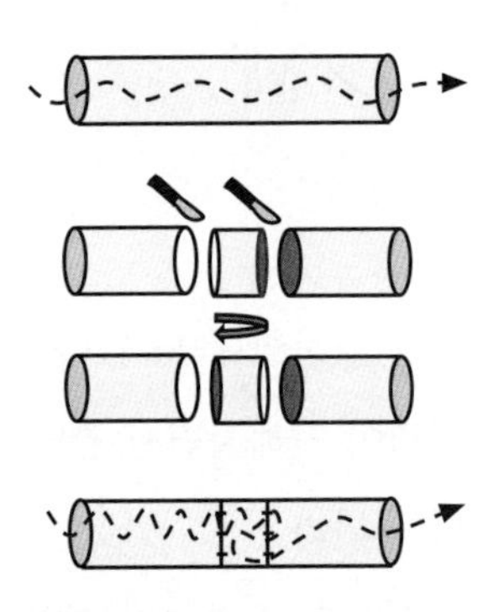

소장의 길이가 너무 짧아 영양분을 흡수할 수 없는 경우, 소장의 일부를 수술적으로 역방향으로 돌려서 소화된 음식의 이동 속도를 늦출 수 있다. 이 부분의 연동운동을 역방향으로 만들면 음식물의 이동 속도가 느려지고 영양소가 흡수되는 시간이 더 길어진다.

유는 너무 미세하고, 분산 정도가 심해 재연결이 불가능하다. 하지만 걱정할 필요 없다. 수술 후 며칠이 지나면 소장의 신경 네트워크 덕분에 핵심적인 연동운동이 자연스럽게 재개되기 때문이다.

배뇨 장애

우리가 삼킨 물은 대장에서 혈액으로 흡수된 후 다시 신장에서 걸러진다. 이 과정에서 몸 전체의 대사 노폐물이 제거되기도 한다. 그런 다음 액체 노폐물과 잉여 수분은 수뇨관, 방광, 요도를 통해 배출된다. 수뇨관, 방광, 요도에는 다양한 방향의 민무늬근 섬유가 두세 겹으로 겹쳐져 있다. 소화기 계통의 말단과 마찬가지로 방광과 요도 사이의 비뇨기 계통의 출구도 두 개의 괄약근, 즉 불수의적 괄약근과 수의적 괄약근에 의해 제어된다. 이 괄약근들은 항문 괄약근처럼 변별력이 없으며, 변별력이 있을 필요도 없다. 남성의 경우 이 두 괄약근은 전립선에 의해 분리되어 있는데, 불행히도 전립선이 비대해지면 바람직하지 않게도 소변의 흐름을 지연시킬 수 있다. 약물로 전립선 크기를 줄이기 힘든 경우에는 수술을 해야 한다.

하지만 소변 흐름 지연보다 훨씬 더 자주 발생하는 문제는 통제할 수 없는 소변 흐름과 갑작스러운 불수의적 흐름(요실금)에 대한 두려움이다. 미국 비뇨기과학회는 이런 문제가 미국인의 4분의 1에서 3분의 1에 영향을 미친다고 지적하지만, 요실금을 겪는 많은 사람들은 요실금을 노화에 따른 정상적인 부분으로 간주해 도움을 요청하지 않기 때문에 정확한 통계를 내기는 어렵다. 하지만 요실금은 어쩔 수 없이 견뎌야 하는 문제가 아니라 완화가 가능한 문제다.

요실금은 그 자체가 질환이 아니라, 남성과 여성에 따라 다르게 발생하는 다양한 질환의 증상이다. 가장 흔한 형태 중 하나는 복압성 요실금으로, 고령 여성에게 자주 발생한다. 출산은 골반 기저부의 근육을 크게 팽창시키며, 일부 여성의 경우는 임신 전에 가졌던 근육의 힘을 임신 후에 완전히 회복하지 못할 수도 있다. 골반 기저부 근육은 우리 의지대로 통제할 수 없는 민무늬근이 아니라 우리 의지대로 통제할 수 있는 골격근이다. 이 장의 중심 주제는 민무늬근이지만, 요실금은 이 종류의 근육 모두와 연관되기 때문에 여기서 다루는 것이다. 몸을 구부리거나, 기침을 하거나, 물건을 들어 올리는 등의 활동은 방광에 압력을 가한다. 이때 민무늬근인 괄약근이 완전히 저항하지 못하면 소변이 새어 나온다. 이 경우 약물치료는 도움이 되지 않는 것으로 보인다. 1948년에 산부인과 전문의 아놀드 케겔Arnold Kegel은 수의근인 괄약근을 포함한 골반 기저부의 골격근을 강화하기 위한 운동 방법을 고안해냈다. 이 민감한 부위의 근육 긴장 상태를 개선하기 위한 컨디셔닝 운동 방법은 물리치료 전문가의 도움을 받아 시행할 수 있다.

요실금의 다른 흔한 형태는 과민성 방광overactive bladder, OAB이다. 과민성 방광은 방광이 가득 차지 않았는데도 뇌와 방광의 민무늬근이 방광을 긴급하게 비워야 한다는 메시지를 전달하기 때문에 발생하는 증상이다. 이 증상이 있는 환자는 밤에 화장실에 여러 번 가야 할 수도 있고, 낮에도 화장실이 근처에 있는지 계속 신경을 써야 한다. 이 증상은 카페인 같은 특정 성분이 유발 요인이 될 수 있다. 수의근인 요도 괄약근을 강화하는 케겔 운동, 수분 섭취 제한, 규칙적인 화장실 이용이 도움이 될 수 있다. 경구용 약물이나 보툴리눔 독소를 방광에 주입하는 것도 도움이 될 수 있는데, 두 치료법 모두 방광의 민무늬근을 수축시키는 부교감신경 자극을 억제하는 방법이다.

요실금을 치료하는 세 번째 방법은 신경계의 다양한 부분, 그리고 수의근과 불수의근 간의 상호작용의 복잡성을 보여준다. 이 치료법은 발목의 신경을 전기적으로 자극하는 방법이다. 이 신경은 종아리 근육을 활성화하고 발바닥에 감각 인식을 제공한다. 발목에 있는 이 신경을 자극하면 과민성 방광 증상이 완화되는 이유는 종아리 근육(수의근)에 있는 신경을 활성화하면 방광(불수의근)에 있는 신경의 활동을 억제할 수 있기 때문으로 보인다. 이 두 신경은 밤과 낮처럼 서로 분리되어 있기 때문에 이런 효과가 나타난다는 사실이 매우 놀라울 수밖에 없다. 이 효과는 아직 설명되지 않은 근육에 관한 많은 수수께끼 중 하나다.

방광의 과잉 활동과는 달리, 척수가 완전히 손상된 경우는 방광으로의 신경 공급이 끊어져 방광 근육이 수축할 수 없으므로 자신의 의지로 방광을 비울 수 없게 된다. 이 경우 사용되는 배액용 카테터는 방광 및 신장 감염의 위험이 있으므로 장기적으로 좋은 해결책은 아니다. 새로운 대안은 골격근을 사용해 마비된 방광의 민무늬근을 대체하는 것이다. 척수가 손상돼도 복벽 근육에는 정상적인 신경이 남아 있기 때문에 이 방법은 척수 손상으로 인해 방광 근육이 마비된 경우에 효과적이다. 이 수술은 배의 중앙선 양쪽에 위치한 복벽 식스팩

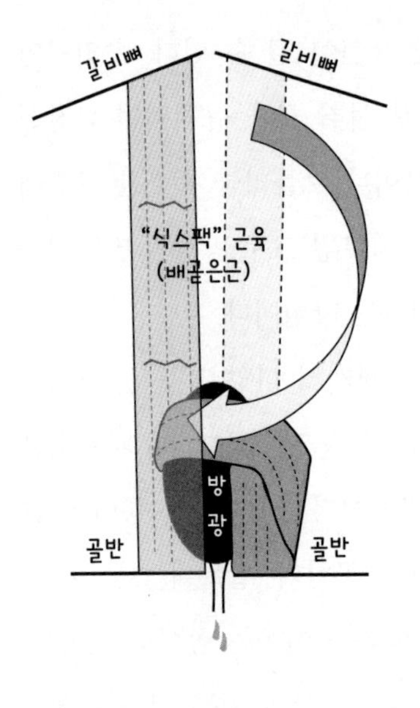

척수 손상으로 인해 마비된 방광은 복벽 "식스팩" 근육의 절반으로 방광을 감싸는 방법으로 다시 활성화할 수 있다. 이 수술을 받은 환자는 이 복벽 근육을 자신의 의지대로 수축시켜 방광을 비울 수 있다.

근육(배곧은근) 중 하나를 갈비뼈로부터 분리해 아래 방향으로 접어 그 근육으로 방광을 감싸는 방법이다. 이 수술은 받은 환자는 예를 들어 기침이 나려고 할 때처럼 복벽 근육을 자신의 의지대로 등척성 수축을 시켜 방광을 짜낼 수 있다.

생식기 질환

아기를 낳으려면 민무늬근으로 이뤄진 자궁이 최대로 수축해야 한다. 임신 상태가 아닌 여성의 자궁은 주기적으로 수축해 생리혈을 배출시킨다. 이 경우 자궁을 감싸고 있는 조직에서 분비되는 화학물질의 유도를 받아 자궁 민무늬근이 자주, 그리고 강하고 불규칙적으로 수축한다. 이런 수축은 자궁 내 혈류를 감소시키면서 신경 민감도를 증가시켜 고통스러운 생리통을 유발할 수 있다.

이런 리드미컬한 자궁 수축은 수정을 위해 난자를 향해 자궁을 거슬러 올라가는 정자들의 움직임을 돕기도 한다. 정자가 위쪽으로 이동하는 것을 자궁이 돕는 동안 나팔관의 연동운동은 난자를 향해 올라오는 정자들 쪽으로, 즉 아래쪽으로 난자를 이동시킨다.

자궁의 양성 민무늬근 종양은 일반적으로 자궁근종으로 알려져 있다. 인종과 연령대에 따라 발병률이 다르긴 하지만 특정 연령대의 여성은 최대 80퍼센트가 자궁근종을 가지고 있다. 흔하게 발생하는 질환임에도 불구하고 자궁근종의 모양과 성장을 조절하는 분자 메커니즘에 대해서는 알려진 바가 비교적 적다. 자궁근종도 민무늬근 세포로 구성되지만, 이 세포들은 수축하기에는 너무 무질서하게 분포돼 있다. 한 자궁에 여러 개의 자궁근종이 서로 다른 성장 패턴으로 자랄 수 있으며, 서로 다른 생물학적 특성을 가질 수 있기 때문에 자궁근종의 원인을 찾는 일은 쉽지 않다. 이런 민무늬근 종양은 크기가 작으면 문제를 일으키지 않으며 발견되지 않을 수도 있다. 하지만 근종이 커지면 골반 검사 중에 발견될 수 있으며, 더 커지면 복벽을 통해서도 만질 수 있을 정도가 된다. 자궁근종을 방치한 환자의 배는 마치 임신부의 배처럼 커질 수도 있다.

하지만 이렇게 되기 훨씬 전부터 자궁근종의 크기와 자궁 내 위치에 따라 비정상적인 출혈, 골반 통증 및 압박감, 요통, 빈뇨, 변비 또는 불임이 단독으로 또는 복합적으로 발생할 수 있다. 산부인과 전문의는 증상을 완화하거나 근종의 크기를 줄이는 치료를 시행하는데, 종양의 크기와 위치, 여성의 생식 상태에 따라 의사는 자궁근종만 제거하거나 자궁 전체를 제거(자궁적출술)할 것을 권장할 수 있다. 방사선과 치료가 시행되기도 하는데, 이 치료법은 자궁 동맥에 카테터를 삽입해 동맥을 차단함으로써 근종에 혈액이 공급되지 못하도록 하는 방법이다. 자기공명영상을 보면서 탐침을 삽입해 초음파 에너지로 종양을 파괴하는 방법도 있다.

자궁근종은 여성 500명당 1명꼴로 발생하는 자궁인자 불임uterine factor infertility, UFI을 유발할 수도 있다. 자궁인자 불임은 자궁이 발달하지 않거나 현저하게 변형된 경우, 자궁에 질병이 있거나 자궁을 적출한 경우 등을 포괄하는 용어다. 과거에 자궁적출술을 받은 여성은 아이를 갖지 않거나 체외수정 후 대리모를 통해 임신을 할 수밖에 없었다. 하지만 자궁 이식 기술의 발전으로 2014년에 스웨덴의 한 자궁인자 불임 여성이 다른 여성의 자궁을 이식받아 임신해 성공적으로 아이를 출산한 최초의 엄마가 됐다. 현재 전 세계적으로 100건 이상의 자궁 이식 수술이 시행된 상태이며, 그중 약 20건에서 출산이 성공적으로 이루어졌다.

이 과정의 첫 단계는 자궁인자 불임 여성의 난자를 채취한 뒤 수정시켜 냉동보관하는 것이다. 그후 더 이상 출산을 하지 않기로 한 이타적인 여성이 자궁을 기증하는 경우도 있고, 사망한 지 얼마 되지 않은 여성의 자궁이 이용되는 경우도 있다. 자궁 민무늬근 수축을 조절하는 자율신경은 매우 작아서 찾기가 어렵기 때문에 자궁 이식 수술을 할 때 다시 연결하는 것은 불가능하다. 하지만 수술 후 자궁이 몇 번 정도 월경주기를 정상적으로 나타내면 수술은 성공한 것으로 간주된다. 이때 자궁 민무늬근에는 신경이 공급되지 않은 상태이기 때문에 생리통은 나타나지 않는다. 그런 다음 이전에 보관해두었던 수정란 하나를 해동해 이 자궁에 집어넣는다.

이 경우 임신기간이 끝나 분만을 할 때도 진통 수축은 일어나지 않는다. 자궁에 신경이 공급되지 않은 상태이기 때문이다. 따라서 아이는 제왕절개로 분만된다. 한두 번의 임신 후 산모는 자궁적출술을 받고, 그후에는 이식 거부반응 방지 약물 복용을 중단할 수 있다. 이 과정은 매우 복잡하고 위험하기 때문에 산부인과학, 방사선과학, 병리학, 신생아학, 이식면역학, 윤리학, 정신과학, 사회복지학 등 다양한 측면에서의 세심한 고려가 필요하다. 자궁 이식은 지금도 실험단계에 머물고 있지만, 그럼에도 불구하고 민무늬근 이식의 가능성을 보여준다고 할 수 있다.

어쩌면 다른 여성으로부터 자궁 기증이 필요하지 않을 수도 있을 것 같다. 이 가능성은 웨이크포레스트 대학교 연구팀이 토끼를 이용해 진행한 실험에 의해 조심스럽게 예측되고 있다. 이 대학 연구자들은 최근 생체조직공학 기법을 이용해 자궁을 만들었다고 보고했다. 연구자들은 자궁내막 세포와 민무늬근 세포를 생분해성 그물망에 뿌린 후 실험실에서 여러 번 증식시키고 분열시켰다. 연구자들은 이렇게 만들어진 자궁을 토끼에 이식했고, 토끼는 임신을 거쳐 제왕절개로 정상적인 새끼를 출산했다. 제왕절개가 필요했던 이유는 이식된 자궁과 마찬가지로 인공 자궁의 민무늬근에는 신경이 없어 수축이 되지 않았기 때문이다.

현재로서는 가능성에 머물고 있지만, 생각해볼 가치가 있는 수술법이 하나 있다. 태어날 때 남성의 특성을 가진 것으로 간주되는 사람의 1퍼센트가 성별 불쾌감gender dysphoria•을 느끼며, 그에 따라 자신의 성 정체성을 여성으로 확립한다. 이런 남성 중 일부는 이 성별 불쾌감이 너무 심해 성 확정 수술gender-affirming surgery(성전환 수술)을 받기도 한다. 이 수술을 받는 사람 중 일부는 자궁을 기증받는 것이 성별을 확정하기 위한 필요조건이라고 생각할 수 있다. 이 경우, 이식이 가능한 자궁은 사망한 지 얼마 되지 않은 여성의 자궁이거나 여성에서 남성으로의 성전환 수술을 받은 사람의 자궁일 수 있다. 현재까지는 이런 수술이 시행된 적은 없지만, 머지않아 시행될 수도 있을 것이다.

호흡기 문제

자궁 이식에 대한 설명으로도 충분히 놀랍지 않다면, 호흡기 계통에 있는 민무늬근의 역할과 관련 질환 몇 가지에 대해 생각해보자. 기관은 성대 바로 아래에서 시작해 10센티미터 정도 아래에서 왼쪽과 오른쪽 기관지로 갈라지고, 그후 폐 내부에서 점점 더 작은 세기관지bronchiole••로 더 갈라진다. 기관에는 가슴 내부의 압력에 관계없이 기관을 열어두는, 말굽 모양의 연골로 구성된 탄력성 고리들이 있다. 각 고리의 입구는 한 가닥의 민무늬근이 가로지르고 있다. 기침을 하는

• 출생 시 지정된 자신의 신체적인 성별이나 성 역할에 대한 불쾌감을 뜻한다. 이는 자신의 지정성별과 젠더가 성정체성과 일치하지 않아 발생하는 현상이다.

•• 지름 1밀리미터 이하의 가느다란 기관지.

동안 이 민무늬근은 우리의 의지와 상관없이 수축해 기도를 좁힌다. 기도가 좁아지면 기침을 하는 동안 배출되는 공기가 가속된다. 이 공기는 기도 안에 쌓였던 점액, 먼지 또는 기타 자극 물질이 포함된 공기다.

중증 코로나19 감염으로 장기간 기관 삽관 및 인공호흡기 지원을 받은 경우와 같은 심각한 기관 손상은 교정하기 어렵다. 생체조직공학 기술로 만든 인공 기관도 효과가 없었다. 기관은 재연결하기에는 너무 작은 일련의 작은 혈관에 의해 혈액이 공급되기 때문에 최근까지 이식이 불가능한 것으로 여겨져왔다. 하지만 2021년, 뉴욕 마운트사이나이병원의 외과의사들은 기증자의 갑상선과 식도 일부를 기관과 함께 하나의 "블록"으로 이식해 이 문제를 해결했다. (식도와 갑상선으로 이어지는 동맥과 정맥은 복구에 적합한 크기이며, 작은 가지들이 식도와 갑상선을 통해 이어져 기관에 혈액을 공급한다.) 수술 후 환자는 정상적으로 호흡을 시작했고 이식된 내벽세포를 자신의 세포로 대체하기 시작했다. 이식된 갑상선과 식도 일부분은 봉합할 수 있을 만큼 큰 혈관들을 공급하는 것 외에는 다른 용도로 사용되지 않았다. 크다고 말하긴 했지만 사실 이 혈관들도 지름이 약 1.6밀리미터에 불과하다.

기관지를 둘러싸고 있는 민무늬근 섬유들은 기관지 질환과는 다르지만 훨씬 더 흔한 문제를 일으킬 수 있다. 기관지는 다양한 스트레스 요인에 반응해 수축함으로써 기도를 좁히고 효율적인 공기 교환을 방해해 천식을 유발할 수 있다. 기관지 수축이 몸에서 어떻게 유용한 작용을 하는지는 알 수가 없다. 따라서 나는 천식 환자들이 기관지 수축을 저주하는 것이 당연하다고 본다. (기관지 민무늬근은 명백한 이점을 제공하지 않고 문제를 일으키기 때문에 호흡기 계통의 맹장이라고 불린다. 하지만 이 비유는 부분적으로만 적절하다고 할 수 있다. 문제를 일으킨 맹장은 제거해도 아무 상관이 없지만 수축된 기관지는 제거할 수 없기 때문이다.) 천식 관리는 염증을 줄이기 위한 코르티코스테로이드와 자율신경 신호가 민무늬근에 도달하는 것을 막는 화학 차단제 등 흡입 약물을 중심으로 이뤄진다. 약물로 천식을 적절히 조절할 수 없는 경우, 기관지에 내시경을 삽입해 민무늬근과 기관지 신경 종말을 열로 영구적으로 파괴할 수 있다.

✦✦✦✦

일반적으로 민무늬근은 우리에게 좋은 역할을 한다. 민무늬근은 시력 조절, 체온 유지, 반고체·액체·기체를 체내외로 운반하는 등의 기능을 담당하며 중요한 순간에 문지기 역할을 하는 등 일반적으로 우리가 의식하지 못하는 사이에 작동한다. 우리는 민무늬근에 감사하고, 우리의 의지와 상관없이 작동하는 민무늬근에 만족해야 한다. 모든 근육을 의식적으로 모니터링하는 것은 부담이 될 수 있다. 우리가 다음 장에서 다룰 근육은 하나의 기관만을 위한 근육이다.

5장

심장근육

3주가 된 인간 배아는 후추 열매 정도로 작지만 이미 심장을 가지고 있으며, 이 심장은 최대 120년 동안 의미 있는 수축을 지속할 수 있다.

심장이 성인의 심장 크기로 자란 뒤에는 심장근육cardiac muscle(심근) 세포의 교체가 거의 이뤄지지 않는다. 25세가 되면 매년 약 1퍼센트의 심장근육 세포가 교체되고, 75세가 되면 이 교체율은 절반으로 떨어진다. 이에 비해 가혹하고 변화무쌍한 환경에 노출된 다른 세포들은 훨씬 더 자주 교체된다. 예를 들어 장을 감싸고 있는 세포의 수명은 약 4일이고, 피부를 구성하는 세포의 수명은 2~3주 정도다. 하지만 심장근육의 내구성도 뇌 세포를 따라올 수는 없다. 뇌 세포는 절대 교체되지 않는다.

사람마다 다르긴 하지만, 심장의 무게는 약 250~300그램이다. 크기는 주먹만 한데 주요 부분(심실)의 수축 또는 이완 여부에 따라 크기가 달라진다. 심실 수축은 심장 소유자의 나이, 건강 상태, 활동 강도에 따라 다르긴 하지만, 일반적으로 1분에 40~200회 정도 발생한다. 심실이 한 번 수축할 때마다 심장은 약 75밀리리터의 혈액을 내보낸다. 이는 일반적인 탄산음료 캔을 약 4초 만에 채우거나 (적재용량이 5~8톤인) 소형 탱크로리 트럭을 하루에 채울 수 있는 속도다.

심장으로 들어간 혈액은 폐로 펌핑되며, 폐에서 혈액은 이산화탄소를 배출하고 심장 주인이 방금 들이마신 산소를 포집한다. 그런 다음 혈액은 다시 심장의 반대편으로 돌아와 온몸에 산소를 공급하기 위한 여정을 시작한다. 심장을 떠난 혈액은 초당 약 30센티미터 속도로 흐르기 때문에 심장이 혈액을 내보낸 지 4초가 지나면 이미 무릎 아래까지 내려온다. 모세혈관을 통과한 혈액은 산소와 기타 영양분을 공급하고 이산화탄소와 기타 대사 노폐물을 흡수한 후 점점 더 큰 정맥을 거쳐 다시 심장에 도달한다. 실제로 우리 몸의 거의 모든 조직은 이런 방식으로 영양분을 공급받는다. (관절의 표면을 덮는 연골과 눈의 각막은 예외다. 연골과 각막은 주변의 조직들에서 체액을 흡수해 영양분을 얻는다. 이 주변 조직들은 모세혈관을 통해 영양분을 공급받는다.)

심장은 4개의 방과 입구 및 출구가 복잡하게 3차원으로 배열돼 있는 기관이기 때문에 아무리 실감나게 그려도 그림만으로는 심장을 구성하는 요소들의 공간적 배치와 기능을 이해하기가 쉽지 않다. 이런 복잡한 구성 때문에 심장은 가슴에서 적은 공간을 차지하면서도 펌핑 효율을 최적화할 수 있지만, 이를 그림으로 설명하기는 어렵다. 개념적으로만 간단히 설명하자면, 인간의 심장은 양쪽 폐 사이에 위치

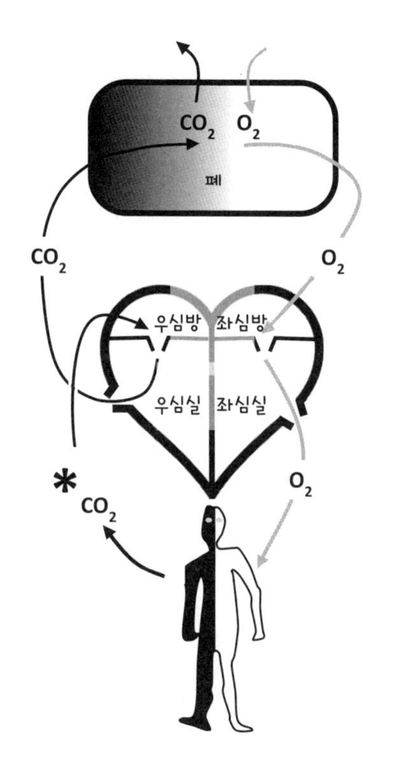

이산화탄소(CO_2)를 운반하는 혈액은 별표로 표시된 지점에서 시작해 우심방을 거쳐 우심실로 들어가 폐로 펌핑된다. 폐에서 혈액 내 이산화탄소는 산소(O_2)로 교환되며, 그후 혈액은 좌심방으로 돌아온다. 산소가 풍부해진 혈액은 좌심실 수축에 의해 몸 전체로 순환된다.

하며, 작은 방(우심방), 큰 방(우심실), 다른 작은 방(좌심방), 다른 큰 방(좌심실) 등 4개의 수축 가능한 방으로 구성돼 있고, 이 4개의 방은 순차적으로 연결돼 있다. 4개의 방에는 심장이 수축할 때마다 한 방향으로만 열고 닫히는 밸브가 각각 하나씩 달려 있어, 이 밸브를 통해 혈액이 적절한 방향으로 이동한다. 심장의 수축은 민무늬근으로 구성된 관 모양의 기관들에서 이뤄지는 연동운동보다 훨씬 더 강력하고 빈번하게 일어난다.

장과 나팔관의 연동운동처럼 심장 수축도 완전히 효율적이지는 않다. 그 주요 원인은 심실이 그 안에 있는 혈액을 모두 밖으로 짜낼 수 있을 정도로 완벽하게 수축하지 못하는 데 있다. 제대로 기능하는 심장이라고 해도 한 번 수축하는 동안 배출하는 혈액의 양은 심장에 들어 있는 전체 혈액의 50~70퍼센트에 불과하다. 기계공학자라면 이 정도의 펌프 효율이 대단한 것이 아니라고 생각할 수 있겠지만, 나는 심장의 내구성과 수명을 생각할 때 이 정도면 충분히 심장이 훌륭한 기관이라고 본다.

심근 섬유의 액틴/미오신 유닛은 민무늬근에 비해 훨씬 더 질서정연하게 배열돼 있다. 실제로 현미경으로 관찰하면 이 유닛들이 가로와 세로 방향 모두에서 완벽하게 정렬돼 있는 것을 잘 볼 수 있다. 현미경을 발명한 안토니 판 레이우엔훅Antonie van Leeuwenhoek은 1682년에 이 "가로무늬striated" 근육의 띠(줄) 모양에 주목했다. 당시 그는 둘 다 가로무늬가 있는 심근과 골격근을 모두 관찰하고 있었을 것이다. 이제 민무늬근을 왜 "민무늬" 근이라고 부르는지 알 수 있을 것이다. 민무늬근은 심장근육이나 골격근처럼 고도로 조직화되어 있지 않고 가로무늬도 없기 때문에 이런 이름이 붙은 것이다.

심근과 골격근은 둘 다 잘 조직화돼 있으며 가로무늬가 있다는 점에서 동일하다. 그렇다면 이 두 근육의 차이점은 무일까? 심장은 자율신경계의 경쟁-협력하는 두 부분과 체내에서 순환하는 호르몬의 감독을 어느 정도 받으며, 우리의 의지와는 상관없이 스스로 수축한다. 반면, 골격근은 대부분 뇌의 운동피질에서 생성되는 의식적인 명령의 통제를 받는 수의근이다.

자율신경계의 교감신경은 투쟁-도피 기능을 제어한다. 따라서 심장은 교감신경이 보내는 전기 신호에 따라 더 빠르고 강력하게 뛰게

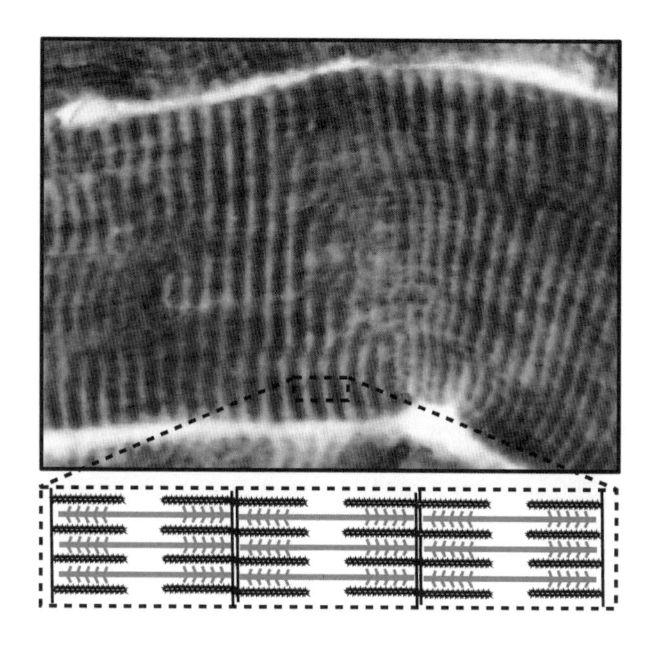

심근 섬유과 골격근 섬유의 가로무늬(줄무늬)는 고배율 광학현미경으로 관찰할 수 있다. 이 현미경 사진에서는 6개의 가로무늬근이 수평 방향으로 배열돼 있는 것을 볼 수 있다. 아래쪽 그림은 위의 사진 중 일부(네모 부분)의 구조를 도식화한 것으로, 이 부분에서 액틴/미오신 유닛들이 어떻게 질서정연하게 배열돼 가로무늬를 이루는지 보여준다.

된다. 또한 몸이 스트레스를 받는 경우, 심장은 신장 위에 있는 부신에서 분비되는 아드레날린의 순환에 반응해 박동수를 급격하게 높인다. 갑상선 호르몬도 장기적으로 심박수를 높인다. 이와는 대조적으로 부교감신경이 심장을 자극하면 심박수가 낮아진다.

하지만 일반적으로 심장은 자율신경계의 조절 없이도 스스로 잘 작동한다. 앞에서 설명한 두 가지 사항을 다시 떠올려보자. 첫째, 심장은 인간 배아가 아주 작을 때, 즉 신경계가 막 형성되기 시작하고 부신은 아예 형성도 되지 않았을 때부터 작동하기 시작한다. 둘째, 소장은 자체 신경 네트워크를 가지고 있으며, 몸의 신경계와 완전히 분리된 상태에서도 리드미컬하게 수축을 계속할 수 있다. 이런 면에서 심장은 소장과 비슷하다. 하지만 심장에는 소장에서처럼 확산된 신경 네트워크가 없으며, 그 대신에 우심방 위쪽에 한 개, 그리고 우심방 안쪽에 두 개의 "내부" 페이스메이커pacemaker가 있다.

이 페이스메이커 세포들은 전기 신호를 스스로 생성하는 심근 세포다. 정상적인 상황에서 이 전기 신호는 심장 전체에 빠르고 질서정연하게 확산된다. 이 전기 신호가 생성돼 심근으로 전달될 때마다 심근 세포의 세포막은 순간적으로 전하를 잃게 되고, 이때 원자 수준에서 채널(통로)이 열리면서 칼슘 이온이 심근 세포 안으로 흘러들어가 근육을 수축시킨다. 이 전기 임펄스가 지나가면 심근 세포는 휴식 상태로 전환한다. 1초도 안 되는 순간에 시스템이 재설정돼 다음 번 전기 임펄스를 준비하게 되는 것이다(벌새의 경우는 이 시간이 훨씬 더 짧다). 하지만 이 임펄스는 심장 전체에 즉각적이고 균일하게 전달되지는 않는다. 먼저 심방이 수축해 혈액을 심실로 보내고, 그로부터 1초의 몇 분의 1도 안 되는 시간 내에 우심실과 좌심실이 수축해 폐와 몸의 다른 기관들로 각각 혈액을 내보낸다. 전기 신호가 기계적 운동으로 변환되는 이 중요한 과정이 평생 동안 약 30억 번이나 거의 완벽하게 일어난다는 사실이 매우 놀라울 뿐이다. 벌새는 5년을 사는 동안 1분당 1260번 이런 변환이 일어나며, 사람은 100년 동안 산다고 가정했을 때 1분 당 70번 일어난다.

우심방 위쪽에 있는 페이스메이커는 심장의 정상 수축 속도를 조절한다. 이 속도는 평균적으로 1분당 60~100회이며, 고도로 훈련된 운동선수가 안정을 취하고 있을 때의 심장 수축 속도는 이보다 느리다. 두 번째 페이스메이커는 첫 번째 페이스메이커에 문제가 생기지 않는 한 첫 번째 페이스메이커에 종속된다. 첫 번째 페이스메이커에 문제가 발생한 경우에만 두 번째 페이스메이커가 작동하는데, 이때 두 번째 페이스메이커는 첫 번째 페이스메이커의 역할을 이어받아 분당 40~60회 정도 수축을 일으킨다. 이 과정에서 심장 주인은 숨이 가빠지지만, 그동안 심장 주인은 심장을 검사해 심장박동을 정상화할 방법을 찾을 수도 있을 것이다. 이 두 번째 페이스메이커마저 문제를 일으키면 세 번째 페이스메이커가 작동을 시작한다. 하지만 이 페이스메이커는 분당 20~30회 정도밖에 수축을 일으키지 못하기 때문에 이 페이스메이커만으로는 적절한 혈압을 유지할 수 없다.

수의적 조절

일반적으로 심근을 우리 의지대로 통제할 수 없다는 사실은 앞에서 언급한 바 있다. 하지만 몇 가지 흥미로운 예외가 있다. 지금 바로 시험해볼 수 있다. 먼저 검지를 손목이나 귀 바로 아래의 목 윗부분에 대고 경동맥의 맥박을 느껴보자. (이 방법은 수업이 지루할 때 내가 아직 살아 있다는 것을 확인하기 위해 사용한 방법 중 하나다. 다른 사람들은 그냥 내가 턱을 손으로 괴고 있는 것으로 생각한다.) 몇 번 정도 맥박을 느낀 후, 배변할 때처럼 가슴과 복벽 근육을 수축시키면서 숨을 내쉰 다음 숨을 참는다. 이 동작은 처음에는 가슴 안에 있는 혈액을 심장으로 더 많이 몰아넣어 심장이 더 열심히 일하게 만든다. 하지만 곧 이 압력 때문에 혈액이 가슴으로 들어가는 것이 방해를 받게 되고 심장은 할 일이 줄어들게 되면서 박동이 느려진다. 이때 공기를 깊게 들이마시면, 잠시 후 혈액이 가슴에서 폐를 거쳐 심장으로 다시 들어가면서 심장 박동이 회복된다.

심박수를 조절할 수 있는 다른 방법으로는 요가 동작을 집중적으로 연습하는 방법과 얼굴을 물에 담그는 방법이 있다. 이때 물은 차가울수록 좋다. 땅 위에서 살든 물에서 살든 모든 척추동물은 다이빙 반사dive reflex를 보인다. 다이빙 반사란 몸을 물속에 완전히 담갔을 때 부교감신경이 심장 박동을 늦추고 교감신경이 팔다리에 위치한 동맥을 수축시키는 현상을 말한다. 이 두 가지 기능은 생존에 핵심적인 기관에 산소를 적절하게 공급하기 위한 기능이다. 가장 숨을 오래 참을 수 있는 동물은 민부리고래Cuvier's beaked whale다. 민부리고래는 거의 4시간 동안이나 물속에 머무를 수 있다. 과학자들은 이 고래의 심장 박동을 직접 측정하지는 못했지만, 대왕고래blue whale의 심장 박동은 측정하는 데 성공했다. 대왕고래의 경우, 수면 위에 있을 때 심장 박동수는 분당 30회 정도지만 물속으로 깊이 잠수할 때 심장 박동수는 분당 4회까지 떨어진다.

이 현상은 실험용 쥐를 대상으로 연구되기도 했다. 연구자들은 수족관의 물 위에 미로를 설치하고 쥐들이 이 미로를 빠져나가도록 훈련을 시킨 다음, 이 쥐들이 미로 위에 있는 상태에서 미로를 수족관의 물 안으로 가라앉혔다. 이 실험을 이끈 W. 마이클 페네턴W. Michael

Penneton은 "(미로가 가라앉은 상태에서) 쥐들은 미로의 출발점에서부터 탈출구까지 자발적으로 이동했다. 쥐들은 훈련을 받을 때나 물속에 있을 때 스트레스를 받지 않은 것으로 관찰됐으며, 훈련을 하는 동안 훈련 성공에 대한 보상도 받지 않았다"라고 말했다. 쥐들이 물속에 있는 동안 심장 박동수는 분당 약 450회에서 약 100회로 떨어졌다. 특정한 상황에서 척수동물이 불수의근을 어느 정도 통제할 수 있다는 사실을 알려준 이 쥐들에게 감사의 말을 전하고 싶다.

나도 직접 이 사실을 확인하고 싶었다. 먼저 나는 심장 박동수를 측정한 뒤 타이머를 설정했고, 얼음물이 담긴 그릇에 얼굴을 담갔다. 하지만 15초 이상 찬물에 얼굴을 집어넣고 있는 것이 너무 힘들었고, 그 상태에서는 내 심장 박동수를 측정할 수도 없었다. 결국 아쉽지만 이 실험은 실패하고 말았다. 하지만 방수 기능이 있는 시계나 타이머가 있으면 수영장에서 다이빙 반사를 테스트할 수 있을 것 같다. 이 다이빙 반사는 얼굴을 물속에 완전히 집어넣은 상태에서 코에 물에 들어오기 시작하면 촉발되는 것 같다.

원격 모니터링

심장을 연구하는 방법에는 심장 박동(맥박) 측정도 있지만, 심장의 전기적 활동을 측정하는 방법도 있다. 심방 및 심실 근육세포의 탈분극과 재분극을 측정하는 심전도electrocardiogram 검사가 바로 그 방법이다. (심전도라는 말은 약자로 "ECG"라고 써야 하지만 "EKG"라고 쓸 때가 많다. 그 이유는 심장을 뜻하는 그리스어 단어가 "kardia"이기 때문이다.)

심전도 측정 장치에서 보이는 물결 모양의 파문과 스파이크는 무엇을 뜻할까? 첫 번째 블립(깜박임)은 심방이 전기적으로 탈분극해 기계적으로 수축하는 현상을 뜻한다. 그 다음에 나타나는 평평한 구간은

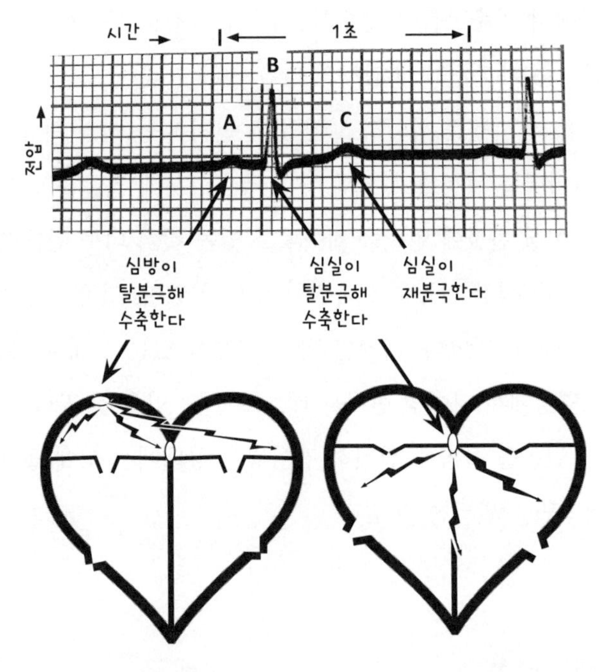

A. 이 정상 심전도의 작은 네모들은 모두 0.04초를 나타내며, 이 파형은 분당 60회의 심장 박동을 뜻한다.

B. 우심방에 있는 첫 번째 페이스메이커에서 생성된 전기 임펄스가 양쪽 심방으로 퍼져나가 심방의 전하를 역전시킴으로써 두 심방이 수축한다.

C. 전기 임펄스는 0.16초 후에 두 번째 페이스메이커에 도달한다. 이 페이스메이커는 양쪽 심실에 전기 임펄스를 전달함으로써 이 두 심실이 탈분극해 수축하도록 만든다. 0.35초가 더 지나면 심실은 재분극돼 안정된 전하를 회복하고, 심장 근육은 다시 수축할 준비를 한다. (심방의 재분극 신호는 그와 동시에 발생하는 심실의 더 강력한 탈분극 신호에 의해 가려진다.)

심방이 수축한 뒤 심실에 혈액이 채워져 심실이 수축하기 직전까지의 시간을 뜻한다. 그 다음에 나타나는 뾰족한 스파이크는 심실의 수축을 나타내며, 그 뒤를 따르는 블립은 심실의 재분극을 나타낸다. (심방 재분극을 나타내는 파형은 심방 재분극과 동시에 발생하는 심실의 더 강력한 전기적 활동에 의한 파형에 가려진다).

심근 세포들 사이의 전기 신호 생성과 전달에 문제가 발생하면 심장 박동이 불규칙해지면서 비효율적이 되는 현상, 즉 부정맥arrhythmia이 발생한다. 가장 흔한 부정맥 형태는 심방세동이며, 이 증상은 미국인과 북유럽인의 2~3퍼센트에게서 나타난다. 심방세동은 50세 이전에는 흔하지 않지만, 80대의 경우 8명 중 1명이 심방세동 증상을 겪는다. 심방세동은 문제가 있는 심근 세포가 조정되지 않은 전기 임펄스를 방출해 정상적인 페이스메이커의 메시지를 덮고, 그 결과로 심방 세포들이 바로 직전 수축 후에 심방에 혈액이 가득 찬 상태이든 그렇지 않은 상태이든 분당 600번 이상 불규칙하게 수축하게 되는(세동하게 되는) 현상이다. 심방세동은 심실에도 영향을 미쳐, 심방 세포들만큼은 아니지만 심실 세포들이 비정상적으로 빠르고 불규칙한 수축을 하게 만든다.

심방세동의 지속 시간은 처음에는 짧지만 점차 길어지며, 결국에는 심방세동이 멈추지 않고 계속 진행될 수 있다. 또한 심방세동 환자의 3분의 1은 자신의 심장에서 심방세동이 일어나고 있다는 사실을 인지하지 못하는 것으로 보인다. 심장에 필수적인 산소가 공급되지 않으면 심장 박동이 불규칙하다는 것을 느끼거나, 운동 불내성exercise intolerance• 증상을 겪거나, 가슴에 통증을 느끼게 되는데, 이런 증상들 때문

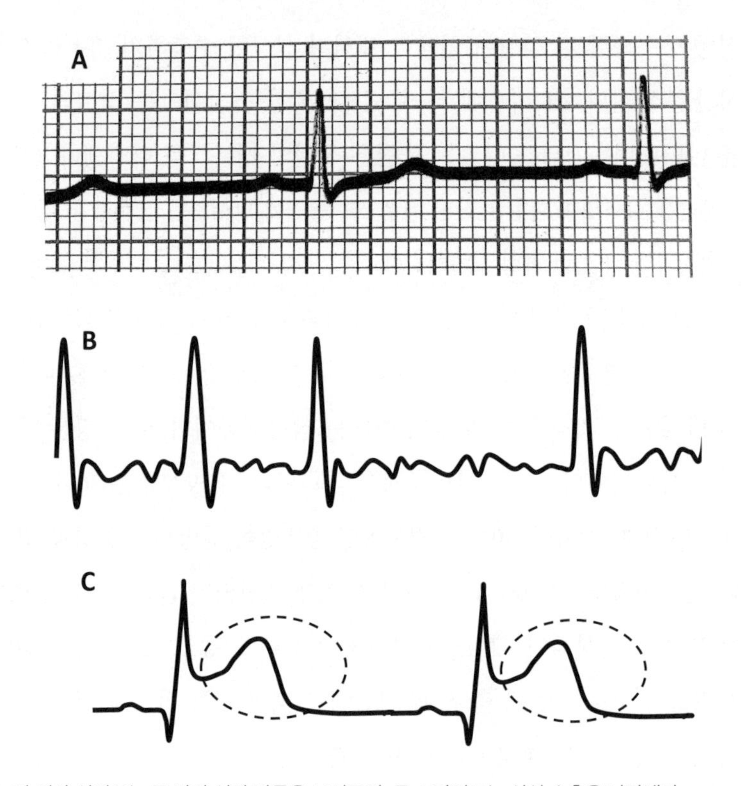

A. 이 정상 심전도는 두 번의 심장 박동을 보여주며, 큰 스파이크는 심실 수축을 나타낸다.
B. 심방세동 환자의 심전도. 큰 스파이크는 심방세동의 특징이며 불규칙한 간격으로 발생하는 심실 수축을 나타낸다. 이 심실 수축들 사이에서 관찰되는 작은 전기 임펄스들도 불규칙하다.
C. 급성 심근경색 환자의 심전도. 심실 수축이 완료되고 심실 재분극이 일어나는 동안 전압 상승(점선으로 표시된 원)이 관찰된다.

에 심방세동이 발견되는 경우도 있다.

심방세동은 정상적인 심장에서도 나타날 수 있지만, 대부분은 고혈

- 정상적인 일이나 운동을 할 수 없거나 하기 힘든 상태.

압, 판막 또는 관상동맥 심장질환, 폐 질환, 수면 무호흡증, 비만과 관련이 있다. 심방세동의 치료는 이런 기저질환을 관리하는 것으로 시작해 심박수를 정상 범위로 낮추는 약물을 사용하거나 심장 박동 리듬을 정상적으로 회복시키는 시술로 이어진다. 심율동전환술cardioversion로 부르는 이 시술은 환자가 안정된 상태에서 흉벽을 통해 직류 전기 충격을 가해 첫 번째 페이스메이커의 조절 능력을 회복시키는 시술이다. 증상이 잘 치료되지 않는 경우에는 카테터 절제술catheter ablation, 즉 문제가 있는 심방 근육세포를 비활성화시켜 심장 박동을 정상화하는 시술을 시행해야 한다.

심방세동은 심장 관련 증상을 일으키지 않더라도 다른 장기, 특히 뇌를 위험에 빠뜨릴 수 있다. 예를 들어 좌심방이 불규칙적이고 비효율적으로 수축하면 혈액이 심실로 들어가지 못하고 소용돌이치면서 혈전을 형성할 수 있는데, 이 혈전 조각이 떨어져 나와 순환계를 거쳐 뇌로 들어가면 뇌졸중을 일으킬 수 있다. 뇌졸중의 원인이 심방세동이 아닌 경우도 있지만, 전반적으로 볼 때 심방세동은 뇌졸중 위험을 약 두 배로 증가시키며, 고령 뇌졸중 환자의 경우 심방세동이 전체 원인의 3분의 1을 차지한다. 심방세동의 표준적인 치료법은 좌심방의 혈액이 혈전을 형성하지 않도록 혈액 희석제를 사용하는 것이다.

심전도는 심장 전체의 전기적 상태뿐만 아니라 심장 내 심방과 심실의 크기와 위치, 심장 독성• 또는 칼륨 불균형 존재 여부를 심장 전

• 심장에 독성을 가져 근육 손상 또는 심장에 전기 생리학적 기능 장애를 일으키는 화학물질.

문의에게 알려준다. 이 모든 것은 심장의 특수한 심근세포가 생성하는 미세한 전기 임펄스 때문에 가능하다. 심근세포는 전기 임펄스를 심장 전체에 강하게 전달하기도 하지만 가슴 표면과 팔다리로도 매우 미세한 전기 임펄스를 전달하는데, 심전도 검사는 이 부분들에 전극을 부착해 미세한 전류의 흐름을 측정하는 방법이다.

1872년에 스코틀랜드의 알렉산더 뮤어헤드Alexander Muirhead는 피험자의 손목과 발목에 전선을 연결해 사람의 심장 전기 자극을 처음 기록했을 때 어떤 생각을 하고 있었을까? 뮤어헤드는 무선 전신을 실용화한 굴리엘모 마르코니Guglielmo Marconi에게 관련 특허권을 판 전기공학자로 유명한 사람이다. 뮤어헤드는 한 사람만을 대상으로 연구를 했지만, 그 이후 다른 연구자들이 그의 연구를 이어받아 광범위한 실험을 진행했다. 그중 한 진취적인 과학자는 사람의 심장박동에 의한 전기 임펄스가 사진건판photographic plate•에 기록되게 만든 뒤, 그 사진건판을 실은 장난감 기차를 당기면서 시간에 따른 심장박동에 의한 전기 임펄스 방전을 기록하기도 했다.

1903년, 네덜란드의 빌럼 에인트호번Willem Einthoven은 매우 정교한 심전도 측정 장치를 개발했는데, 이 장치에는 문제가 하나 있었다. 장치의 무게가 270킬로그램이 넘었고, 작동을 위해서는 5명의 작업자가 필요했기 때문이다. 그로부터 8년 후 이 심전도 장치가 상용화됐지만, 그때도 여전히 책상 크기의 콘솔이 필요했고 환자는 손과 발을 별도

• 사진 필름에 앞서 사용된 감광 매질로, 빛에 민감한 은염 유화액을 유리판에 발라서 만든 것을 말한다.

1911년에 상용화된 심전도 측정 장치. 이 사진에는 “전극이 환자에게 부착되는 방식을 보여주는 완전한 심전도 장치 사진. 이 사례에서는 환자가 두 손과 한쪽 발을 소금 용액이 든 통에 담그고 있다”라는 설명이 붙어 있다.

의 물통에 담가야 했다(검사를 받는 동안 장난감 기차를 가지고 놀게 해준다면 물통 정도는 참을 수 있었을 것 같다). 하지만 에인트호번은 계속해서 이 장치를 개선해 최초의 실용적인 심전도 기계를 개발한 공로를 인정받았고, 이 공로로 그는 1924년 노벨 생리의학상을 수상했다.

골격근은 쉽게 파악할 수 있는 근육이다. 피부 바로 아래에 위치하기 때문에 비교적 관찰이 쉽고, 만져보면서 강도를 측정할 수도 있기 때문이다. 이에 비해 심장은 가슴 안쪽에 숨어 있기 때문에 간접적으로 관찰할 수밖에 없다. 또한 직접 관찰하기 위해 심장을 멈추게 하는 것은 결코 좋은 생각이 아니다. 결국 심장에 대한 가장 기본적인 정보는 혈압과 심장 박동 측정을 통해 얻고, 심전도 검사를 통해 나머지 다양한 정보를 얻을 수밖에 없다.

관상동맥 질환

영상 검사는 1895년 빌헬름 뢴트겐Wilhelm Röntgen의 X-선 발견으로 시작돼 컴퓨터단층촬영, 자기공명영상, 심장초음파 검사echocardiography로 이어졌다. 심장 근육, 판막, 순환하는 혈액의 이미지를 선명하게 만드는 염료를 주입하면 영상 검사의 품질을 높일 수 있다. 심장초음파 검사는 가슴 표면에 초음파 탐침을 부착해 심장의 활동을 측정하는 방법으로, 초음파 탐침을 환자의 입으로 통과시켜 식도 중간까지 내려가면 더욱 직접적으로 심장을 검사할 수 있다. 칼을 삼키는 묘기를 부릴 수 있는 사람이 아니라면 경식도 심장초음파 검사를 받는 환자에게는 진정제가 필요하다.

심장은 각막과 연골을 제외한 신체 전체에 혈액을 지속적으로 펌프질하기 위해 많은 에너지가 필요하다. 이를 위해 심장은 산소와 영양분을 지속적으로 확보해야 하며, 이는 심장 표면의 동맥 시스템인 관상동맥을 통해 이뤄진다. 안타깝게도 이 관상동맥은, 특히 소파에 누워 과자를 즐겨먹는 사람들에게서, 4장에서 설명한 것처럼 죽상경화성 플라크가 축적돼 좁아지는 경향이 있다. 이 플라크가 파열돼 생긴 혈전이 관상동맥을 막히게 만들면 해당 동맥에 의해 영양을 공급받던 부위의 심장 근육이 죽게 된다. 이를 심근경색myocardial infarction, MI 또는 심장마비라고 부른다. 앞에서 우리는 심근 세포가 매우 튼튼하기 때문에 일반적으로 수십 년 동안 살 수 있다는 사실을 다룬 바 있다. 하지만 이렇게 튼튼한 심근 세포도 산소가 부족하면 죽을 수밖에 없다. 많은 심근 세포가 동시에 질식하면 그 심근 세포들의 주인 역시 질식하게 된다. 심장 주인이 초기 충격에서 살아남는 경우, 심근 손상의 크기와 위치에 따라 심전도 패턴이 달라진다.

또한 손상된 심근은 심근에만 있는 두 가지 트로포닌troponin 계열 효소를 방출한다. 따라서 심전도 변화와 이 두 가지 형태의 트로포닌 수치 상승은 심근경색을 나타내며, 이 수치로 증상이 유사하지만 원인이 다른(예를 들어 소화불량) 흉통과 구별할 수 있다. 손상된 심근은 재생이 불가능하며, 흉터로 남게 된다. 흉터 부위의 크기와 위치는 심장의 효율적인 펌핑 능력에 다양한 영향을 미친다. 고혈압과 신체활동으로 인한 스트레스는 손상되지 않은 나머지 심장 부분을 위험에 빠뜨릴 수 있다.

약물 치료는 관상동맥을 열어 혈액이 흐르게 하는 데 도움이 될 수 있다. 혈관성형술, 스텐트 삽입술, 관상동맥우회술 같은 수술이 시행되는 경우도 많다. 아직 임상시험 단계에 머물고 있는 실험적인 접근 방식들도 있다. 이런 접근 방식 중에는 생체공학을 이용해 천연 또는 인공 그물망을 만든 다음, 그 그물망에 근육세포 또는 근육이 되기 직전의 줄기세포를 심어 배양하는 방법도 있다. 외과의사는 실험실에서 여러 차례의 세포 복제가 진행된 그물망을 환자의 심장 표면에 부착하면 된다. 이 과정에서 이식된 세포는 흉터 부위 주변에서 건강한 심근 세포로 자라면서 흉터를 덮게 되고, 이를 통해 심장의 전기적, 기계적 활동에 미치는 악영향을 줄일 수 있게 된다.

관상동맥 질환은 선진국에서 35세 이상의 사람 중 약 3분의 1이 사망하는 원인이다. 이 경우 심근과 그 주인은 피해자이며, 막힌 동맥은 가해자다. 앞에서 나는 관상동맥 질환에서 민무늬근이 어떤 역할을 하는지 설명한 바 있다. 일반적으로 죽상경화성 심혈관 질환은 사망에 이르기 전에 경고(고혈압, 협심증, 호흡 곤란)를 보낸다.

심근 질환

관상동맥이 완벽하게 정상인 경우에도 심근에 직접적인 영향을 미치는 질환들이 있을 수 있다. 이 질환들은 미리 경고 신호를 보내지 않는다. 예를 들어, 비후성 심근증은 관상동맥 질환보다 훨씬 드물게 나타나지만(500명 중 1명꼴로 발생한다), 겉으로는 건강해 보이는 젊은 운동선수에게서 급사를 일으킬 수 있다. 이 질환은 가장 흔한 유전성 심혈관계 질환이기 때문에 혈육 중에 뚜렷한 이유 없이 갑자기 사망한 사람이 있다면 특히 주의해야 한다. 9개의 근육 유전자 중 하나 이상, 일반적으로 미오신 또는 미오신 조절 단백질에 돌연변이가 생기면 심장 근육, 특히 좌심실과 우심실 사이의 벽이 과도하게 성장한다. 이 벽이 이렇게 두꺼워지면 좌심실의 크기 조절과 좌심실이 혈액을 채우고 비우는 효율성이 감소해, 특히 격렬한 신체 활동을 할 때 심장에 과부하가 걸리게 된다. 유전자 검사는 가능하지만 원인이 될 수 있는 돌연변이의 수가 많기 때문에 실용적이지 않다. 이 질환이 의심되는 경우, 의사는 심장 MRI, 심장초음파 검사, 심전도 검사를 통해 진단을 내릴 수 있다.

의사들은 증상을 보이는 환자들에게 격렬한 운동을 피하라고 조언한다. 이 질환은 치명적인 시한폭탄과 비슷하기 때문이다. 숨 가쁨, 운동성 흉통, 어지러움, 실신 등의 증상이 있는 경우 관상동맥 질환에 사용되는 것과 동일한 유형의 약물이 유용할 수 있다. 활동 제한과 약물로 증상을 조절할 수 없는 경우, 가장 좋은 치료법은 심실과 심실 사이의 비대해진 근육 벽에서 울퉁불퉁한 부분을 수술로 제거해 심장 판막의 기능을 개선하는 것이다.

이 경우, 개심수술이라는 위험한 치료법의 대안으로 심실 벽에 혈액을 공급하는 관상동맥에 카테터를 삽입하고 알코올을 주입해 비대해진 근육 세포를 파괴하는 "제어된 심장마비"도 고려할 수 있다. 이 방법은 확실히 덜 침습적이지만 개심수술만큼 세심한 조정은 불가능하다. 따라서 이 방법은 일반적으로 허약하거나, 고령이거나, 중증 폐 질환과 같은 질환으로 인해 수술 위험이 높은 환자에게 적합하다.

관상동맥 질환과 비후성 심근증 말고도 심장 근육은 다양한 방식으로 문제를 일으킬 수 있는데, 심근염myocarditis을 예로 들 수 있다. 심근염이라는 말 안에 들어 있는 "itis"는 염증을 뜻한다. 염증은 부상이나 감염에 대한 신체의 반응 중 하나라, 국소적인 발적redness, 부종, 열, 통증을 특징으로 한다. 심근염은 코로나19를 비롯한 다양한 바이러스에 의해 발생할 수 있는데, 화이자/바이오엔텍 및 모더나 백신을 통해 예방 접종을 받은 사람들에게서 발생했지만, 실제로 코로나19 바이러스에 감염된 사람들에게서 나타날 확률은 7배 더 높았다.

심부전heart failure은 관상동맥 질환, 비대성 또는 기타 유형의 심근병증, 염증, 판막 문제, 고혈압, 선천성 기형 등 대부분의 심장 질환이 공통적으로 도달하는 최종 경로다. 이 경우 구조적, 기능적으로 심장은 신체의 30조 개에 달하는 세포에 영양을 공급하는 능력을 상실한다. 심부전은 전체 성인의 2퍼센트, 65세 이상의 6~10퍼센트가 앓고 있다. 심부전 환자의 약 35퍼센트는 심부전을 인지한 후 1년 이내에 사망한다. 심장의 수축 속도, 힘, 수축량이 감소함에 따라 혈액이 역류해 다리가 붓고 숨이 차며 지나친 피로를 유발하기 때문이다. 심부전의 가장 전형적인 증상은 가슴 통증이다. 금연, 체중 관리, 감독 하의 운동이 일차적인 치료법이며, 근본적인 원인에 따라 약물 치료가 병행될 수 있다.

약물로 조절되지 않는 심부전과 같이 흔하고 치명적일 수 있는 질환에 대해서는 더 복잡한 치료법을 사용할 수 있다. 이 경우에는 전 세계 외과의사들이 심부전이라는 보편적인 문제에 적용했던, 발상의 전환을 보여주는 초기 수술 방법 하나가 주목할 만하다. 이 수술은 골격근을 심장 보조 근육으로 전환하는 수술이다. 넓은등근latissimus dorsi은 뒤쪽 몸통에서 발생해 어깨 근처의 팔에 부착되는 크고 납작한 근육이다. 이 근육은 팔이 머리 위에 위치해 있을 때 팔을 몸쪽으로 당길 수 있게 해주는 근육으로, 특히 등반을 할 때 유용하다. 하지만 심장에 문제가 있는 사람에게는 이 근육을 이용해 산에 오르는 것보다 혈액 순환이 훨씬 더 중요하다. 따라서 의사들은 이 근육의 팔쪽 부분은 그대로 놔둔 채 몸통 뒤쪽에 있는 이 근육의 일부를 떼어낸 다음 2번 갈비뼈* 근처를 절개해 문제가 있는 심장을 감싼 뒤, 페이스메이커(심장박동기)를 이식해서 이 근육을 자극해 심장 박동에 맞춰서 수축하도록 만들었다. 이 수술은 그야말로 절박한 상황에서 사용할 수밖에 없는 절박한 방법이다. 이 치료법이 소개된 지 몇 년 후, 한 의학 논문에서 칼 라이어Carl Leier라는 의사는 수술법에 대한 솔직한 평가를 내놓았다. "간단히 말하자면, 이 수술이 필요한 사람은 살아남지 못하고, 살아남은 사람은 이 수술이 필요 없는 사람이었다."

개념적으로는 매력적이지만 아직 그 과도한 기대에 부합하지 못하고 있는 치료 방법이 있다. 고장이 난 심장에 줄기세포를 이식하는 방법이다. 관상동맥 주사 또는 심장 자체에 직접 주사를 통해 세포가 자리를 잡으면, 세포가 기능하는 근육 세포로 성숙해 잠재적으로 세포를 대체할 수 있다. 하지만 명백한 사기로 판명돼 철회된 주요 연구소의 여러 연구 논문과 지나치게 빠른 상용화 시도들에 의해 이 흥미로운 가능성은 폄훼되고 있다. 현재 미국에서는 최소 61개의 기업이 심부전 줄기세포 치료제를 제공하고 있지만, FDA 승인을 받은 치료법은 아직 하나도 없다. 2019년에 미국의학협회지JAMA의 부편집장인 그레고리 커프먼Gregory Curfman 박사는 "지금까지의 인상적이지 않은 결과를 볼 때, 새로운 아이디어와 새로운 접근법이 잠재적 성공을 위한 새로운 길을 열지 않는 한 심부전 줄기세포 치료에 대한 투자에 신중을 기하는 것이 더욱 중요해질 것"이라고 말하기도 했다.

• 심장과 가장 가까운 갈비뼈.

심장 보조 기기 및 대체 기기

줄기세포 치료가 아직 요원한 상황이라면 보조 부스터 펌프와 같은 기계적 보조장치는 어떨까? 이런 보조 펌프는 확실히 효과가 있으며, 여러 제품이 FDA 승인을 받았다. 이런 기기 중 일부는 심장이 적절한 기능을 회복할 때까지, 또는 이식을 위한 기증 심장을 구할 수 있을 때까지 고장난 심장을 지원하는 데 사용된다고 해서 "브리지bridge" 기기라고 불린다. 이에 비해 추가 치료가 예상되지 않는 상태에서 장기적인 지원을 제공하는 것을 목표로 하는 기기는 "최종destination" 기기로 불린다.

심장 보조 기기는 4가지 유형으로 나뉠 수 있다. 그중 3가지 유형은 환자가 입원해 있는 동안 단기적으로 사용하는 기기다. 첫 번째는 기본적으로 환자의 침대 옆에 설치되는 유형으로, 주요 정맥에서 탈산소화된 혈액을 채취해 산소를 공급한 후 다시 주요 동맥으로 펌핑해 심장과 폐를 대신하는 심폐 기기다. 다른 두 가지 유형은 혈액을 이동시키고 말 그대로 또는 비유적으로 심장에서 약간의 압력을 덜어주는 역할을 하며, 의사가 사타구니의 동맥을 통해 삽입하는 매우 정교한 카테터를 말한다. 이 두 유형 중 하나는 회전하는 "오거auger(아르키메데스 나선양수기Archimedes screw라고도 불린다)"를 이용해 좌심실에서 대동맥으로 가는 혈액의 속도를 높여주며, 다른 하나는 대동맥에 삽입돼 맥동하는 긴 풍선으로 대동맥 앞에서 혈액을 짜내는 역할을 한다. 이 3가지 장치는 모두 브리지 기기다.

네 번째 유형은 브리지 기기일 수도 있고 최종 기기일 수도 있다.

이 기기는 보조 심실 역할을 하는 이식형 펌프로, 그중 일부는 10년 이상 사용되고 있는 것도 있다. 이 기기의 초기 버전은 펌프의 움직이는 부분과 정지된 부분 사이에 적혈구가 끼어 적혈구에 상당한 손상을 입혔다. 그후 엔지니어들은 자기력을 이용해 로터를 띄우는 방법으로 기계적인 베어링 없이 로터가 중심을 유지하면서 환자의 위치에 관계없이 혈액 세포가 눌릴 가능성이 적도록 만듦으로써 이 문제를 해결했다. 또한 이 펌프는 자연 맥박을 모방한 펄스 관류를 생성해 펌프나 동맥에 혈전이 형성되는 것을 방지하는 역할도 한다. 그럼에도 불구하고 이 기기는 매우 부담스러운 것이 사실이다. 환자는 컨트롤러와 전원 공급 장치를 허리에 묶고 매일 여러 번 배터리를 교체해야 하며, 피부를 통과하는 컨트롤러와 펌프 사이의 전선 주변에 감염이 발생하지 않도록 세심한 주의를 기울여야 하기 때문이다. 전원공급 문제를 해결하기 위해 생체의학 엔지니어들은 소형 내부 원자로, 온전한 피부를 통해 전력을 전달하는 방법, 골격근 수축을 에너지 변환기로 사용하는 방법 등 다양한 해결책을 고려하고 있다.

물론 가장 이상적인 해결책은 내구성이 뛰어난 인공심장을 이식하는 방법이다. 이 방법에 대한 연구는 1937년에 소련의 과학자 블라디미르 데미코프Vladimir Demikhov가 개에게 이런 기계 장치를 이식해 수술 후 2시간 동안 생존시키면서 본격적으로 시작됐다. 데미코프는 또한 동물의 심장 및 심폐 이식 분야를 개척했으며, 작은 개의 머리를 큰 개에 이식해 머리가 두 개인 개를 만들어낸 사람으로 잘 알려져 있다.

폴 윈첼Paul Winchell은 데미코프에게 뒤지지 않으려는 노력을 함으로써 자신의 이름을 알렸다. 미국의 유명한 복화술사, 코미디언, 배우인 그는 의학적 배경을 가진 발명가이기도 했으며, 흉부외과 의사인 헨리 하임리히Henry Heimlich(기도 막힘 제거술로 잘 알려진 인물)와 함께 연구를 하기도 했다. 윈첼은 인공심장 시제품을 개발해 1952년에 인공심장에 대한 최초의 특허를 획득했지만, 실제로 이 인공심장이 이식되지는 못했다.

의사는 아니었지만 의료 엔지니어였던 로버트 자빅Robert Jarvik도 비슷한 장치를 고안해냈다. 1982년, 외과의사들은 심한 심부전으로 고통 받던 시애틀의 치과의사 바니 클라크에게 자빅의 인공심장 일곱 번째 버전을 이식했다. 클라크는 무게가 약 180킬로그램인 공기 압축기에 연결된 채로 거의 4개월을 살다 사망했다.

그후로도 연구는 계속됐다. 현재 외부 공기 압축기의 무게는 약 6킬로그램에 불과하며, 움직이는 부품이 훨씬 적고 밸브가 없는 디자인으로 기계적 고장과 혈액 응고 문제를 줄인 상태다. 그중 한 모델은 완전히 몸 안에 이식할 수 있으며, 온전한 피부를 통해 배터리를 충전한다. 하지만 이 기기도 크기가 여전히 너무 커서 인공심장 이식을 받아 생존할 수 있는 환자들의 3분의 1 정도만 실제로 이 인공심장을 몸 안에 장착할 수 있다. 다양한 합성 폴리머로 3D 프린팅한 심장도 곧 출시될 예정이다. 여전히 남아 있는 한 가지 딜레마는 크기와 내구성이다. 아직까지 인공심장은 크기가 작을수록 부서지기 쉽기 때문이다.

데미코프의 이야기로 돌아가보자. 이 소련 과학자의 유산은 아마도 모스크바로 그를 두 번이나 찾아왔던 남아프리카의 심장외과의사 크리스티안 바너드Christiaan Barnard에게 준 영감일 것이다. 데미코프의 실험 결과를 연구한 후 바너드는 인간 심장 이식이 가능하다고 확신했고, 1967년 그의 첫 번째 심장 이식을 시행했다. 한 달 만에 스탠퍼드 대학교의 노먼 셤웨이Norman Shumway가 두 번째 수술을 시행했고, 1968년 한 해 동안 전 세계에서 총 100명 이상의 환자가 새 심장을 이식받았다.

하지만 여전히 면역거부 반응은 초기 수혜자들을 괴롭혔다. 강력한 항염증 작용을 하는 고용량 스테로이드가 유일한 대안이었지만 심각한 부작용이 있었다. 1980년대에 개선된 항거부반응 약물이 등장하면서 심장 이식은 비교적 안전해졌고, 중증 심부전 환자의 수명은 심장 이식이 아닌 의학적 치료만으로는 기대할 수 없을 만큼 연장됐다. 현재 심장 이식 수혜자의 약 85퍼센트는 1년 이상, 73퍼센트는 5년, 56퍼센트는 20년 이상 생존하고 있다.

최근의 가장 큰 문제는 새 심장을 필요로 하는 수많은 환자들을 위한 기증 심장이 충분하지 않다는 것이다. 희미하게나마 희망적인 소식은 대기자 명단에 오른 사람들의 1년 사망률이 1980년대 후반 66퍼센트에서 30년 후 32퍼센트로 감소했다는 사실이다. 이런 사례들 대부분은 더 잘 설계된 심장 보조 기기가 더 널리 사용된 결과라고 할 수 있다.

그렇다면 다른 동물 종, 특히 면역 거부반응의 위험을 줄이도록 유전적으로 조작된 동물의 심장을 기증받는 것은 어떨까? 돼지는 면역 장벽을 최소화하기 위해 가장 면밀한 연구가 진행되고 있는 동물이며, 유전자 변형이 진행 중이다. 돼지는 임신 기간이 짧고 새끼를 많이 낳으며 깨끗한 환경에서 번식하고 관리하기 쉽다. 또한 돼지의 심장은 인간에게 이식하기에 적절한 크기이며, 침팬지나 개코원숭이에 비해 혈통의 다양성이 넓어 종간 질병 전파의 위험도 적다.

하지만 윤리적 문제도 있다. 종간 이식을 지지하는 사람들은 잠재적인 사회적 이익이 위험보다 크므로 이러한 형태의 장기 이식이 도덕적인 선택이라고 주장한다. 동물 권리 단체는 인간을 위해 동물을 죽이는 것에 반대하지만, 영장류를 사용하는 것에 비해서 돼지를 사용하는 것에는 덜 반대하는 것으로 보인다.

종간 장기 이식의 다른 문제점으로는 인간에게 알려지지 않은 바이러스(예를 들어 SARS-CoV-2 바이러스)가 수혜자에게 감염될 위험과 돼지의 자연 수명이 약 20년이기 때문에 돼지의 조직이 더 빨리 노화될 수 있다는 우려 등을 들 수 있다. 그럼에도 불구하고 과학적으로 앞으로 나아갈 길은 잘 정의되어 있으며, 종간 심장 이식이 곧 실현될 가능성이 매우 높다.

놀랍도록 튼튼한 심장이 당면한 질병들과 관련해 나는 "인본주의자의 왕자"라고 동시대 사람들의 칭송을 받았던 에라스무스Erasmus(1466~1536)가 남긴 "예방이 치료보다 낫다"라는 말에 적극적으로 공감한다. 체중 조절, 건강한 식단, 니코틴 피하기, 규칙적인 운동은 건강한 심장을 유지하기 위한 필수적인 수단이다. 다음 장에서는 근육을 자주 반복적으로 수축시키는 운동의 효능에 대해 알아보자.

6장

컨디셔닝

앞서 언급한 생명의 기능들, 즉 MRS GREN을 다시 떠올려보자. 움직임은 근육에서 비롯된다. 몸 내부의 움직임은 민무늬근과 심근이 담당하며, 몸 바깥의 움직임을 위해서는 골격근이 필요하다. MRS GREN에서 R은 생식 기능, 즉 생식기관의 영역을 나타낸다. 감각은 신경계의 일부인 시각, 미각, 후각, 청각을 위한 특수 수용체와 함께 피부의 신경 종말에서 비롯된다. 성장은 내분비계가 제대로 작동하는 데 달려 있으며, 호흡, 배설, 영양은 각각 심폐, 비뇨, 소화 기관의 활동에서 비롯된다.

인간은 이 모든 기능과 시스템을 쉽게 망가뜨릴 수 있고, 그로 인해 생명이 위험해질 수 있다. 잘못된 생활습관은 불용성 골다공증, 근육 감소, 성병, 피부암, 폐암, 알코올성 간염 등 다양한 질병을 유발한다. 우리가 이런 다양한 시스템을 잘 관리하려고 노력해도 시스템이 제공하는 직접적인 피드백은 무언가 잘못되었다는 느낌에 지나지 않을 수도 있다. 물론 이런 느낌은 속임수일 수도 있기 때문에 면밀한 검사, 혈액 또는 소변 분석, 심전도, 뇌파, 생검 또는 영상 검사를 통해서만 확인되거나 반박될 수 있다. 하지만 근육이 제대로 작동하지 않는 경우에 우리는 이를 직접적으로 느낄 수 있다.

골격근은 피부만큼 잘 보이지는 않지만 윤곽, 부피, 탄력은 확실하게 육안으로 확인할 수 있다. 또한 근육은 장바구니를 들고 계단을 오를 때 그 기능을 확실하게 드러낸다. 그리고 근육에 대해서 우리가 보거나 느끼는 것, 또는 들어 올릴 수 있는 무게가 마음에 들지 않으면, 거울로 근육을 살펴보거나 책 상자를 쉽게 들어 올릴 수 있는지 확인하는 것만으로도 근육을 훈련시키고 진척 상황을 확인할 수 있다.

골격근에는 또 다른 확실한 특징이 있다. 우리는 2시간 동안 내리막길을 빠르게 걷거나, 주말에 가구를 옮기거나, 이틀 동안 72홀 골프를 치는 등 골격근을 과도하게 사용할 수 있다. 그러고 나면 며칠 동안은 손상된 근육이 너무 아파서 거의 움직일 수가 없게 된다. 그러다가 일주일이 지나면 정상으로 돌아오거나 조금 나아질 수도 있다. 다른 신체 기관은 비슷한 정도로 무리하면 회복되지 않을 수 있다. 또한 한계를 넘지 않는 선에서의 규칙적인 운동은 골격과 심장에 스트레스를 주고 최상의 상태를 유지하도록 자극한다. 거기에 더해서 운동은 수면의 질을 개선해 모든 장기 시스템의 건강 상태를 향상시킨다.

골격근에서 일어나는 일

체력 향상을 위해 노력하다 보면 자연스럽게 몇 가지 질문이 생긴다. “운동을 더 하면 어떤 일이 생길까?”, “변화를 느끼려면 얼마나 걸릴까?”, “웨이트 트레이닝을 해야 할까, 조깅을 해야 할까?”, “위험하지는 않을까?” 같은 질문들이다. 이런 질문의 이면에는 근육의 상태를 개선하기 위해 운동을 시작할 때 근육이 분자 및 세포 수준에서 어떻게 반응하는지에 대한 보다 근본적인 질문이 숨어 있다. 따라서 최신 과학을 이해하면 안전하면서도 시간이 지남에 따라 현실적인 개선 효과를 기대할 수 있는 운동법을 알 수 있다.

5장에서 다룬 가로무늬근을 떠올려보자. 항구에 높고 넓게 쌓여 있는 매우 긴 선적 컨테이너처럼, 가로무늬근의 액틴/미오신 유닛들은 좌우, 위아래뿐만 아니라 끝에서 끝까지 질서정연하게 배열돼 있다. 하지만 선박 컨테이너와 달리 각 세포 내의 액틴/미오신 유닛은 끝에서 서로 연결된다. 수백만 개의 세포가 줄지어 근육 섬유를 형성하고, 이 근육 섬유는 자극을 받으면 짧아진다. 2장에서 설명한 내용을 복습하자면, 이러한 수축을 일으키는 에너지는 화학적 연쇄 반응에서 비롯된다. 이 반응은 신경의 전기 자극에 의해 시작되며, 반응의 에너지는 ATP 분자에서 인산염을 떨어뜨려 ADP(아데노신이인산염)로 전환하는 과정에서 나온다. 미오신은 이때 방출된 에너지를 사용해 모양을 바꾸고 액틴 필라멘트를 따라 한 걸음 전진한다. 이 과정을 반복하려면 ADP가 ATP로 전환돼 다시 에너지를 방출할 수 있어야 한다. 이 전환은 각 세포 내의 특수한 “발전소”에서 이뤄진다. 이 발전소들을 미토콘드리아mitochondria라고 부른다. (미토콘드리아라는 말은 그리스어로 "실"과 "알갱이"를 합쳐 만든 말이다. 미토콘드리아는 1880년에 곤충의 수의근에서 처음 관찰됐다.) 미토콘드리아는 근육 수축의 강도와 지속 시간에 따라 컨디셔닝에 다르게 반응한다.

조깅이나 크로스컨트리 스키 같은 유산소 운동 또는 지구력 운동은 장시간에 걸쳐 낮은 부하로 운동하는 것이 핵심이다. 이 운동의 한 세션이 길거나, 이 운동을 자주 하거나, 둘 다일 경우 골격근의 영양분 수요 증가에 따라 몇 가지 변화가 발생한다. 예를 들어, 근육의 모세혈관 밀도가 증가함에 따라 산소 전달이 용이해져 근육 피로의 시작이 지연된다. 심폐 시스템의 적응은 운동 능력과 수행 능력을 더욱 향상시킨다. 골격근 세포의 미토콘드리아는 반으로 쪼개졌다가 다시 늘어나는 것을 반복하며 반응하고, 이는 에너지가 풍부한 글리코겐과 지방을 저장하는 세포의 능력을 향상시킨다. 이 과정에서 세포나 미토콘드리아 모두의 크기가 눈에 띄게 변하지는 않는다. 전반적으로 지구력 훈련은 근육을 더 튼튼하게 만들지만 더 크게 만들지는 않는다. 노화, 그리고 노화에 의한 근력 약화는 골격근의 미토콘드리아 수 감소와 관련이 있으며, 규칙적인 유산소 운동이 주는 자극에 의해 부분적으로 완화된다. 현재로서는 미토콘드리아 수가 노화의 조절자인지 아니면 단순한 표지자인지는 불분명하다. 어느 쪽이든 유산소 운동은 효과가 있다.

낮은 부하를 이용하는 운동과 달리, 짧은 시간 동안 높은 부하에 대항하는 근육 수축은 역기 들기와 같은 근력 활동의 특징이다. 이런 노력에 대한 반응으로 근육 세포 내부에서는 추가적인 액틴/미오신 유닛들이 만들어진다. 운동 자극으로 인해 세포의 크기는 커지지만 세포의 수 자체는 늘어나지 않는다. 또한 그 과정에서 미토콘드리아의 대사 활동도 증가해 미토콘드리아는 더 많은 양의 ADP를 ATP로 빠르게 전환할 수 있게 된다. 이런 변화를 일으키려면 점진적인 과부하(스트레스)가 필요한데, 저항을 높이거나 훈련 세션에서 저항을 받는 횟수(렙[rep], 반복 횟수)를 늘리는 방식이 있다. 즉, 근육은 "긴장을 받는 시간" 또는 "훈련의 양"에 반응한다.

일반적으로 특정한 근육을 키우기 위한 운동을 할 때 최종 반복 횟수는 간신히 달성할 수 있는 수준, 즉 한 번 더 시도하면 실패(역기를 떨어뜨리거나 쓰러짐)로 이어질 수 있는 수준이어야 한다는 것이 정설이다. 하지만 이 전략은 운동 애호가들의 집단적 경험과 근육 생리학자들의 수많은 연구에도 불구하고, 어떻게 근육 비대로 이어지는지 정확히 밝혀지지 않고 있다. 간신히 달성한 반복 횟수가 근육을 "찢어지게" 하고, 그 근육이 다음번 운동의 요구를 충족하기 위해 더 커지고 힘을 키우는 방식으로 반응하는 것이라는 추측만 있을 뿐이다. 근육이 "찢어진다"라는 말은 특히 마지막 반복을 할 때 "화상을 당할 때의 느낌이 들어야 한다"라는 흔한 조언을 생각하면 쉽게 이해할 수 있을 것이다.

운동 후 액틴/미오신 유닛의 분리를 보여주는 오래된 현미경 이미지가 문헌에 하나 있긴 하지만, 현재는 "찢어짐"이라는 말보다는 "미세외상microtrauma" 또는 "스트레스"라는 용어를 더 많이 쓴다. 하지만 이 새로운 용어를 지지하는 사람들도 세포 또는 액틴/미오신 유닛에서 정확히 어떤 부분이 외상을 입는지는 아직 밝혀내지 못하고 있다.

실제 메커니즘은 기계적 긴장과 대사 피로로 인한 스트레스 반응의 조합일 가능성이 높다. 긴장 부분의 경우, 체중에 저항하면서 근육이 길어지는 편심성 수축이 근육 형성에 주효한 것으로 보인다. 미토콘드리아가 저항 운동으로 커지고 지구력 운동으로 증식하는 이유는 불분명하며, 두 가지 유형의 컨디셔닝을 담당하는 메커니즘을 파악하는 일은 여러 가지 이유로 어렵다. 첫 번째 이유는 근육의 비밀이 세포 및 분자 수준에서 베일에 싸여 있으며, 인간 실험 대상자는 자신이 아끼는 근육을 반복적으로 생검하는 것을 꺼린다는 데 있다.

이 메커니즘의 비밀은 근육이 아니라 근육으로 이어지는 신경, 척수 또는 뇌에 있을 수도 있다. 예를 들어 여러 연구에 따르면 한쪽 팔다리의 근육 운동을 하면 해당 근육뿐만 아니라 반대쪽의 같은 근육의 근력도 향상되는 것으로 밝혀졌다. 또 다른 연구에서는 한쪽 근육을 구부릴 때뿐만 아니라 스트레칭을 할 때도 동일한 전신 강화 효과가 나타난다는 사실이 밝혀지기도 했다. 이와 관련한 구체적인 신경 메커니즘은 아직 밝혀지지 않았지만, 전문가들은 재활운동에서 이 현상을 이용하기 시작했다. 예를 들어, 한쪽 팔꿈치에 깁스를 한 상태라 깁스한 팔의 위팔두갈래근을 움직일 수 없는 경우, 반대쪽 팔의 두갈래근 운동을 하면 일부 효과가 전달될 것이라는 기대를 가지고 반대쪽 두갈래근 운동을 하라는 전문가의 조언이 있을 수 있다.

좋은 답을 찾기 어려운 두 번째 이유는 적절한 동물 모델을 구하기 어렵다는 사실에 있다. 물론 과학자들은 쥐를 러닝머신 위에서 유산소 운동을 시키거나 수영을 시킬 수는 있지만, "쇠질"을 한 쥐가 자신의 몸에서 화끈거림을 느낄 때 그 사실을 실험자에게 말해줄 수는 없다. 한편, 인간 대상 연구는 통계적으로 유효한 결과를 얻기 위해 충분한 피험자를 모집하고 유지하는 데 많은 노력이 필요하기 때문에 수행하기가 쉽지 않다. 현재 수행되고 있는 관련 연구들은 쉽게 구할 수 있는 대학생 지원자를 대상으로 하는 경우가 많으며 일반적으로 수행 기간도 3개월을 넘지 못한다. 따라서 이런 실험의 결과가 폐경기 여성이나 고령자에게도 적용이 될 수 있는지는 알 수가 없다.

세 번째 이유는 앞서 언급한 사람마다의 해부학적 차이와 관련이 있다. 개인 간의 차이는 해부학적으로뿐만 아니라 생리적으로도 더 세분화된 수준으로 존재한다. 또한 사람들의 신진대사는 잘 알려지지 않은 방식으로 다른 경우가 많다. 잘 알려진 변수로는 나이, 성별, 신체의 크기와 형태, 식단 등이 있다. 근육 연구와 관련된 다른 교란인자들은 파악하기 어려우며, 이 교란인자에는 빠른 연축 섬유와 느린 연축 섬유의 비율과 호르몬 수치에서 나타나는 피험자의 자연적인 차이가 포함된다. 연구 대상자에게 근육을 지칠 때까지 피로하게 하거나 편안함을 넘어서는 근육 스트레칭을 요청하는 경우 개인의 통증 내성 수준도 영향을 미칠 수 있다.

알려진 변수와 알려지지 않은 변수의 영향을 최소화하기 위해 일부 연구에서는 모든 사람이 자기 자신을 대조군으로 삼도록 만드는 방법으로 동일한 개인을 추적한다. 이런 실험 프로토콜에는 몇 주 동안 한 가지 저항 훈련 방법(예를 들어 높은 반복 횟수와 낮은 저항)을 테스트한 다음, 몇 달 동안 훈련을 하지 않은 후 근육이 기준선으로 돌아갔을 때 다른 방법(낮은 반복 횟수와 높은 저항)을 테스트하는 것이 포함될 수 있다.

근육 기억

이 교차 실험 방법은 언뜻 그럴듯해 보이기는 하지만, 여러 가지 의미를 가진 "근육 기억muscle memory"에 의해 결과가 교란될 수도 있다. 이 맥락에서 근육 기억이란 이전에 훈련을 해 컨디셔닝이 돼 있었지만 현재는 컨디셔닝이 되어 있지 않은 근육이 다시 훈련을 하면 이전의 컨디셔닝 상태로 빠르게 회복된다는 뜻이며, 실험 동물과 사람 모두에서 관찰된 바 있다. 근육 세포에 수백에서 수천 개의 핵이 포함되어 있다는 것은 잘 알려져 있다. 예를 들어 약 10센티미터 길이의 위팔두갈래근 근육 세포는 약 3000개의 핵을 가지고 있는 반면, 신체 대부분의 세포에는 핵이 하나씩밖에 없다. 심지어 적혈구에는 핵이 아예 없다. 일부 연구에 따르면 저항 운동에 대한 반응으로 근육 섬유가 핵을 추가하여 섬유 확대를 지원하는 것으로 밝혀졌다. 운동을 하지 않아 근육이 운동 전 상태로 돌아가더라도 운동할 때 추가된 핵은 그대로 남는다. 따라서 다시 운동을 시작하면 조금만 노력해도 이미 늘어나 있는 핵 덕분에 근육이 빠르게 (다시) 성장할 수 있다. 다시 말해, 근육은 이미 추가된 핵들을 통해 이전에 운동했던 상태를 "기억"한다고 할 수 있다.

세포핵은 유전자가 저장되는 곳이며, 세포 활동을 조절하는 화학적 메신저가 방출되는 곳이기도 하다. 근육이 나태해진 후 빠르게 회복하는 분자 메커니즘은 특정 유전자가 이전 훈련에 반응해 켜지고 꺼지는 방식과 관련이 있을 수 있다. 핵이 많다는 것은 유전자를 "켜짐" 위치로 전환할 수 있는 스위치가 더 많다는 것을 의미할 수 있다. 하지만 이전에 훈련되었지만 지금은 컨디셔닝이 돼 있지 않은 근육에서 핵이 보존되는 현상을 실제로 관찰한 연구는 아직 없다. 이 분야는 상당히 많은 연구가 이뤄지고 있지만, 이런 형태의 "근육 기억"에 대한 정확한 설명은 아직까지는 불가능한 상황이다.

훈련된 근육에 추가된 핵이 남아 있는지 여부와 관계없이, 우리가 현실적으로 궁금한 것은 정기적으로 저항 운동 위주의 근육 운동을 한 사람이 운동을 멈췄을 때 얼마나 오랫동안 근육량과 근력을 잃지 않고 유지할 수 있는지다. 휴식을 취한 뒤 웨이트 트레이닝을 재개하면 근육을 이전에 훈련한 상태로 회복할 수 있을까? 첫 번째 질문의 경우, 운동을 하지 않는 첫 3주 동안에는 측정 가능한 근력 손실이 발생하지 않는다. 그후 근육은 훈련 전 상태로 되돌아가기 시작하지만, 노인의 경우에도 웨이트 트레이닝을 통해 얻은 근육의 일부가 최대 6개월 동안 유지된다. 또한 훈련을 재개하면 근육 성능이 회복될 수도 있다. 근력에 대한 조언은 "사용하지 않으면 잃는다"가 아니라 "사용하지 않아 천천히 대부분을 잃더라도 절망하지 말라. 회복할 수 있다"가 되어야 한다.

근육 기억이라는 말에는 주목할 만한 또 다른 의미가 있다. 사람들은 자유투를 꾸준히 넣는 농구선수나 스트라이크를 반복적으로 굴리는 볼링선수를 설명할 때 이 용어를 사용한다. 실제로 근육에 이러한 묘기를 가능하게 하는 기억력이 있을까? 그건 아닌 것 같다. 근육은 분명 컨디셔닝에 반응하지만, 똑똑해지지는 않는다. 하지만 연습을 하면 뇌가 빠르고 일관성 있고 미묘하며 조율된 방식으로 근육에 메시지를 전달할 수 있는 신경 경로가 열린다. (역도 초보자들이 훈련 후 처음 몇 주 만에 자신의 실력이 향상되는 것을 보고 용기를 내는 이유가 바로 여기에 있다. 실제로 역도선수들의 근육 세포는 이 정도의 훈련 시간으로는 비대해지지 않는다. 실력이 향상되는 것은 신경 경로가 근육 안에서 세포들이 더 많이 동시에 수축하도록 만드는 전기 신호의 직접적인 흐름에 빠르게 반응하게 되기 때문이다.)

근육 기억 현상은 우리가 일반적으로 운동이라고 생각하는 것에만 국한되지는 않는다. 예를 들어 유아는 자신의 청각 범위 내에서 성인의 발성을 모방하고 반복함으로써 말의 "억양"을 발달시킨다. 이런 신경 경로가 완전히 확립되면 외국어를 배울 때 그 억양의 영향을 없애는 것이 거의 불가능하다. 또한 유아는 더 효율적으로 걷기 위해 "근육 기억"을 이용하기도 한다. 아이들이 글씨 쓰기를 배우는 방법도 이 근육 기억에 의존한다. 악기를 마스터하려면 수천, 수만 번의 반복이 필요하다. 우리는 이를 근육 기억이라고 부르지만 실제로는 신경 경로 기억이다. 연습만으로는 완벽해질 수 없다. 하지만 연습이 완벽에 이르게 만드는 핵심적인 요소임은 확실하다.

근육의 최고 성능

앞서 근육량은 30세 이전에 정점에 도달한 후 서서히 감소해 10년이 지날 때마다 더 빠르게 감소한다고 언급한 바 있다. 이는 주로 호르몬, 특히 성장호르몬과 테스토스테론의 영향을 받는다. (여성도 테스토스테론이 약간 있다.) 성장호르몬은 세포 재생을 자극하므로 근육 성장을 포함한 인간 발달의 모든 측면에 중요하다. 테스토스테론이 근육 섬유에 미치는 영향은 근육 섬유의 크기를 키워 힘을 증가시키는 것이다. 따라서 자연적으로 발생하는 이러한 근육 형성 물질의 수치를 인위적으로 높이고자 하는 유혹은 과거에도 있었고, 현재도 있으며, 앞으로도 계속될 것이다. 하지만 인위적인 근육 강화는 생명을 위협할 수 있는 부작용을 초래할 수도 있다. 지금부터 이야기할 내용이 중요하다. 일부 운동 분야에서의 성공은 확실하게 나이와 관련이 있지만, 일반인들에게는 자신에게 적절한 운동을 선택해 건강을 계속 유지하는 것이 훨씬 더 중요하다.

1976년 이후 올림픽에서 개인종합 금메달을 획득한 여자 체조선수들의 평균 연령은 17세 미만이었다. 모든 종목의 세계 신기록 보유자의 평균 연령은 26.1세, 투르 드 프랑스 우승자의 평균 연령은 28.5세다. 단거리를 빠르게 달려야 하는 사이클 선수들은 빠른 연축 섬유를 많이 가지고 있으며, 이 선수들의 근육 성능은 더 이른 나이에 최고조에 달한다. 마라톤 선수는 일반적으로 30세에서 37세 사이에 최고조에 이른다. 이런 장거리 달리기 선수의 경우, 이 연령대에서는 시간이 지남에 따라 경험의 상승곡선이 결국 근력과 지구력의 하강곡선과 교차한다.

나이는 분명히 중요하지만, 생각만큼 근육의 성능을 제한하지는 않는다. 톰 브래디Tom Brady•는 45세가 돼서야 쿼터백을 그만두었고, 놀런 라이언Nolan Ryan은 46세까지 투수로 활동했으며, 테니스 선수 마르

• 미국의 전설적인 풋볼 선수.

티나 나브라틸로바Martina Navratilova는 50세가 돼서야 은퇴했다. 필 미켈슨Phil Mickelson은 51세에도 여전히 경쟁력 있는 골퍼로 남아 있었다. 2020년 도쿄 올림픽에는 58세 이상의 선수가 7명이나 출전했다. 호주의 승마 선수 메리 한나Mary Hanna가 66세로 최고령이었다. 이 외에도 승마, 요트, 트랩 사격수, 탁구 등에도 다양한 노장 선수들이 건재하다. 이들은 모두 느린 연축 섬유를 사용하는 스포츠 종목과 경험에 의존하는 전술적 경기에 출전했는데, 중년이 되면 빠른 연축 섬유가 쇠퇴하기 때문에 이는 당연한 결과라고 할 수 있다.

이들보다 훨씬 더 나이가 많은 사람들이 높은 곳에 오르는 데 성공한 경우도 많다. 미국인 아서 뮤어Arthur Muir는 68세에 등반을 시작해 75세에 에베레스트 정상에 올랐다. 미우라 유이치로Yuichiro Miura는 70세에 에베레스트 정상에 올랐으며, 그후 불규칙한 심장 박동으로 두 차례 수술을 받은 후 80세에 다시 에베레스트 정상에 올랐다. 마침내 나이가 그를 따라잡았는지, 하산할 때는 다른 사람의 도움을 받았다. 스웨덴의 오스카 스반Oscar Swahn은 세 번의 올림픽(1908년, 1912년, 1920년)에서 5개의 사격 메달을

1904년 올림픽에 64세의 나이로 참가한 일라이자 폴락은 세련된 옷을 입은 채 3개의 메달을 따냈다.

획득했으며, 72세의 나이에 메달을 획득해 모든 종목을 통틀어서 최고령 올림픽 메달리스트 기록을 보유하고 있다. 미국의 일라이자 폴락Eliza Pollack은 64세의 나이로 1904년 올림픽에 나가 양궁에서 금메달 1개와 동메달 2개를 땄다. 현재의 베이비붐 세대는 이 선수들이 중년을 조금 지난 나이라고 생각할 것이다.

정말 나이가 많은 선수들은 어떨까? 100세가 넘은 여성의 투포환 기록은 약 4미터, 105세 이상 남성의 투포환 기록은 약 4.27미터에 달한다. 이 종목은 빠른 연축 섬유가 폭발적인 에너지를 내야 하는 종목이다(남자와 여자 모두 21.3미터가 넘는 세계 기록이 있으며, 남자 투포환은 16파운드[약 7.3킬로그램], 여자 투포환은 9파운드[약 4킬로그램]가 약간 안 된다). 느린 연축 섬유의 반복적인 수축을 필요로 하는 달리기 종목은 어떨까? 100세 이상 남성의 경우, 인도 펀자브 출신의 브릿 파우자 싱Brit Fauja Singh은 81세에 달리기를 시작해 100미터부터 마라톤(26마일 이상)까지 모든 거리의 기록을 보유하고 있다. 미국인 글래디스 버릴Gladys Burrill은 현재까지 마라톤을 완주한 최고령 여성이라는 기록을 보유하고 있다. 그녀는 82세에 첫 마라톤을 완주했고, 92세 때 최고령 여성 마라토너 기록을 세웠다. 그녀는 "글래디에이터Glady-ator"로 불리며, 다른 노인들에게도 마라톤에 도전하도록 영감을 주고 있다.

세계 신기록, 올림픽 메달, 결승선 통과와 같은 기록이 아니더라도 운동으로 성공한 사람들을 우리는 인정하고 존경해야 한다. 예를 들어 댄서들은 놀라운 운동 능력을 보여준다. 성악가, 악기 연주자, 심지어 수화 통역사도 (운동복 반바지와 탱크톱이 어울리지 않을 수 있지만) 공연할 때 사용하는 근육을 육상선수만큼이나 잘 훈련하고 세심하게 가꾸어야 한다.

운동의 모든 좋은 점에도 불구하고 "문명화된" 생활 방식은 우리에게 불리하게 작용한다. 산업혁명으로 인해 기계가 육체노동을 상당 부분 대체하면서 인류의 근육 감소에 큰 영향을 미쳤다. 또한 사람들은 시골에서 도시로 이주하기 시작했다. 오늘날 수렵과 채집은 차를 타고 식료품점을 오가거나 식당을 예약하는 것으로 대체됐다.

다층 건물에서는 엘리베이터 로비의 위치는 명확하지만 계단의 위치는 명확하지 않다. 노동력 절감 기기는 어디에나 존재한다. 우리는 걷거나 자전거를 타는 대신 운전을 한다. 오늘날 자동차의 근육을 절약하는 기능은 매혹적이고 교활하기까지 하다. 자동차는 자동 차고 문 열림 장치와 함께 전기 시동 장치, 파워 브레이크, 스티어링, 창문, 시트 등으로 우리의 나태함을 부추긴다. 집에서는 인공지능 비서, 로봇청소기, TV 리모컨으로 인해 소파에 앉아 있는 시간이 더 많아졌다. 여러분은 최근에 소의 젖을 짜거나 버터를 만든 적이 없을 것이다. 더 얘기할 수도 있지만, 이 정도만 해도 무슨 말인지 이해할 수 있을 것이다. 지난 40년 동안 과체중 미국인의 비율이 50퍼센트에서 70퍼센트로 증가한 것은 놀라운 일이 아니다.

식단을 개선하면 도움이 되겠지만, 사람들이 가장 좋아하는 세 가지 음식인 버터, 소금, 설탕에 의해 뇌의 쾌락 영역이 최대한의 자극을 받는다는 것은 자연의 잔인한 속임수이며, 이 사실은 간편식 제조업체들이 너무나 잘 알고 있는 사실이기도 하다.

나이의 중요성

70세가 되면 근육량의 4분의 1이 소실된다. 운 좋게도 90세까지 생존한 사람들에게 남은 근육량은 50퍼센트에 불과하다. 근육량이 이렇게 줄어들면 호흡 약화나 기침 때문에 사망할 수도 있지만 폐렴에 걸려 사망할 위험도 매우 높아진다. 실제로 근육량이 30퍼센트만 감소해도 독립적으로 생활할 수 있는 능력을 상실하게 된다. 근육량이 줄어들면 균형 감각과 민첩성이 근력보다 더 빠르게 없어진다. 이는 빠른 반응을 담당하는 빠른 연축 섬유가 느린 연축 섬유에 비해 크기와 수가 더 빠르게 감소하기 때문이다. 전체 근육량이 20퍼센트만 감소해도 낙상 위험이 증가하며, 엉덩관절이 부러지면 20퍼센트의 환자가 1년 이내에 치명적인 결과에 직면하게 된다.

그래도 희망은 있다. 수렵 채집을 하던 조상들의 생활 방식 중 일부

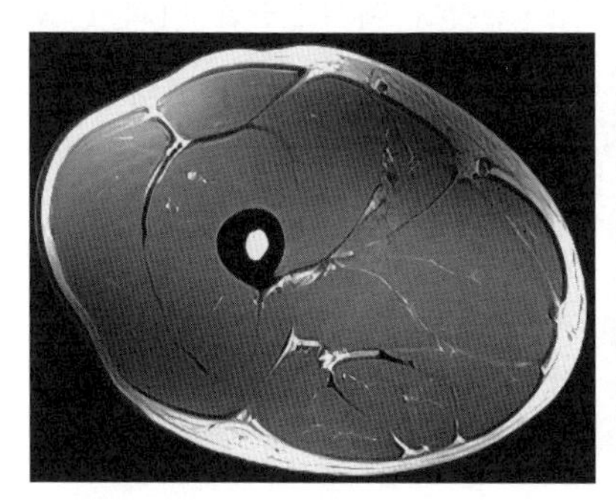
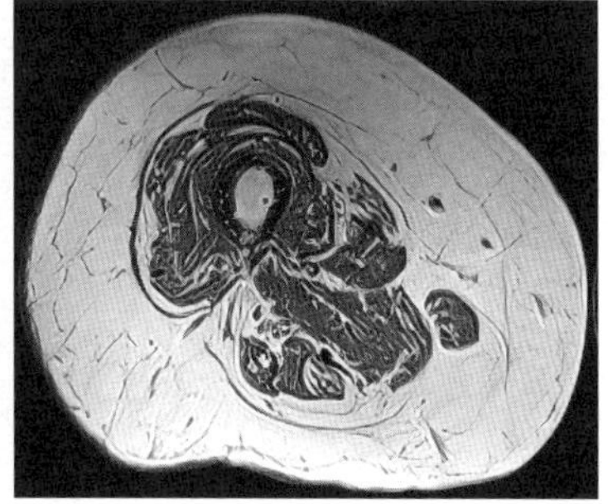

허벅지의 중심 부분을 촬영한 자기공명영상. 두 프레임 모두 중앙의 검은색 고리가 허벅지 뼈이고, 주변 흰색 영역은 지방이다. 중간 음영은 근육이다. **왼쪽:** 근육이 잘 발달된 건강한 33세 남성. **오른쪽:** 근육 위축이 뚜렷한 66세 남성.

를 되살리면 된다. 하지만 조상들의 시대에 비해 지금이 불리한 점은 조상들이 생존을 위한 활동을 하면서 공짜로 누렸던 기회들을 우리는 돈을 주고 사야 한다는 것이다. 운동화나 운동용 밴드, 헬스장 회원권이나 개인 트레이너에 이르기까지 다양한 비용을 지불해야 할 수도 있다. 너무 늦은 것은 아닐까? 그렇지는 않다. 가정, 요양원, 병원 등 다양한 곳에서 지내는 노인들을 대상으로 한 여러 연구에 따르면 이들은 모두 저항 운동resistance exercise•에 긍정적인 반응을 나타냈다.

예를 들어 한 연구에서는 낙상 위험이 경미하거나 중간 정도인 65세 이상의 노인 72명을 추적 관찰했는데, 피험자들이 무작위 비교 연구 방식으로 신체 인식, 근력, 반응 시간, 균형감각에 대한 훈련을 받은 결과 모든 항목에서 유의미한 개선이 나타났다. 또한 당연히 전반적인 건강 관련 삶의 질도 개선된 것으로 나타났다.

별로 놀라운 일은 아니지만, 최근에 보고된 또 다른 연구에서는 지구력 훈련을 받은 중년 운동선수들, 그리고 이들과 같은 연령대의 훈련 받지 않은 사람들의 테스토스테론 수치와 제지방량을 비교한 결과, 운동선수들이 이 두 수치 모두에서 앞선다는 것이 밝혀졌다. 다시 말해, 근육 활동과 근력의 증가는 여러 가지 면에서 생명 기능을 촉진하고 지속시킨다고 할 수 있다.

• 근육을 강화하는 운동으로 흔히 무산소 운동으로 알려져 있다.

어떤 운동을 할 것인가

현재 피트니스 프로그램은 수없이 다양하다. 실내 스튜디오나 체육관에서 운동을 하는 방법 외에도, 인터넷을 뒤져보면 재저사이즈Jazzercise, 스텝 에어로빅, 수중 에어로빅, 줌바, 필라테스, 요가, 커브스Curves,• 스피닝Spinning,•• 암벽 등반, 파쿠르pakour,••• 태극권 등 다양한 프로그램을 찾을 수 있다. 서기, 무릎 꿇기, 절하기를 반복하는 하루 5번의 무슬림 기도도 몸의 주요 근육을 단련하고 스트레칭하는 데 도움이 된다.

상대방이 있는 운동 경기를 통해 체력 단련을 더 재미있게 하고 싶다면 태권도, 유도, 가라데, 크라브 마가Crav Maga,•••• 복싱, 킥복싱, 체스복싱 같은 운동도 고려해볼 수 있다. 체스복싱은 체스 라운드 6번과 복싱 라운드 5번을 각각 3분씩 번갈아가며 하는, 지적인 요소가 결합된 운동이다. 시간이 더 제한적이거나 저항 운동과 함께 카디오 운동cardio workout(심장강화운동[유산소 운동])을 하고 싶다면 30~40초 동안 한 가지 주요 근육군을 격렬하게 운동시키는 고강도 인터벌 트레이닝HIIT을 고려할 수 있다. 이 운동 방법은 한 가지 근육군을 먼저 훈련시킨 다음 10초 정도 숨을 고른 후 다른 근육군에 스트레스를 주면서 그

• 30분 동안 둥글게 배치된 기구들과 발판을 옮겨가며 총 두 바퀴를 도는 운동.
•• 실내에서 자전거를 타며 하는 유산소 운동.
••• 도시나 자연환경에서 다양한 장애물을 이용해 한 지점에서 다른 지점으로 가장 빠르고 효율적으로 이동하는 맨몸운동.
•••• 히브리어로 "근접전투"라는 뜻의 전투무술.

직전에 스트레스를 받은 근육군을 휴식시키는 방법이다. 이런 식으로 7~10개의 정해진 운동으로 구성된 "서킷circuit"을 여러 번 수행하면 땀이 날 것이다. 스마트폰 앱을 이용한 운동 중에는 기구 없이 몸으로만 할 수 있는 운동도 많기 때문에 어디서나 이 고강도 인터벌 트레이닝을 할 수 있다. 조깅, 빨리 걷기, 춤, 자전거 타기, 수영 같이 트레이너 없이도 간단하게 할 수 있는 운동을 하는 것도 당연히 도움이 된다.

어떤 활동을 선택하든 다음 세 가지 조언을 참고하길 바란다.

첫 번째 조언은 여러분의 생명을 구할 수 있는 조언이다. 규칙적으로 운동하는 습관이 없다면 의사와 함께 계획을 세우는 것이 좋다. 영화 〈탑건Top Gun〉에서 주인공 톰 크루즈에게 사령관은 이렇게 말했다. "자네의 자존심이 몸이 감당할 수 없는 욕망을 가지도록 허락하지 말게."

두 번째 조언은 운동을 꾸준히 오랜 기간 하는 데 도움이 된다. 적어도 자신의 한계를 완전히 이해할 때까지는 전문가나 경험 많은 친구의 도움을 받으면서 운동하자. 꾸준히 운동 능력이 좋아지는 동시에 부상의 위험을 최소화할 수 있고, 좌절에 빠질 가능성도 줄어든다.

세 번째 조언도 운동 능력과 부상에 관련된 조언이다. 잠자는 경비견에게 소리를 지르면 안 되는 것처럼, 준비운동 없이 근육을 최대 성능으로 끌어올려서는 안 된다. 이 조언은 직관적으로 바로 이해가 될 것이다. 예를 들어 스포츠 경기를 볼 때 우리는 선수들이 경기 전에 신경, 근육, 관절을 서서히 깨우고 이 모든 부위에 더 많은 혈액이 흐르게 함으로써 본격적인 퍼포먼스를 준비하는 것을 볼 수 있다. 전문적인 운동선수가 아니라도 우리는 운동을 할 때 그들의 이런 행동을 모방해야 한다. 준비운동은 저항 운동에 앞서서 해야 하며, 심지어 냉장고를 옮기는 활동처럼 근육을 강하게 수축시키는 활동을 하기 전에도 준비운동을 하는 것이 좋다. 가수처럼 방송에 출연하는 사람들도 미리 준비운동을 한다. 하지만 우리는 그들이 방송 중에 실수를 하지 않기 위해 미리 졸린 성대 근육을 깨우는 준비운동을 하는 모습을 보지 못한다. 내가 한 가수에게서 배워 발표를 하기 전에 하곤 하는 준비운동에는 미리 "허! 허! 허!" 같은 소리를 강하게 내뱉으면서 횡격막을 깨우거나, 목과 혀를 유연하게 움직이기 위해 1분 정도 "간장공장 공장장" 같은 소리를 반복해서 내거나, 허밍을 하면서 입술로 윙윙 소리를 내는 것 등이 있다.

준비운동이 끝나면 저항 운동은 어느 정도 시간 동안 그리고 어느 정도 인터벌을 가지고 해야 할까? 미국스포츠의학회American College of Sports Medicine, ACSM는 일주일에 2~3회 정도 간헐적으로 운동을 할 것을 권장하지만, 다양한 연구 결과에 따르면 일주일에 한 번이라도 웨이트 트레이닝을 하면 효과가 있다. 일반으로 이런 운동 한 "세트"는 위팔두갈래근 구부리기 같은 한 가지 근육군을 이용하는 운동을 8~12회 반복한 후 2~3분간 휴식을 취하는 것으로 구성된다. 이렇게 한 세트가 끝나면 같은 세트를 몇 번 더 반복한다. 이 경우 목표는 마지막 세트의 마지막 동작을 간신히 수행할 수 있을 정도에 이르는 것이다. 마지막 편심성 근육 수축을 완료하기 위해 안간힘을 쓰는 것이 근육 강화에 특히 도움이 되는 것으로 보인다. 근육이 "타는 듯한 느낌"은 다음 훈련 세션 전에 근육을 단련해야 한다고 근육이 스스로에게 알리는 것이라고 할 수 있다. 전문가들도 대사적으로나 미시적으로 이때 근육에서 정확하게 무슨 일이 일어나고 있는지 완전히 이해하지는 못하지만, 스트레스를 받는 근육은 긴장하는 시간에 반응하는 것으로 보인다. 이는 운동의 반복 횟수(렙)와 세트 횟수, 그리고 운동 중에 근육이 저항하는 부하와 관련이 있다.

저항 운동은 운동 자체가 복잡한 데다 부상을 초래할 가능성이 있으므로 경험이 풍부한 전문가에게 도움을 받아 자신에게 맞는 계획을 세우는 것이 좋다. 처음부터 트레이너에게 자신의 목표(체격, 근력, 지구력 등)가 무엇인지 알려주는 것이 바람직하다.

미국스포츠의학회와 세계보건기구WHO는 정기적인 저항 운동 외에도 일주일에 최소 150분 동안 심박수를 높이기 위해 규칙적인 유산소 운동을 할 것을 권장한다. 이는 적어도 세 가지 방식으로 심혈관계에 직접적인 이점을 제공한다. 이 운동은 심장의 근긴장도muscle tone• 를 향상시키고, 안정 시 심박수를 낮추며, 동맥을 막는 죽상경화성 플라크가 형성되는 경향을 감소시킨다. 이런 운동은 일주일에 3~5일 적당히 빠르게 걷거나 고강도 달리기를 더 자주 또는 더 짧은 시간 동안 하는 방식으로 할 수 있다.

또한 유산소 운동은 뼈의 건강 상태를 간접적으로 개선하기도 한다. 이는 유산소 운동을 할 때 발이 땅에 닿으면서 발생하는 충격이 하지, 골반, 척추의 뼈들에게 모양을 바로 잡으라는 메시지를 보내기 때문에 일어나는 일이다. 이 과정에서 일어나는 일은 매우 흥미롭다.

• 근육을 수동적으로 펴려고 할 때 발생하는 저항의 세기.

뼈의 칼슘 결정이 기계적 스트레스에 반응해 미세한 전하를 생성하고, 뼈를 형성하는 세포들(조골세포)은 이 전하를 감지한다. 전하는 뼈가 스트레스를 받는 상황에서 (강화까지는 아니더라도) 유지보수가 필요한 부위에서 발생한다. 이 조골세포들은 걷기나 조깅을 하는 동안 하지, 골반, 척추의 뼈들을 강화하는 작업을 수행한다. 하지만 걷기나 조깅은 하체의 뼈들에는 예측 가능하고 일방적인 스트레스를 주지만, 상지의 적응성 골격 반응은 전혀 자극하지 않는다. 이에 비해 저항 운동은 골격 전체에 다양한 부하를 제공하고 전반적으로 뼈의 건강을 향상시킨다. 자전거 타기와 수영은 심폐 건강에는 좋지만, 빠르게 걷기나 조깅 또는 저항 운동처럼 뼈의 소모(골다공증)를 막지는 못한다.

그렇다면 골격근이 최적의 성능을 내는 데 필수적인 튼튼한 뼈와 건강한 심장을 유지하기 위해 사람들이 많이 하고 있는 '하루 1만 보 걷기'를 꼭 해야 할까? 딱히 과학적이라고 할 수 없는 이 권장 사항이 어떻게 처음 생겨났는지 알아보자. 1964년 도쿄 올림픽을 계기로 피트니스에 대한 관심이 높아지자 일본의 한 시계 제조업체는 만보계를 제조하여 판매하기 시작했는데, 마침 이 만보계의 만万 자가 걷는 사람의 모습과 비슷했고, 사람들은 그때부터 하루에 1만 보를 걷는 것이 건강에 좋을 것이라고 생각하기 시작했다. (이 일본식 한자가 소파에서 휴식을 취하는 모습과 비슷하게 생겼다면 어떤 일이 생겼을까?) 그후 걷기 운동을 하고자 하는 사람들은 이 만보계의 "10000"이라는 숫자에 집착하기 시작했다. 1만 보는 약 8킬로미터 정도에 해당하는 거리로, 보통 사람이 이 정도의 거리를 걸으려면 거의 2시간이 걸리기 때문에 매일 이 정도 거리를 걷기는 쉽지 않다. 그렇다면 이보다 짧은 거리를 매일 걸어도 충분할까?

2021년에 발표된 한 연구는 1만 보보다 훨씬 적게 걸어도 충분히 효과가 있다는 강력한 증거를 제시했다. 2만 8000명 이상의 피험자를 대상으로 데이터를 수집해 7차에 걸쳐 분석한 이 연구에서 기준 그룹은 하루에 2700보를 걸었다. 그 결과 일반 성인의 경우 1000보를 추가로 걸을 때마다 사망 위험이 12퍼센트, 70세 이상 성인의 경우 13퍼센트 감소한다는 것이 밝혀졌다. 따라서 1만 보를 걷는 것도 좋지만 기준치인 2700보보다 1000보(9~10분 소요)를 더 걷는 것도 건강에 좋다고 할 수 있다.

기본적인 걸음 수 계산은 스마트폰만 있으면 된다. 아이폰에는 "건강" 앱이 기본으로 설치돼 있기 때문에 하트 아이콘을 탭한 다음 "활동"을 터치하면 일, 주, 월, 연도별로 기록된 걸음 수를 확인할 수 있다. 안드로이드 스마트폰 사용자는 구글플레이에서 "구글 피트니스" 앱을 설치한 다음 비슷한 작업을 수행할 수 있다. 일단 앱을 활성화시킨 후에는 이동할 때 항상 스마트폰을 휴대하고 있어야 한다. 제자리 걷기는 걸음 수에 포함되지 않으며, 자전거를 타면 이동 거리의 일부만 인정된다. 걷기는 심혈관계에 직접적으로 도움이 될 뿐만 아니라, 그에 못지않게 중요한 근골격계에도 간접적으로 도움을 준다. 숫자와 그래프를 보면서 스스로가 건강을 위해서 노력하고 있음을 실감하는 건 즐거운 일이다.

저항 운동이나 유산소 운동을 한 후에는 모든 주요 근육이 온도가 매우 많이 상승하고 유연해져 있는 상태가 되므로, 부상 위험을 최소화하기 위해 몇 분간 스트레칭을 해야 한다는 것이 미국스포츠의학회의 조언이다. 근육에는 수분이 많이 포함돼 있다. 이를 근거로 몇 가지 비유를 들어 근육에 대해 설명해보자. 고드름은 쉽게 부서진다. 이와 마찬가지로 손가락이 정말 차가워지면 움직임이 서툴러지고 금방이라도 부러질 것 같은 느낌이 든다. 추위에 대한 이런 반응의 극단적인 사례는 실수로 얼음물에 온몸이 빠졌을 때 관찰할 수 있다. 이때 자율신경계는 중요한 기관들이 계속 작동할 수 있도록 팔다리 동맥을 수축시킨다. 이 상태에서 근육은 약 10분 안에 뻣뻣해지고 쓸모없게 된다. 따라서 추위는 분명히 근육 기능에 좋지 않다. 얼음 대신 액체 형태의 물을 생각해보자. 배를 앞으로 해서 수영장 물에 다이빙을 하면 배에 따가운 통증이 느껴진다. 이는 물이 갑자기 자신의 모양이 변하는 것에 저항하기 때문이다. 하지만 수영장에 천천히 들어가면 물은 전혀 저항하지 않는다. 이는 수분이 풍부한 근육과 근육 내 뻗침 수용체도 마찬가지다. 어떤 근육이 차가울 때 그 근육을 움직이려고 하면 그 근육은 팽창에 저항해 마치 근육이 찢어지는 것 같은 통증을 유발할 수 있다. 이때 몸을 따뜻하게 해주고 근육을 천천히 움직이면 근육은 움직임에 순응하게 된다. 다시 말하지만, 잠자는 경비견에게 갑자기 소리를 지르면 안 된다.

또한 여러 연구에 따르면 근육은 한계까지 스트레칭하면 일시적으로 약해진다. 이 연구 결과에 따르면 운동 전에 스트레칭을 하는 것은 비생산적이다. 이 연구 결과를 알기 전에 이미 나는 비슷한 경험을 한 적이 있다. 나는 이른 아침 요가 수업에 가기 위해 5킬로미터 정도를 달리곤 했다. 요가 스트레칭을 할 때는 근육이 완전히 풀려서 기분이 좋았지만, 운동이 끝나고 집으로 돌아갈 때는 마치 늪 속에서 걷고 있는 것 같은 느낌이 들 정도로 다리가 잘 움직여지지 않았다.

그렇다면 여기서 "왜 스트레칭을 해야 하나요?"라는 의문이 들 수도 있을 것이다. 스트레칭은 근육을 최대 길이로 끌어당기고 관절을 감싸고 있는 관절낭의 능력을 최대로 유지시킨다(3장 시작 부분의 그림 참조). 근육과 관절낭이 모두 완전히 유연해지면 관절은 자연적으로 움직일 수 있는 범위 전체를 움직일 수 있다. 휴식 상태에서는 근육과 관절낭이 굳어지는 경향이 있으며, 따라서 스트레칭을 할 때 근육은 약간의 저항을 느낀다. 한 자세로 오랫동안 휴식을 취할수록 근육이 스트레칭에 느끼는 저항은 커진다. 특히 전날 근육과 관절낭을 충분히 운동시켰거나, 장거리 여행 후 차에서 내리거나, 아침에 침대에서 일어날 때 근육이 뻣뻣하거나 삐걱거리는 느낌이 들 수 있다. 근육과 관절낭을 몇 주 또는 몇 달 동안 충분히 사용하지 않으면 짧아진 위치가 쉽게 새로운 표준이 될 수 있다. 그렇게 되면 젊었을 때의 유연성을 되찾는 것이 어렵거나 불가능해진다. 다시 말해, 근육은 사용하거나 잃거나 둘 중 하나다.

준비운동, 운동, 스트레칭이 끝난 후에 쿨다운cool-down 세션은 얼마나 중요할까? 서서 수다를 떨거나, 라커룸이나 사우나에 앉아 있거나, 마사지를 받거나, 시체 자세(흔히 요가 세션의 마지막 자세가 되는 사바사나 자세)를 취하는 등 수동적인 활동으로 끝내야 할까? 아니면 걷기, 천천히 수영하기, 또는 가벼운 웨이트 트레이닝으로 운동한 근육을 가볍게 풀어주는 쿨다운을 해야 할까? 근육을 서서히 풀어주지 않고 바쁜 일상에 급하게 돌입하면 어떻게 될까? 이런 질문에 대한 답은 사람마다 의견이 다르지만, 이런 권장사항들은 대부분 과학적 연구 결과에 근거하지 않는다.

스포츠과학자인 바스 판 호렌Bas van Hooren과 조너선 피크Jonathan Peake는 최근 145개 학술지에 게재된 동료 심사 논문을 조사했다. 조사 결과를 요약하면 다음과 같다. 걷기나 가벼운 조깅과 같은 활동적인 준비운동은 같은 날 늦게, 또는 그 다음 며칠 동안 수행하는 운동 능력을 향상시키는 데 거의 도움이 되지 않는다. 이는 부분적으로 활동적인 쿨다운이 근육의 글리코겐 에너지 저장을 효율적으로 회복하는 데 방해가 되기 때문이다. 격렬한 근육 활동의 대사 부산물이며 전통적으로 피로를 유발하는 것으로 알려진 젖산은 적극적인 쿨다운을 통해 혈액에서 더 빨리 제거될 수 있지만, 최근에 운동한 근육에서 더 빨리 사라지지는 않는다. 적극적인 쿨다운은 운동 후 흔히 발생하는 관절 운동 제한과 근육 경직을 줄이지 못하고 후속 부상 발생률도 줄이지 못한다. 비스테로이드성 소염제와 냉수 침수 치료는 근육이 염증에 반응하는 능력을 무디게 하기 때문에 비생산적이다.

전반적으로 볼 때, 과학적 증거에 따르면 적극적인 쿨다운으로 인한 신체적 이점은 거의 없으므로 시간이 부족하다면 운동 전 준비운동과 운동 후 스트레칭에 시간을 할애하는 것이 훨씬 낫다고 할 수 있다. 그럼에도 불구하고 적극적인 쿨다운이 긴장을 풀고 그동안의 운동성과에 대해 다른 사람들과 잡담을 나누면서 심리적인 이득을 얻을 수 있는 기회를 제공하는 것만큼은 사실이다.

운동 후에 회복을 빠르게 하기 위해 마사지나 폼 롤링foam rolling을 하는 것의 이점에 대해서도 비슷한 수준의 불확실성이 존재한다. 마사지나 폼 롤링으로 인한 기계적 자극 자체가 기분을 좋게 만들면서 심리적으로 안정을 준다는 점은 간과할 수 없다. 하지만 관련 연구 결과들은 그 효과에 대해 상충된 결론을 내리거나, 결정적인 결론을 제시하지 못하고 있다.

과학적 근거가 있긴 하지만 그 근거에 비해 너무 과하게 홍보되고 있는 방법도 있다. 운동 능력 증진과 운동 후 회복에 도움이 된다는 압박복 착용이다. 압박복 착용은 1958년에 듀폰의 한 화학자가 안정 상태의 길이에서 최대 5배까지 늘어나며 늘어난 후에도 쉽게 그 전 상태로 돌아갈 수 있는 합성 섬유를 발명하면서 시작됐다. 미국에서 이 합성섬유는 스판덱스spandex(상품명 라이크라Lycra)로 알려져 있으며, 다른 많은 국가에서는 엘라스테인elastane이라는 이름으로 불린다. 프랑스 스키팀은 1968년 동계 올림픽에서 이 소재로 만든 신축성 의류를 스포츠계에 소개했으며, 1980년대에 들어서면서 체력 단련에 대한 관심이 고조되면서 스판덱스 의류의 인기가 급상승했다. 현재 스판덱스로 만든 다채로운 색상의 양말, 소매, 반바지, 타이츠, 풀 바디수트는 레크리에이션으로 운동을 하는 사람들과 경기에 참가하는 운동선수들 모두에게 인기를 끌고 있다.

이런 압박복은 근육 컨디셔닝에 어떻게 도움이 되는 걸까? 일부 연구자들은 압박복 착용이 근육에 산소와 영양분을 공급하는 순환계의 기능을 촉진하고 대사성 노폐물 제거를 돕는다고 주장한다. 이론적으로 볼 때 압박복 착용은 근육 손상을 줄이고 회복을 앞당길 수 있을 것으로 보인다. 하지만 여기서 제기되는 근본적인 문제는 압박복이 어느 정도의 압력을 가해야 이런 효과가 나는지 아무도 모른다는 것이다. 논리적으로 생각하면 압박복이 가하는 압력은 발목 근처에서는 높고 다리 위쪽으로는 낮아야 한다. 압박복이 가해야 하는 압력이 어느 정도가 적절한지 안다고 해도 개인의 신체 특성에 따라 압박복을 맞춤 제작하지 않는 한 모든 부위에 적절한 압력을 가하는 압박복을 대량생산하기란 어려운 일이다.

그럼에도 불구하고 수많은 연구자들은 압박복이 지구력 및 저항 운동에 미치는 영향을 알아내려고 노력해왔다. 연구자들은 다양한 연령대의 사람들을 대상으로 다양한 요인을 측정하면서 운동 중과 운동 후의 다양한 시간에 걸쳐 연구했기 때문에 당연히 결과가 엇갈리고 혼란스러울 수밖에 없다. 하지만 한 가지 분명한 사실은 압박복이 운동 능력을 향상시키는 데 거의 도움이 되지 않지만, 그렇다고 운동 능력을 떨어뜨리지도 않는다는 것이다. 운동선수가 느끼는 개선 효과는 단순히 위약 효과일 수 있다. 대조군을 이용한 맹검 연구도 불가능하다. 피험자들이 실험용 압박 양말이 종아리를 압박하는지 아닌지 금세 알 수 있기 때문이다.

압박복이 운동 능력을 확실하게 향상시킬 수 없다고 해도 운동 후 회복에는 효과가 있지 않을까? 이 질문에 대한 답은 하루에 여러 번 또는 며칠에 걸쳐 연속으로 경기를 치르는 토너먼트 종목 선수와 관련이 있을 것이다. 여러 연구에서 수집한 결과를 종합하면, 특히 저항 운동 후 회복에 압박복 착용이 도움이 된다는 결론을 내릴 수 있다. 압박복 착용은 지구력 운동 후의 회복보다는 근력 운동 후 회복에 조금 더 도움이 되는 것으로 나타났다. 압박복 착용의 효과가 마사지나 폼 롤링의 효과보다 더 나은지는 아직 검증되지 않았다. 압박복 착용에 대한 내 결론은 이렇다. 압박복은 보기에도 좋고, 운동 능력을 떨어뜨리지 않으며, 운동 후 회복에 약간 도움이 될 수 있지만, 몸을 꽉 조이는 옷을 입고 운동하는 것보다 워밍업, 운동, 스트레칭에 더 많은 시간을 할애하는 것이 낫다는 것이다.

규칙적인 운동과 스트레칭 외에도 미국스포츠의학회의 컨디셔닝에 관한 마지막 조언은 균형감각, 민첩성, 조정력을 기르기 위해 정기적으로 노력하라는 것이다. 태극권, 재저사이즈, 요가, 줌바 같은 운동으로 강화되는 능력은 별로 우아해 보이지는 않지만, 이런 능력이 넘어지거나 무언가가 부러지는 일을 막아준다면 그것만으로도 그 목적을 달성한 것이라고 생각한다. 춤을 추지는 않더라도, 두 발을 번갈아서 한쪽 발로 서서 양치질을 하는 것만으로도 이런 능력을 쉽게 기를 수 있다. 이 동작이 쉬워 보인다면 눈을 감고 같은 동작을 취해보는 것도 좋다. 줄을 서거나 엘리베이터를 기다리는 동안 다른 사람의 눈에 띄지 않게 한쪽 다리로 서 있는 것만으로도 이런 능력을 쉽게 기를 수 있다.

더 좋은 방법은 계단을 이용해 유산소 운동, 저항 운동, 스트레칭, 균형 운동, 민첩성 운동을 한꺼번에 하는 것이다. 계단 운동의 이점은 다양한 연구에 의해 입증된 상태다. 다양한 연구 결과들에 따르면 계단 하나(층과 층 사이에 있는 계단 한 세트)를 오를 때마다 수명이 10초씩 증가한다. 따라서 10초 안에 계단 하나를 오를 수 있다면 10초에서 계단을 오르는 데 사용한 시간을 뺀 만큼 수명이 늘어난다고 할 수 있다. 독자들은 연구자들이 어떻게 이런 사실을 알아냈는지 궁금할 것이다. 한 연구에서는 런던의 2층 버스 운전사(앉아서 일하는 사람)와 차장(계단을 반복적으로 오르는 사람)의 수명을 측정했다. 다른 연구에서는 아파트 1층 거주자들과 8층 집까지 걸어서 오르는 사람들의 수명을 비교했다. 또 다른 연구는 하버드 대학교 졸업생 4000명을 대상으로 20년 동안의 습관을 추적했다. 그 결과 일주일에 최소 36개의 계단을 올랐던 사람들의 사망률이 일주일에 10개 이하의 계단을 오른 사람들의 사망률에 비해 18퍼센트 낮았다는 사실이 밝혀졌다. 또한, 심혈관 질환이 있거나 의심되는 사람이라도 1분에 계단 4개를 오를 수 있는 능력을 유지하거나 회복한다면 그 시점으로부터 5년 동안 어떤 원인으로든 사망할 위험이 절반으로 줄어든다.

운동 보조도구

부상, 뇌졸중 또는 수술을 겪은 후 재활 중인 사람이나, 규칙적인 운동이나 계단 오르기조차 너무 고통스럽거나 힘든 사람에게는 무리하게 운동하지 않고도 근육 발달을 자극할 수 있는 또 다른 방법이 있다. 혈류 제한blood flow restriction 운동법이라고 부르는 이 방법은 마치 마법처럼 효과를 내지만, 어떻게 효과를 내는지는 확실하게 밝혀지지 않은 상태다. 허벅지나 팔뚝에 커프•를 착용한 다음, 커프를 부풀려 팔 또는 다리에 있는 동맥 혈류를 제한하고, 팔다리에서 심장으로 돌아오는 저압 정맥 혈류를 완전히 차단한다. 이 상태에서 팔 또는 다리로 저항 운동(예를 들어 무릎 펴기 또는 위팔두갈래근 컬biceps curl••)을 수행

• 혈압계에서 팔뚝을 감싸는 천.

•• 바벨을 팔로 들어 올린 채 안쪽으로 팔꿈치를 접는 동작.

한다. 이 경우 저항 운동에 사용되는 하중은 일반적인 조건에서 한 번 반복할 때 감당할 수 있는 무게의 20~40퍼센트에 불과하기 때문에 운동 강도가 낮다. 이 방법으로 운동을 할 때는 한 세트당 10~15회 정도 근육을 움직이고, 세트 간 시간 간격은 매우 짧아야 한다. 마지막 세트의 마지막 반복은 달성하기 어려울 정도로 힘들어야 하며, 이때 커프를 착용하지 않은 상태에서 훨씬 더 무거운 하중을 들었을 때의 "근육이 타는 느낌"이 들어야 한다.

이 운동을 일주일에 두세 번 하면 운동을 시킨 근육뿐만 아니라, 놀랍게도 그 반대쪽 팔다리와 몸통의 근육도 확대되고 강화된다. 즉, 이는 혈류를 지연시킴으로써 축적된 대사부산물이 주변 근육과 몸통 근육을 자극해 그 근육들이 마치 고강도 운동을 했을 때처럼 반응한다는 뜻이다. 혈류 제한 운동은 근육에 깁스를 하고 있거나 침대에 누워 있는 사람처럼 역기 같은 하중을 전혀 들 수 없는 사람에게도 효과가 있다.

이 운동 기법은 1960년대에 일본에서 발명됐다. 현재는 커프의 폭과 압력을 비롯한 최적의 운동량 매개변수를 이용해 이 운동의 근본적인 메커니즘에 대한 연구가 활발하게 진행되고 있다. 이 운동을 하는 사람은 근육의 힘이 모두 소진된 상태에서 마지막 반복을 위해 모든 힘을 짜내야 하는 불편함을 경험해야 하기 때문에 건강 상태가 완벽한 사람이 근육을 빠르게 키울 수 있는 지름길이라고 할 수는 없다. 하지만 이 운동에서 사용되는 가벼운 하중은 심장, 뼈, 힘줄, 관절에 부담을 덜 주므로 운동 능력이 부족한 사람도 이 운동으로 근육 기능을 회복할 수 있다. 하지만 의도적으로 혈류를 느리게 하면 혈전이 생길 위험이 있으므로 혈전 병력이 있는 사람이나 노인에게는 일반적으로 이 방법이 적합하지 않다.

1780년에 갈바니 부부가 실험실에서 개구리 다리에 전기충격을 가해 경련을 일으키도록 만든 데서 유래한 전기 근육 자극EMS은 혈류 제한 운동보다 더 오래 사용되어온 또 다른 "지름길"이다. 1960년대에 러시아의 스포츠과학자들은 엘리트 운동선수에게 EMS를 적용해 근력이 40퍼센트 향상됐다고 주장했다. 근육 성능에 대한 다른 연구들에서처럼 이 방법도 과학적인 측면이 지나친 광고에 가려진 예라고 할 수 있다.

미국에서 판매되고 있는 "릴랙스-어-사이저Relax-A-Cizor"가 대표적인 예다. 사용자가 근육 피부 표면에 전극을 붙이고 이 장치의 스위치를 누르면 전류가 흘러 근육을 1분에 40회 진동시킨다. 이 제품은 "더 작은 엉덩이를 원한다면 릴랙스-어-사이저를 착용하고 잠드세요", "새로운 릴렉스-어-사이저는 남자를 섹시하게 만들어줍니다" 같은 광고 문구로 홍보되기도 했다. 하지만 이 장치는 혈관 파열, 탈장, 경련, 신경과민, 유산, 의식 상실 및 기타 다양한 증상을 유발한다는 신고가 미국 FDA에 수없이 접수됐다. 결국 1970년에 FDA는 이 장치의 판매를 금지했을 뿐만 아니라 중고 판매도 금지했고, 이미 가지고 있는 사람에게는 장치를 폐기하거나 비활성화할 것을 권고했다.

하지만 EMS는 지금도 인기를 끌고 있다. 온라인 쇼핑몰에서는 25달러 미만부터 200달러 이상까지 가격대별로 EMS 장치를 검색할 수 있다. 게다가 이런 장치들은 대부분 의사의 처방전 없이도 살 수 있다. 물론 처방전이 있어야 구입할 수 있는 제품도 있으며, 그런 제품들은 적절한 용도가 명시돼 있고 더 싸게 구입할 수 있다. FDA 규제에 따라, 현재 시판 중인 EMS 제품 중 체중감량 효과를 주장하는 제품은 없다. EMS 제품은 근골격계 부상 때문에 웨이트 트레이닝을 할 수 없는 재활 상황에서 특히 유용하다. 혈류 제한 운동법처럼 EMS도 병상에 누워 있는 사람에게 도움이 될 수 있다.

2021년에 FDA는 코골이와 가벼운 수면 무호흡증, 즉 8개의 근육이 있는 혀가 뒤쪽으로 이완돼 기도를 막는 증상을 완화하는 용도로 특정 EMS 장치를 승인했다. 사용자는 아래쪽 틀니와 비슷하게 생긴 이 U자형 장치를 혀의 양쪽에 끼우면 된다. 이 장치에 연결된 조절기와 배터리는 턱 부분까지 내려오도록 설계됐다. 이 장치는 하루에 20분 동안 혀를 조율해 사용자가 잠든 동안 혀가 움직일 수 있도록 만드는 장치다.

재채기가 날 때, 웃음이 터질 때, 또는 무거운 물건을 들 때 소변이 새는 것을 극복하는 데 도움이 되는 EMS 제품도 있다. 이 제품들은 케겔 수축을 수행하는 것과 같은 방식으로 골반저 근육을 수축 및 강화하도록 자극하는 전극이 내장되어 있으며, 패드 형태나 자전거 반바지 형태로 만들어진다.

근육을 전기적으로 자극해 훈련하는 대신 진동을 통해 기계적으로 근육을 활성화하는 방법은 어떨까? 진동 플랫폼에 서서 뼈와 근력을 강화한다는 아이디어는 오래전부터 존재해왔으며, 이론적으로는 장기간 저중력 환경에 머무는 우주비행사나 저항 운동을 할 수 없는 노년층에게 효과적인 것으로 보인다. 전신 진동 요법에 관한 수많은 연구가 발표되었지만, 그 결과가 엇갈리는 데다 식단 조절과 기존 운동을 통해 얻을 수 없지만 이 요법으로는 얻을 수 있는 이점에 대해서는 결론이 나지 않고 있다. 그렇다고 해서 이런 기기의 상업적 홍보가 줄어들지는 않았다. 옹호론자들은 일주일에 세 번 15분씩 운동하면 체중 감량, 지방 연소, 운동 후 근육통 감소, 근력 강화에 도움이 된다고 주장한다. 하지만 최종 판단은 구매자의 몫이다.

영양 섭취

운동만으로는 근육을 잘 단련할 수 없다. 물론 식단도 중요한 역할을 한다. 특히 생명의 구성요소인 단백질(아미노산들이 길게 이어진 사슬)이 중요하다. 액틴과 미오신도 단백질이며, 신경전도, 신경-근육 접합 활동, 근육 수축으로 이어지는 근육 내 신호 전달을 매개하는 많은 분자가 단백질이다. 근육을 키우려면 적절한 단백질 섭취가 가장 중요하다. 저항 운동을 하면 근육 세포에 액틴/미오신 유닛이 추가돼 세포가 커지고 근육이 부풀어 오른다는 점을 기억해야 한다. 이런 액틴/미오신 유닛의 구성 물질은 우리가 섭취한 단백질에서 나오는 아미노산이다. 하지만 세 가지 안타까운 현실이 우리를 기다리고 있다.

첫째, 소금, 설탕, 지방은 단백질이 풍부한 육포나 코티지치즈로는 얻을 수 없는 포만감을 제공한다.

둘째, 영화 〈록키Rocky〉에는 실베스터 스탤론이 새벽 달리기를 시작하기 전에 날달걀 몇 개를 유리잔에 깨서 꿀꺽 삼키는 것으로 하루를 시작하는 장면이 나온다. 1976년에 이 영화가 개봉한 뒤로 이 날달걀 삼키기에 대해 많은 과학적 연구가 진행되기도 했다. 하지만 대부분의 사람들에게 날달걀은 아침으로 먹기에는 별로 매력적이지 않다. 당시 록키는 헬스장에서 운동하는 "형님들"의 "형님 과학bro science"을 바탕으로 식단을 짜고 있었다. 당시의 "형님들"은 결국 잘못된 것으로 판명되는 직관에 의지해서 "뭔가가 몸에 좋다면 많이 먹을수록 더 좋을 것"이라고 생각했다.

셋째, 단위들 간의 변환 문제가 존재한다는 현실이 문제가 된다. 연구 논문들은 대체로 하루에 몸무게 1킬로그램당 몇 그램의 단백질을 섭취해야 하는지 말한다. 이런 수치는 과학자들 사이에서는 의미가 있겠지만, 일반인들에게는 오해를 일으킬 수 있다. 그램이 무엇인지, 자신의 체중이 몇 킬로그램인지 잘 모르는, 미터법에 익숙하지 않은 미국인들에게 이런 단백질 권장량은 도대체 감을 잡을 수 없는 수치에 불과하다. 따라서 미국인들은 체중을 기준으로 한 권장량을 킬로그램에서 파운드로 변환해야 한다. 이렇게 단위 변환을 해야 신체적으로 활동량이 적은 사람의 경우 체중 10파운드(4.536킬로그램)당 하루 3.6그램의 단백질을 섭취해야 한다는 것을 알 수 있다.• 근육을 키우는 데 특별히 관심이 없는, 활동량이 평균적인 사람의 경우는 체중 10파운드당 6.4그램이 적당하다(10킬로그램당 14.1그램). 근육을 만들고 유지하려면 섭취한 아미노산의 형태로 필요한 구성 물질을 체중 10파운드당 7.3그램으로 늘려야 하는데(10킬로그램당 16.1그램), 이는 카우치 포테이토couch potato••를 위한 권장량의 2배가 약간 넘는 양

• 이를 다시 미터법으로 환산하면 체중 10킬로그램당 약 7.9그램의 단백질이 필요하다.

이다.

식단 계획의 다음 단계는 다양한 식품에 몇 그램의 단백질이 함유돼 있는지 파악하는 것이다. 이런 정보를 나열한 표는 쉽게 찾을 수 있다. 핵심만 말하면, 단백질은 육류, 생선, 우유, 요거트, 코티지치즈, 콩, 견과류에 풍부하게 포함돼 있다.

예를 들어 체중이 140파운드(약 64킬로그램)인 사람이 조깅을 하면서 몸매를 가꾸려면 매일 약 90그램이 필요한데(활동량이 평균적인 사람은 10파운드당 6.4그램의 단백질이 필요하다), 이는 고기 2인분, 우유 한 잔, 계란과 토스트, 콩과 퀴노아 각 1인분에서 얻을 수 있다. 웨이트 트레이닝의 효과를 극대화하려면 매일 102그램이 필요하며(근육을 강화하고자 하는 사람은 10파운드당 7.3그램의 단백질이 필요하다), 단백질은 하루에 네 번으로 나눠 섭취하는 것이 가장 좋다. 이는 채식주의자(육류, 가금류, 생선, 해산물을 먹지 않는 사람)나 비건(육류, 가금류, 생선, 해산물을 먹지 않으며 유제품과 달걀도 먹지 않는 사람)도 쉽게 달성할 수 있는 목표다. 여기서 요점은 고단백질 식단을 유지하는 것이 어렵지 않다는 것이다.

운동을 좋아하는 사람들은 매일 아미노산 사슬(단백질)을 이렇게 많이 섭취해야 할까? 콜린 맥캐너Colleen McKenna와 공동연구자들은 2021년에 〈미국생리학회 저널: 내분비 및 대사〉에 발표한 논문에서 이 질문에 대한 가장 최신의 답을 제시했다. 연구자들은 42세에서

•• 소파에 누워 텔레비전을 보며 포테이토칩을 먹으면서 시간을 보내는 사람을 줄여 말하는 속어.

58세 사이의 50명의 성인을 두 그룹으로 무작위로 나눴다. 한 그룹은 10주 동안 중등도 단백질 식단을 유지했고, 다른 한 그룹은 고단백질 식단을 유지했다. 그 기간 동안 두 그룹 모두 감독하에 주 3회 웨이트 트레이닝을 수행했다. 이 실험의 결과를 분석한 연구자들은 "이전에 운동을 하지 않은 중년 성인이 단백질을 많이 섭취한다고 해서 저항 운동에 더 잘 적응하는 것은 아니다"라는 결론을 내렸다. 다시 말해, 근육과 근력을 키우고자 하는 중년 성인은 적당한 양의 단백질 섭취만으로도 충분하다는 뜻이다.

그렇다면 고단백질 식단의 중요성을 강조하는 "형님 과학"은 엉터리라고 할 수 있을까? 그렇게 단정 짓기는 힘들다. 과학에서 절대적이라고 말할 수 있는 것은 매우 드물기 때문이다. 첫째, 맥캐너의 연구는 10주 동안 진행된 연구다. 이 연구가 1년 동안 진행됐다면 결과가 달라졌을 수도 있다는 뜻이다. 하지만 1년이라는 기간 동안 연구를 진행하려면 비용이 많이 드는 데다 실험 참가자 중 일부가 중도에 실험에서 빠지면 오랜 시간 동안 수집된 많은 데이터가 왜곡되거나 쓸모없어질 수 있다. 둘째, 맥캐너의 말에 따르면 이 연구의 대상자들은 "노화가 시작되는 시점"에 있는 사람들이었다. 그렇다면 연구 대상자들이 더 젊거나 더 나이가 든 사람들이었어도 같은 결과가 나왔을까? 또한 이 연구의 대상자들은 이전에 웨이트 트레이닝을 한 경험이 없는 사람들이었다. "웨이트 트레이닝을 한 경험이 있는" 사람들은 중등도 단백질 식단과 고단백질 식단에 다르게 반응할까?

맥캐너 논문에서 다루지 않은 미지의 요소들에 대해 언급하는 이유는 이 논문이 운동과 식단뿐만 아니라 보충제에 대한 많은 논문들에서 발견되는, 확실한 적용 가능성의 부재를 드러내기 때문이다. 보편적으로 적용 가능한 완벽한 연구는 아직까지 수행된 적이 없으며, 앞으로도 수행될 수 없을 것이다. 현재의 데이터로부터 어느 정도의 추론을 하는 것은 합리적일 수 있다. 하지만 그 어떤 연구 결과라고 해도 "영원한 진리"로 남을 것이라고 생각해서는 안 된다. 대신 우리는 이용 가능한 모든 정보들이 수렴될 수 있는 영역을 찾기 위해 노력해야 한다. 그 영역은 현재도 그렇지만 앞으로도 계속 넓어질 것이다.

올림픽이나 미스터 유니버스 대회에 나갈 수 있는 나이가 지난 내게 가장 중요한 결론은 적당한 단백질 섭취로도 충분하다는 것이다. 그럼에도 불구하고 나는 지금까지 알게 된 정보에 기초해, 파스타보다는 연어나 가리비를 선호하게 됐다. (한 가지 예외가 있을 수도 있다. 혹시라도 내가 내 생애 4번째 마라톤 경기에 참가하게 된다면, 경기 며칠 전부터 탄수화물을 집중적으로 섭취해 체내 글리코겐 저장량을 극대화하려고 할 것이다.)

파스타 이야기가 나왔으니 말인데, 채식주의자나 비건도 근육을 키우면서 건강하게 운동을 할 수 있을까? 물론이다. 세계기록을 세우는 최고 수준의 운동선수 중에는 동물성 단백질을 전혀 먹지 않는 사람도 있고, 육상동물에서 유래한 단백질만 먹지 않는 페스카테리언pescatarian•도 있다. 하지만 이런 제한으로 인해 철, 아연, 아이오딘(요오드), 칼슘, 비타민 D, 비타민 B_{12} 같은 필수 미량 영양소가 제대로 몸에 공급되지 못할 가능성이 높다. 따라서 이런 사람들의 식단과 영양 보충

• 고기는 먹지 않고 물고기 같은 해산물은 먹는 사람.

제 선택은 신중하게 이뤄져야 한다. 최선의 방법은 스포츠 영양사의 도움을 받는 것이다.

영양 보충제

필수 아미노산, 지방, 미네랄, 비타민 같은 영양소로 구성된 보충제를 복용해야 한다는 광고는 잡식성 식습관을 가진 사람들, 즉 음식만으로도 자신에게 필요한 모든 칼로리를 얻을 수 있는 사람들에게도 유혹의 손길을 뻗치고 있다. 식이보충제 산업은 이미 2000년에 시장 규모가 1200억 달러에 이르렀으며, 오는 2027년까지 그 규모가 3배 이상 증가할 것으로 예상된다. 이 수치는 핀란드와 베트남의 국내 총생산GDP과 비슷한 수준이다. 이런 보충제 중에서 정말 필요하거나 유익한 것은 얼마나 될까? 그중 어떤 보충제는 만병통치약처럼 광고되지만, 앞에서 언급한 필수 영양소가 전혀 포함돼 있지 않은 정제錠劑나 가루에 불과할 수도 있고, 이름 모를 성분이 포함돼 독성이 있을 수도 있는 정체불명의 혼합물일 수도 있다.

이런 불확실성은 FDA가 의사 처방약은 통제하지만, 의사의 처방 없이도 구입할 수 있는 비타민제 같은 제품은 통제하지 않기 때문에 발생한다. 그 결과 현재 보충제 시장에서는 상업적 이익을 차지하기 위한 쟁탈전이 벌어지고 있다. 어떤 회사가 자사의 제품을 광고하면 누군가는 그 제품을 구매할 수 있다. 소비자들은 제품에 돈을 지불했기 때문에 실제로는 효과가 없더라도 효과가 있다고 느낄 수 있다. 현재 시장에는 MRS GREN의 모든 측면을 개선한다고 광고되는 보충제들이 넘쳐나고 있다. 그렇다면 근육의 성능을 향상시킨다는 보충제에는 과학적 근거가 있는 걸까? 적어도 두 종류의 보충제는 그런 것으로 보인다.

적절한 단백질 섭취의 이점에 대해서는 논쟁의 여지가 없다. 예를 들어, 웨이트 트레이닝을 하는 경우, 현재의 지배적인 조언은 근육이 가장 필요로 하는 때에, 즉 운동 직후에 근육에 20그램의 단백질을 보충해주어야 한다는 것이다. 이 경우 다양한 음식의 단백질 함량을 보여주는 표를 보고, 여러분의 식단과 맞으면서도 맛있고, 고칼로리가 아니고, 쉽게 구할 수 있는 음식을 선택하는 것이 바람직하다. 하지만 출근하기 전에 스테이크를 먹기는 너무 부담스럽고, 대부분의 단백질 바는 칼로리 함량이 너무 높다. 씹는 것을 좋아한다면 육포를 먹는 것도 좋은 방법이고, 물에 섞어 마시는 단백질 파우더도 좋은 선택이다. 유청whey• 파우더 제품은 초콜릿, 쿠키앤크림, 딸기 등 다양한 맛으로 나온다. 비건인 사람은 완두콩, 콩, 씨앗 등으로 만든 제품을 선택할 수 있다.

크레아틴creatine 보충제 복용도 확실한 과학적 근거와 수많은 경험에 의해 뒷받침된다. 이 간단한 분자는 아미노산 두 개로 구성돼 있으며, 특히 근육이나 뇌처럼 많은 에너지를 필요로 하는 조직에 자연발생적으로 존재한다. 근육에서 크레아틴은 자신이 가진 에너지를 빠르게 ADP에 공급해 ADP를 ATP로 전환시키며, 이 ATP는 다시 미오

• 우유를 치즈로 가공하는 과정에서 나오는 부산물.

신/액틴 상호작용에 에너지를 공급한다. 고강도 운동 후에 크레아틴 보충제를 복용하면 근육량과 근력이 늘어난다는 것은 여러 연구 결과에 의해 확인된 상태다. 크레아틴 보충이 이런 역할을 하는 것은 운동을 하는 사람이 피로를 느끼기 전에 더 많은 양의 운동(반복 횟수×세트 수×하중)을 할 수 있게 해주기 때문이다. 또한 크레아틴 복용은 운동 후 회복을 촉진하여 더 자주 운동할 수 있게 해주고, 근육도 그에 상응하는 반응을 보이게 된다. 따라서 크레아틴은 평생 운동을 하는 사람들과 고령자, 운동을 하지 않는 모든 연령대의 사람들에게 공통적으로 도움이 된다. 게다가 크레아틴은 안정성이 뛰어나며, 수십 년간 이뤄진 수많은 연구에서도 부작용이 발견되지 않았다. 또한 크레아틴은 완전히 합법적인 물질이다. 크레아틴은 고기에도 들어 있지만, 고기에 함유된 크레아틴의 양은 매우 적기 때문에 고기 섭취로 크레아틴의 효과를 보려면 하루에 고기를 몇 킬로그램이나 먹어야 한다. 따라서 크레아틴은 (맛이 약간 쓰긴 하지만) 가루를 물에 섞어 먹거나 맛있는 유청 파우더를 탄 물에 넣어먹는 것이 실용적인 방법이다.

이제 단백질과 크레아틴 섭취의 장점을 알게 됐으니, 생달걀 노른자나 다크 초콜릿 음료에 크레아틴 가루를 섞어 먹는 것은 어떨까? 이 제안의 근거를 이해하기 위해서는 미오스타틴myostatin에 대해 조금 알아야 한다. 미오스타틴은 골격근 세포에서 생성되는 단백질로, 특히 청소년기가 끝날 무렵 근육 성장에 제동을 거는 역할을 한다. 이 시기 이전에는 일반적으로 미오스타틴 수치가 낮은 반면 성장호르몬, 남자아이의 경우는 테스토스테론 수치가 높다. 낮은 미오스타틴 수치와 높은 테스토스테론 수치의 조합은 남성 청소년들에게 흔히 나타나는 성장 급등growth spurt 현상과 그들이 쉽게 근육을 키울 수 있는 이유를 설명한다. 청소년기가 끝나면 근육은 더 많은 미오스타틴을 생성하고, 이는 빠른 근육 확장을 억제한다.

벨지언 블루Belgian Blue라는 품종의 소는 그 이유는 모르겠지만 미오스타틴 유전자가 없어서 성체가 돼서도 근육이 상당히 커진다. 이 소들은 보통 "이중 근육double muscled"이라고 부르지만, 사실은 일반적인 소들보다 40퍼센트 정도 더 크다. 미오스타틴의 억제 작용이 자연 상태에서 나타나지 않거나 유전공학 기술을 적용해 미오스타틴의 억제 작용을 없애 근육이 과도하게 성장하는 개, 토끼, 염소, 돼지 품종도 있다.

미오스타틴이 결핍돼 있는 쥐들을 중력이 약한 국제우주정거장에서 지내도록 만든 적이 있다. 그곳에서 시간을 보낸 쥐들은 지구로 돌아왔을 때 근육이 완전하게 발달돼 있었다. 이는 같은 저중력 환경에서 우주비행사들과 정상 수준의 미오스타틴을 가진 쥐들의 골격근 양이 줄어든 것을 고려했을 때 매우 놀라운 일이었다. 더 놀라운 사실은 미오스타틴이 결핍된 쥐들이 우주에서 골량bone mass•을 유지했다는 것이다. 이는 이 쥐들의 큰 근육이 골격에 스트레스를 주고, 골격이 이 스트레스에 반응해 새로운 뼈를 추가하기 때문인 것으로 추정된다. 따라서 우주여행을 오래 하는 우주비행사들에게는 근육량과 골밀도를 유지하기 위해 미오스타틴 억제제를 복용하는 것이 도움이 될 수 있다.

• 뼈에 포함된 미네랄의 양.

이 황소는 미오스타틴 합성을 유도하는 유전자가 선천적으로 결핍돼 이렇게 엄청난 양의 근육을 가지게 됐다.

드문 경우지만, 미오스타틴 합성을 유도하는 유전자가 없거나 근육이 미오스타틴의 제동 기능에 반응하지 않도록 유전적으로 차단된 사람들이 있다. 아기천사의 얼굴을 가진 귀여운 10살짜리 소년이 미니 보디빌딩 대회에 나갈 수 있을 정도의 체격을 가질 수 있는 이유가 여기에 있다. 일부 성인 보디빌더들은 미오스타틴의 자연적인 제동 작용을 어떻게 해제할 수 있는지 알고 싶어 한다. 따라서 이들은 미오스타틴의 기능을 억제할 수 있다고 알려진 두 가지 화합물에 관심을 가진다. 이 화합물들은 다크 초콜릿, 녹차, 달갈노른자(특히 수정된 달걀의 노른자)에 미량으로 함유돼 있다. 하지만 미오스타틴의 기능을 억제하는 이런 화합물을 보충한 식단이 실제로도 체내에서 미오스타틴을 억제한다는 확실한 증거는 없다. 2019년에 세계반도핑기구는 이 화합물들을 정제해 주사로 체내에 주입하는 것을 금지했지만, 이 화합물들을 식단에 포함시키는 것의 합법성에 대해서는 명확한 입장을 밝히지 않았다.

실험실 연구와 임상연구 모두를 통해, 단백질과 크레아틴 복용이 근육 유지와 발달에 도움이 된다는 과학적 근거가 충분하게 제시되고 있다. 또한 미오스타틴 억제제의 효과도 실험실 연구를 통해 충분히 확인된 상태다. 하지만 단백질과 크레아틴 그리고 미오스타틴 억제제가 아닌 다른 보충제를 복용하는 것과 관련된 과학적 논리는 불안정하다. 잘 수행된 연구가 한두 개 있어서 10주 동안 운동을 한 젊은 남성들이 통계적으로 유효한 5퍼센트의 근육 증가를 보였다고 가정해 보자. 그 상황에서 우리는 세 가지 질문을 해야 한다. 첫째, 왜 체력이 좋은 대학생들만을 대상으로 단기간에만 이뤄졌을까? 그 답은 쉽게 말할 수 있다. 논리적으로 그리고 경제적으로 그 방식으로만 연구를 수행할 수 있었기 때문이다. 다음으로, 우리는 이 연구 결과가 여성들 또는 운동을 하지 않은 사람들에게도 적용될 수 있는지 질문해야 한다. 그리고 마지막으로, 연구 결과가 다른 그룹에 적용될 수 있다고 해도, 5퍼센트의 증가가 취미로 운동을 하는 사람들의 입장에서 비용과 위험을 감수할 만한 가치가 있는지 고민해야 한다. "형님 과학"이 영향력을 미치기 시작하는 게 바로 이 지점이다. 명성을 얻기 위해 지푸라기라도 잡으려고 하는 스포츠 선수들은 체육관에 들고 다니는 가방이나 주방 서랍에 보충제와 "강화제"를 채워 넣으면서 그 효과를 맹신하게 될 수 있다. 어쩌면 이들이 경험하고 있는 것은 단지 위약 효과에 불과할지도 모른다. 어쩌면 이런 보충제나 강화제는 이들에게 자신이 할 수 있는 모든 것을 하고 있다는 위안을 줄 수도 있다. 이들은 동료 선수가 어떤 보충제나 강화제를 먹고 있다는 것을 알게 되면 자신도 먹어야겠다고 생각할 수 있다. 이와는 대조적으로, 나는 다만 적당하게 몸이 좋고, 적당하게 건강하고, 적당하게 재미있는 삶을 살고 싶다. 나라면 보충제보다는 맛있는 스테이크를 먹는 데 돈을 쓸 것이다.

경기력 향상 약물

운동선수가 경쟁자들을 앞설 수 있는 다른 방법은 없을까? 수많은 방법이 있다. 역사를 잠깐 살펴보자. 최초의 경기력 향상 약물performance-enhancing drug, PED은 기원전 3세기에 올림픽 선수들과 검투사들이 사용한 브랜디, 와인, 버섯, 참깨, 그리고 허브 차였다. 도핑은 1800년대 후반부터 심각한 양상을 띠기 시작했다. 당시 프랑스의 의사이자 내분비학자 샤를 브라운-세카르Charles Brown-Séquard는 기니피그와 개의 고환에서 추출한 물질을 자신에게 주사해 활력을 회복하려고 했다. 그는 나중에 "브라운-세카르 묘약Brown-Séquard elixir"이라는 이름으로 알려진 이 용액을 주사한 결과, 자신의 신체적인 힘, 정신적인 능력, 그리고 식욕이 증가했다고 주장했다. (브라운-세카르 묘약의 활성성분은 정제되지 않은 테스토스테론이었다. 실제로 테스토스테론은 근육세포를 팽창시켜 근육의 힘을 증가시킨다.)

피츠버그 앨러게니스에서 투수로 활약한 제임스 프랜시스 "퍼드"

왼쪽: 미국 메이저리그 야구 선수로 명예의 전당에 오른 퍼드 갤빈은 1800년대 후반에 피츠버그 앨러게니스(현재 파이리츠)에서 투수로 활약했다. 그는 원숭이 테스토스테론 추출물이라는 경기력 향상 약물을 사용한 최초의 야구 선수로 널리 알려져 있다.

오른쪽: 토머스 힉스는 1904년 세인트루이스 올림픽 마라톤 경기에서 경기 중반에 힘이 빠지자 그의 지지자들이 그에게 스트리크닌을 두 번 주사하고 브랜디와 날달걀을 마시게 해 기력을 회복시켰다. 결국 그는 경기에서 우승을 차지했다.

갤빈Francis "Pud" Galvin은 브라운-세카르 묘약을 공개적으로 사용하면서 1889년에 미국 메이저리그 베이스볼에서 최다 승리, 최다 선봉 출전, 최다 완투, 최다 이닝 투구의 기록을 세웠다. 당시 한 신문은 갤빈이 "브라운-세카르 묘약의 효과를 입증한 가장 좋은 증거"라고 보도하기도 했다. "퍼드"라는 그의 별명은 그가 타자들을 푸딩pudding처럼 보이게 만들었다는 데서 유래했는데,• 당시 사람들은 그의 PED 사용에

• 타자들이 그의 공을 제대로 치지 못하고 묽은 푸딩처럼 흐느적거리는 모습을 보였다는 뜻이다.

대해 별로 신경 쓰지 않았다. 19세기 최고의 투수 중 한 명인 갤빈은 1965년에 MLB 명예의 전당에 헌액되었다.

1904년 올림픽 마라톤 경기에 출전했다가 경주 중반부에서 힘이 빠진 토머스 힉스Thomas Hicks는 브랜디와 날달걀을 보충제로 먹고 스트리크닌strychnine 주사를 두 번 맞았다. (스트리크닌은 신경의 전기 임펄스를 크게 증폭시켜 근육 수축을 일으키는 화학물질이다. 스트리크닌은 소량 주사 하는 경우에는 피로해진 근육에 활력을 주지만, 주사량이 많아지면 근육이 경련하기 시작해 결국 사망으로 이어진다). 힉스가 주사로 맞은 스트리크닌의 양은 그를 충분히 회복시켜서 경기에서 우승할 수 있게 만들었다. 이런 도핑 사례들 때문에 국제 아마추어육상연맹은 1928년에 이 자극제 사용을 금지했지만, 이 금지 조치는 강제성이 없었기 때문에 효과가 없었다.

PED 문제는 1935년에 테스토스테론이 인공적으로 합성되면서 급증하기 시작했다. (수컷 기니피그와 개에게는 다행스러운 일이었을 것이다.) 1950년대의 한 사이클 경기 관객은 "이제 대규모 사이클 경주에서 선두 주자들이 어디에 있는지 쉽게 찾을 수 있게 됐다. 그냥 비어 있는 주사기와 약물 포장지의 자취를 따라가면 된다"라고 말할 정도였다. 그로부터 10년 후에는 투포환, 투창, 원반던지기, 해머던지기 선수들도 테스토스테론을 복용하기 시작했다. 테스토스테론은 근육 성장을 촉진하고 근력을 5~20퍼센트 증가시키기는 하지만 지구력을 증가시키지는 못한다. 또한 이 물질은 복용한 사람들의 고환을 작게 만들기도 한다.

올림픽에서 처음으로 약물 검사가 이루어진 것은 1968년 그르노

블 동계올림픽과 멕시코시티 하계올림픽에서였다. 당시의 약물 검사는 별로 효과적이지 않았던 것 같다. 1970년대에 들어서, 당시 올림픽 경기에서 메달을 땄던 동독 선수들은 모두 명령에 따라 테스토스테론과 비슷한 근육 강화 스테로이드를 복용했다는 사실이 밝혀졌기 때문이다. 조정 선수들은 예외였는데, 이 스포츠는 신체적인 힘보다는 정신적인 힘이 더 필요하기 때문일지도 모른다. "세계에서 가장 빠른 남자"로 불렸던 캐나다의 단거리달리기 선수 벤 존슨도 이런 약물을 이용한 사람이었다. 1988년에 그는 테스토스테론 유도체에 양성 반응을 보인 후 올림픽 금메달을 박탈당한 최초의 선수가 됐다.

PED 사용을 막기 위해 1999년에 설립된 세계반도핑기구World Anti-Doping Agency, WADA는 설립 이후로 힘든 싸움을 벌여왔다. 약물이 다음의 세 가지 기준, 즉 '경기력 향상', '운동선수의 건강에 대한 위협', '인간의 신체, 정신, 그리고 영혼의 축제이어야 하는 스포츠의 정신을 위반함' 중 적이도 두 가지를 충족시키면 불법이다. 화학자, 약리학자, 트레이너 그리고 운동선수가 어떤 약물을 개발하고 사용해왔는지는 인터넷에서 "세계반도핑기구 금지약물 리스트"를 살펴보면 알 수 있다. 이 리스트에서 금지 약물로 분류된 것들 대부분은 테스토스테론과 성장호르몬을 조합해 만든 약물이며, 둘 다 힘을 강화시키는 직접적인 효과가 있다.

소량 복용이 허용되는 약물도 있다. 예를 들어, 카페인은 피로를 줄이고 운동 후 회복을 촉진한다. 하지만 카페인은 민무늬근을 확장시키기 때문에 고용량으로 복용하면 지구력 경기에서 호흡이 개선되는 효과가 있다. 국제반도핑기구는 천식에 사용되는 흡입형 혈관수축제를 허용하는데, 이는 농도가 정해진 임계치를 초과하지 않고, 운동선수가 치료 목적으로 이 혈관수축제를 사용했을 때에 한한다. 이런 혈관수축제를 사용하는 운동선수들은 뭔가를 얻고 있는 걸까? 그렇지는 않은 것 같다. 최근의 한 연구는 2010년부터 2018년까지의 모든 올림픽 참가자들을 조사해, 조사 대상 운동선수들 중에서 치료 목적으로 이 특정 약물 사용을 허가받은 사람이 전체의 1퍼센트도 채 되지 않았다는 사실을 밝혀냈다. 연구자들은 메달을 따는 것과 치료 목적의 약물 사용 사이에 상관관계가 존재하지 않는다는 결론을 내렸다.

도대체 왜 운동선수들은 약물을 복용하는 것일까? 스포츠는 개인의 신체적, 정신적 발달에 중요하며 국제적인 협력과 이해를 증진시킨다. 약물 복용은 운동선수의 건강과 스포츠의 이미지에 모두 역효과를 미치므로 의학적·윤리적 이유로 금지된다. 하지만 스포츠는 시간이 지남에 따라 점점 정치화되어왔다. 스포츠에는 국가의 자부심과 명예가 걸려 있다. 히틀러는 1930년대에 이 사실을 잘 알고 있었다. 냉전시대에 살았던 사람들은 올림픽 기간 동안 날마다 각 나라의 메달 수 변동에 주의를 기울이곤 했다.

스포츠도 점점 상업화되고 있다. AP통신이 20세기 전반의 최고의 운동선수로 선정한 아메리카원주민 짐 소프Jim Thorpe를 예로 들어보자. 그는 1912년에 올림픽 금메달 두 개를 따냈지만, 그 이전에 세미프로 경기에 두 시즌 동안 참가했다는 이유로 메달을 박탈당했다. 당시 아마추어 스포츠의 규칙을 위반했기 때문이었다. 현재는 스포츠에서 이렇게 순수하고 고상한 정신을 찾아보기 힘들다. 지금은 스포츠도 돈이 지배하는 세상이다. 스포츠에 대한 후원, 지지, 홍보는 모두

돈으로 이뤄지고 있다. 운동선수들 중에는 타고난 재능이 다른 운동선수보다 더 뛰어나거나 더 많은 기회를 누리는 사람들이 있다. 일부는 더 열심히 훈련하도록 자신을 밀어붙이곤 한다. 일부는 "약물을 조금만 복용하면 아무도 모를 거야"라고 생각한다. 어떤 경우에는 운동선수들이 시즌이 아닐 때 도핑을 통해 힘의 증가라는 이익을 거두고, 검사할 때가 되면 PED의 흔적이 없어진다는 것을 알고 있거나, 적어도 바라고 있다.

도핑 문제는 인간을 넘어 다른 동물들과도 관련이 있다. 말, 그레이하운드, 썰매 개 그리고 심지어는 경주용 비둘기를 대상으로도 도핑이 이뤄지고 있다. 인간의 경우와 마찬가지로 이런 노력은 성공적이었던 경우도 있고 그렇지 못했던 경우도 있었다.

운동선수들의 허용 가능한 호르몬 수준에 대한 논란 외에도 새로운 난제들이 나타나고 있다. 예를 들어 생물학적 성별을 판별하는 문제가 있다. 성전환 수술을 받은 선수에게 남성의 기준을 적용해야 하는지 여성의 기준을 적용해야 하는지가 애매하기 때문이다. 점점 복잡해지는 세상에서 스포츠도 예외는 아닌 모양이다.

7장

인간의 문화

몸매는 대부분 근육에 의해 결정되며, 정상적인 몸매는 미적으로 매력적이다. "건강이 좋다in good shape"라는 말의 의미도 원래는 몸매가 좋다는 뜻에서 변형된 것이다. "사용하지 않으면 잃는다use it or lose it"라는 표현도 고대부터 여러 문명에서 사용된 것으로 보인다. 예를 들어 소크라테스는 "신체훈련에 관한 한 어떤 사람도 아마추어가 되어서는 안 된다… 자신의 몸이 가진 아름다움과 힘을 한 번도 보지 못하고 늙어가는 것이 얼마나 부끄러운 일인가"라고 말했다.

소크라테스보다 훨씬 오래 전부터 사람들은 신체 훈련에 열광했다. 최초의 웨이트 트레이닝은 취미로 하는 돌덩어리 들기였을 것이다. (아마도 돌덩이 들기는 수렵채집 시대에 사냥한 사슴의 사체를 동굴로 끌고 가야 하는 필요성 때문에 시작됐을 것이다.) 중국에서는 기원전 6000년에 돌덩어리 들기가 시작되었으며, 이는 종교적 의식, 전쟁, 개인의 건강

고대인은 그들의 우상을 윗옷을 입지 않은 건강한 모습으로 표현했다.
왼쪽: 이집트, 기원전 약 2480년. **가운데**: 메소포타미아, 기원전 약 1800년. **오른쪽**: 아시리아, 기원전 640년.

관리 그리고 관습의 일부로 자리 잡았다.

초기 문명 시대부터 예술가들은 기록할 만한 흥미로운 주제와 활동을 찾아내고, 인간들이 강인한 체격과 운동 활동에 관심을 가졌다는 기록을 남겼다. 예를 들어 기원전 3500년경의 이집트 무덤 그림에는 모래가 든 자루를 들고 운동하는 남자들이 그려져 있고, 여러 초기 문명에서는 윗옷을 입지 않은 날씬한 지도자와 신들의 조각상이 제작됐다. 고대 그리스에서는 날씬한 조각상이 근육질의 조각상으로 바뀌었는데, 이는 그 이전이나 이후의 어떤 문화도 사회 전반적으로 그리스만큼 건강과 체력을 높게 존중하지 않았음을 고려하면 놀라운 일은 아니다. 고대 그리스인들은 신체적 건강과 정신적 건강이 불가분의 관계라고 생각했고, 예술과 스포츠의 관계도 그렇다고 봤다.

고대 그리스인들이 기원전 776년에 최초의 올림픽을 연 것은 정신적 건강과 육체적 건강, 예술과 스포츠의 상호작용에 대한 그들의 생각이 구현된 결과로 보인다. 기원전 600년경에는 그리스의 도시 크로톤에서 밀로Milo라는 사람이 동물을 이용해 웨이트 트레이닝을 했다. 그는 고대 세계 최고의 레슬러로서 여섯 번이나 올림픽 경기에서 우승을 차지했는데, 어린 송아지가 점차 자라 완전히 성장한 소가 될 때까지 매일 지고 다니는 방법으로 엄청난 힘을 길렀다고 알려져 있다. 밀로는 자신의 모습을 조각한 청동상을 올림픽 경기장까지 들고 갈 수 있을 정도로 힘이 셌다고 한다. 전설에 따르면, 그로부터 100년 후에는 필리피데스Philippides가 마라톤에서 아테네까지 약 42킬로미터를 계속 달려 그리스군이 페르시아군에 맞서 승리했음을 알렸다고 한다.

체육관gymnasium이라는 말은 그리스어 "gymnos"에서 유래했는데, 이는 "벌거벗은"이라는 뜻이다. (거의 벌거벗은 운동 애호가들이 먼저 생겼는지, 아니면 그런 습관을 용인하거나 장려하는 체육관이 먼저 생겼는지는 잘 모르겠다.) 그리스인들은 운동 루틴의 일부로 빵 한 덩이 정도 크기의 돌 조각을 들곤 했는데, 이 돌은 손으로 잡기 좋도록 구멍이 뚫려 있었다. 이런 돌조각들은 웨이트 트레이닝 용도로 사용되기도 했지만, 멀리뛰기 선수들은 뛸 때 이 돌조각들을 양손에 쥐고 흔들면서 뛰기도 했다. 그렇게 함으로써 돌의 운동량이 선수들의 몸으로 전달돼 최대한 멀리 날 수 있었기 때문이다. 돌조각이 이런 용도로 사용됐다는 사실은 그리스 화병에 선수들의 모습을 기록한 예술가들이 없었다

AD 4세기에 만들어진 이 로마 시대 모자이크는 시칠리아의 빌라 로마나 델 카살레에서 발견됐다. 이 모자이크에는 여러 가지 스포츠가 묘사돼 있으며, 아래에는 우승자가 월계관을 쓰는 모습이 표현돼 있다.

면 현재의 우리가 알 수 없었을 것이다.

고대의 예술가들은 여성들이 운동경기에 참여한 모습도 기록했다. 예를 들어 기원후 4세기에 제작된 한 모자이크에서 여성 운동선수의 모습을 확인할 수 있다. 이런 예술적 묘사는 훌륭한 역사적 기록이긴 하지만, 원근감과 음영이 표현되지 않았기 때문에 등장인물들의 근육 상태가 정확하게 표현되지는 못했다. 원근감과 음영은 르네상스 시대에 들어서야 표현되기 시작했다. 하지만 조각상은 입체적이기 때문에 처음부터 자연스럽게 인물의 근육 상태를 표현하는 데 적절했다. 고대 그리스 시대의 조각가들은 (우리가 "고전적"이라고 생각하는) 균형과

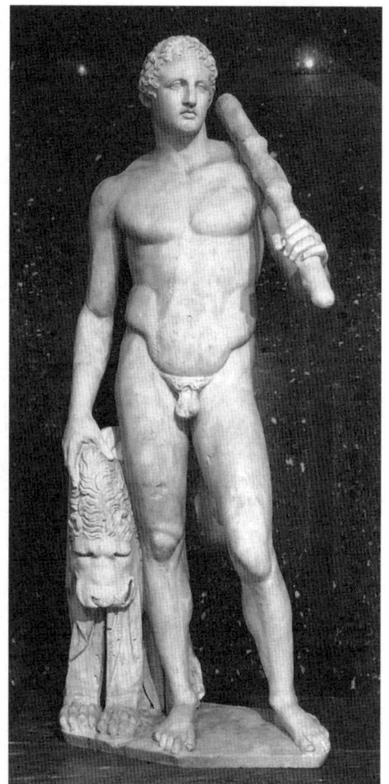

왼쪽 위: 로마의 최고신 주피터, BC 100년. **오른쪽 위**: 헤라클레스, 로마, AD 125년.
아래: 로마 병사와 켈트족 전사, AD 190년.

비율에 대해 완벽하게 이해하고 있었다. 당시 공공장소, 특히 사원에 전시되는 조각상은 신들의 모습을 그대로 표현하는 것이어야 했다. 로마인들도 이런 그리스식 표현 양식을 그대로 차용했다. 처음에는 돌이나 청동으로 조각된 그들의 신이 근육질로 표현되었고, 얼마 지나지 않아 신이 아닌 인간 전사들의 표현에도 반영되기 시작했다. 이런 조각상에서 근육의 표현은 놀랍도록 생동감이 넘친다. 여기서 우리가 주목해야 할 것은 고대의 조각가들이 인간의 근육을 직접 관찰한 적이 거의 없었을 것이라는 점이다. 인간의 근육을 직접 관찰하지 않았다는 것은 사실적인 근육 묘사에서 치명적인 장벽으로 작용했을 것이고, 이 문제는 그로부터 1000년이 지나야 해결된다.

피트니스 르네상스

건강한 신체와 근육질 몸을 예술적으로 표현하는 것에 대한 관심은 그리스·로마 문명의 쇠퇴와 함께 사라지기 시작했다. 중세에는 겸손과 수수함이 아름다움이나 이상적인 몸매에 대한 생각보다 우선시되었기 때문에 전쟁 이외의 육체적 활동은 대체로 경멸의 대상이었다. 하지만 르네상스 시대에 들어서면서 이런 생각은 극적으로 변화하기 시작했다. 르네상스 시대에는 완벽한 몸에 대한 고대 그리스·로마 시대의 관심이 부활했고, 화가와 조각가들은 고대의 유물을 연구해 이상적인 신체 비율에 대한 생각을 재정립했다.

바티칸 교황청과 로마 가문들의 도서관을 드나들 수 있는 의사였던

지롤라모 메르쿠리알레Girolamo Mercuriale는 고대의 문헌과 유적을 통해 신체 훈련 방법에 대해 연구해 1569년에 『체조의 기술*De arte gymnastica*』이라는 책을 출간했다. 이 책은 운동에 관한 서양 최초의 책이다. 메르쿠리알레는 운동을 일반적인 운동, 군사훈련 목적의 운동, 경기를 위한 운동으로 분류했다. 그는 남성과 여성 모두에게 공놀이, 걷기, 뛰기, 점프, 던지기, 말 타기, 레슬링, 복싱, 심지어 춤, 노래, 낚시, 사냥 등을 처방했다. 이 처방은 고대 그리스인들의 생각처럼 정신적 건강과 육체적 건강이 서로 얽혀 있다는 생각에 기초한 것이었다.

지롤라모 메르쿠리알레가 1569년에 출간한 『체조의 기술』에 실린 삽화. 납으로 만든 커다란 판을 들고 있는 남자들의 모습이 보인다. 당시 여성들은 아직 체육관에 들어가거나 운동 경기를 관람하는 것이 허용되지 않았던 것 같다.

르네상스 시대에 시작된 예술, 해부학, 공학에 대한 새로운 관심은 육체적인 문화에 대한 관심과 얽혀 있는 것이었다. 고대 중국에서는 돌덩어리를, 고대 이집트에서는 모래주머니를 들어 운동하던 관습이 르네상스 시대 이탈리아에서는 납판을 들어 운동하는 것으로 재현되었고, 결국 철판을 들어 운동하는 것으로 진화했다. 최초의 덤벨dumb-ell은 1700년대에 등장했는데, 어떤 대장장이가 성당의 종 두 개를 막대로 연결하면서 종 안에 들어 있는 추를 제거해 운동할 때 종에서 소리가 나지 않게dumb 만들었고, 이것이 덤벨의 기원이라고 한다. 운동 애호가였던 벤저민 프랭클린Benjamin Franklin은 1786년에 "나는 절제하면서 산다. 와인을 마시지 않고, 매일 덤벨로 운동을 한다"라고 쓰기도 했다. 하지만 중력 때문에 무거운 물체가 발등에 떨어지는 경우가 많았고, 그 불편함 때문에 결국 웨이트 트레이닝 기구가 생겨났다. 이런 운동기구는 1796년에 개발됐는데, 이는 프랭클린이 덤벨의 미덕을 칭찬한 지 10년 후의 일이었다.

19세기에 미국의 캐서린 비처Catherine Beecher는 여동생 해리엇 비처 스토Harriet Beecher Stowe와 함께 여성 교육을 강력하게 주장하면서, 신체 단련 수단으로 맨몸운동calisthenics의 중요성을 널리 알렸다. 이 시대의 체육관의 모습을 묘사한 그림들은 남녀 모두 신체 건강에 대한 관심이 증가하고 있음을 증명해준다. 그림에 등장하는 인물들은 16세기에 메르쿠리알레가 묘사했던 인물들보다 옷을 더 많이 입고 있다. 당시 체육관에는 펜싱 장비, 곤봉, 평행봉, 평균대, (체조용) 도마, 로프, 사다리, 막대, 역기 등의 운동기구가 갖춰져 있었고, 다른 사람이 운동하는 모습을 구경하는 사람도 많았다. 또한 당시의 그림 중에는 블루머

1830년대 필라델피아의 로퍼 체육관을 묘사한 그림. 펜싱, 밧줄 타고 오르기, 철봉 운동, 도마 운동, 공중그네 타기, 평균대 운동 등을 하는 사람들과 그들을 구경하는 사람들이 보인다.

bloomers[•]와 헐렁한 상의를 입은 여성들이 링 위에서 완벽한 "십자 버티기iron cross[••]"를 하고 있는 모습을 그린 것도 있다. 여성은 1928년에 처음으로 올림픽 체조경기에 참가했고, 2000년에는 역도 경기에 처음으로 참가했다. 물론 이런 운동은 남성들에게는 1896년에 열린 최초의 근대 올림픽 게임의 일부였다.

- • 여성이 운동을 하거나 자전거를 탈 때 입던 헐렁한 반바지.
- •• 완전히 멈춘 상태에서 양팔을 수평으로 펼친 채 다리를 아래로 향하게 하는 동작.

유진 샌도우

근대올림픽이 시작되던 즈음 프로이센 출신의 유진 샌도우Eugene Sandow(1867~1925)는 완벽한 인간 신체에 대해 생각에 사로잡혀 있었다. 샌도우의 말에 따르면 그는 청소년 시절 몸이 약했고 피부도 창백했다고 한다. 하지만 15세 때 아버지와 함께 로마로 여행을 갔을 때 고대 그리스와 로마의 조각상에 매료됐고, 그 조각상들과 같은 완벽한 몸매를 갖기 위해 여행에서 돌아온 뒤에 혼신의 힘을 다해 노력했다. 그는 "그리스 조각상의 이상적인 비율"이 정확히 어떤 것인지 알아내기 위해 박물관을 돌아다니면서 조각상들의 다양한 비율을 측정했다. 또한 그는 서커스를 하는 사람들로부터 힌트를 얻어 넓은 어깨, 아래쪽으로 내려갈수록 좁아지는 등, 잘록한 허리, 엄청나게 크면서도 선명도가 높은 근육을 가진 고대 그리스 조각상들의 이상적인 몸매를 가지기 위해 쇳덩어리를 들기 시작했다. 그는 이 방법으로 수없이 많은 훈련을 했고, 훈련은 성과를 거뒀다(이 방법은 지금도 효과가 있다).

샌도우는 훈련할 때 근육의 힘보다 크기와 선명도를 중시했지만, 그 과정을 통해 강해지기도 했다. 18세가 되었을 때 그는 집을 떠나서 먼저 서커스 운동선수와 전문 레슬러로서 유럽을 순회했고, 나중에는 역도 선수로 활동했다. 그러던 중 미국 브로드웨이의 흥행사였던 플로렌츠 지그펠드Florenz Ziegfeld의 눈에 띄었고, 지그펠드는 그를 1893년 시카고에서 열린 세계 콜롬비아 박람회에 내보냈다. 지그펠드는 관객들이 샌도우가 들어 올린 무게보다는 그의 강인해 보이는 체격에 더 관심이 있음을 알아차리고, "근육 전시 공연"을 열어 그가 사람들에게 근육의 모습을 보여주게 만들었다.

현대 보디빌딩의 아버지로 불리는 유진 샌도우는 근육의 크기와 선명도를 강조했다.

그후 샌도우는 세계를 여행하면서 근육을 보여주는 공연을 했고, 〈샌도우의 육체 문화 매거진Sandow's Magazine of Physical Culture〉이라는 이름의 잡지를 출판했으며, 자신의 이름을 붙인 시가를 판매하기도 했다. 유명인의 이름이 붙은 시가는 샌도우의 시가가 최초였다. 공연에서 샌도우는 놀라운 힘으로 피아노 들기, 철봉 구부리기, 누워서 소 들어 올리기, 두꺼운 카드 더미를 반으로 찢기 등을 보여주면서 관객을 놀라게 했다. 하지만 그는 이런 공연에서 굴욕을 당한 적이 한 번 있었다. 관객 중 한 젊은 남자가 무대로 뛰어올라 샌도우가 반으로 찢은 카드 더미를 다시 반으로 찢었기 때문이었다. 이 젊은 남자는 나중에 "세계에서 가장 강한 청년"이라는 별명을 얻게 된다.

1901년, 샌도우는 런던의 로열앨버트홀에서 최초의 보디빌딩 대회인 "위대한 경쟁The Great Competition"을 열었다. 표범 가죽 무늬의 레오타드•를 입은 60명의 참가자들은 열광적인 관중들과 세 명의 심사위원

• 다리 부분이 없고 몸에 꼭 끼는, 아래위가 붙은 옷.

이 지켜보는 가운데 자신의 근육을 과시했다. 당시 심사위원은 샌도우, 조각가이자 운동선수인 찰스 로스Charles Lawes, 작가이자 샌도우의 친구인 아서 코난 도일Athur Conan Doyle이었다. 이 경기의 우승자는 경기의 주최자인 샌도우의 거의 벌거벗은 모습을 조각한 금도금 조각상을 상으로 받았다.

이런 업적들로 인해 샌도우는 현대 보디빌딩의 아버지로 불린다. (참고로 보디빌딩 대회는 근육의 힘보다는 형태에 중점을 둔다. 이와는 대조적으로 파워리프팅과 올림픽 웨이트 리프팅은 몸매를 전혀 평가하지 않으며, 각각 힘과 폭발적인 속도만을 평가한다.) 샌도우는 스티브 리브스Steve Reeves, 프랭크 제인Frank Zane, 아놀드 슈워제네거Arnold Schwarzenegger 같은 보디빌더들이 황금시대를 구가하도록 발판을 제공한 사람이다. 오늘날, 세계 최대 규모의 보디빌딩 대회인 미스터 올림피아 대회의 우승 트로피는 "샌도우"라고 불린다.

찰스 아틀라스

샌도우 이후에 피트니스 열풍을 더욱 뜨겁게 만든 사람은 샌도우보다 25년 뒤인 1892년에 태어난 찰스 아틀라스Charles Atlas라는 사람이다. 아틀라스는 운동을 하기 전에는 몸무게가 약 44킬로그램밖에 안 되는 약골이었다. 찰스 아틀라스의 본명은 안젤로 시칠리아노Angelo Siciliano다. 아틀라스가 배포했던 홍보 책자에 따르면 그가 체격을 개선하기로 결심한 것은 해변에서 불량배들이 그의 얼굴에 모래를 뿌리면서 괴롭혔을 때였다. 그는 이런 굴욕을 당한 후 근육을 키우기로 결심했다. 하지만 그는 체육관에 가서 운동하기에는 형편이 너무 어려웠다. 그러던 어느 날 동물원에서 사자가 몸을 스트레칭하는 것을 본 그는 순간적으로 깨달음을 얻게 됐다. 사자는 자신의 몸무게에 저항하는 것만으로도 큰 몸집을 유지하고 있다는 걸 알게 된 것이었다. 아틀라스는 이 깨달음에 기초해 "다이내믹 텐션dynamic tension"이라는 자신만의 운동법을 개발해 사람들에게 알리기 시작했다. 이 운동법은 주로 등척성 저항 운동으로 이뤄져 있는데, 다양한 동작을 통해 한 근육 그룹이 다른 근육 그룹에 저항하도록 만드는 방법이었다. 예를 들어 그는 의자에 앉아 무릎을 들어 올리면서 동시에 무릎을 손으로 눌러 엉덩관절 굽힘근hip reflexor과 팔꿈치 폄근elbow extensor을 강화했다.

찰스 아틀라스가 근육을 키운 시기는 공공 조각물의 설치가 급증한 시기와 일치했고, 그의 "완벽한" 몸은 알렉산더 스털링 콜더Alexander Stirling Calder를 비롯한 여러 예술가의 작품 모델이 되기도 했다. 뉴욕 그리니치빌리지의 워싱턴스퀘어 공원에서 볼 수 있는 많은 조각상 중에는 찰스 아틀라스가 조지 워싱턴으로 분장한 채 포즈를 취한 모습도 있다.

그후 아틀라스는 모델, 챔피언 보디빌더, 사업가, 쇼맨으로서 다양한 활동을 하기 시작했고, 1921년에는 "세계에서 가장 아름다운 남자 선발대회"라는 이름의 사진 경연대회에서 우승을 차지하기도 했다. 이 대회가 흥행하자 개최자는 그 다음 해에는 "세계에서 가장 완벽하게 발달한 남자 선발대회"를 열기도 했다. 의사와 예술가로 구성된 이 대회 심사위원들은 774명의 참가자 중에서 아틀라스에게 최고 점수를 줬다. 그러자 대회 후원자는 매년 대회를 열어도 아틀라스가 계속 우승할 것이라고 생각해 더 이상 이 대회를 개최하지 않기로 했다. 아틀라스는 겸손하고 바른 사람이었지만, 이 대회를 홍보의 기회로 십분 활용했다. 당시 아틀라스가 수영복을 입은 여성들을 들어 올리고, 뉴욕의 라디오시티 뮤직홀에서 여성 댄서들과 줄다리기를 하고, 프로복서들과 농담을 주고받는 모습을 촬영한 사진들이 지금도 많이 남아 있다.

아틀라스는 그의 〈다이내믹 텐션〉 팜플렛을 만화책의 뒷면에 광고했다. 이 광고에는 마른 체형의 남자가 해변에서 불량배들에게 괴롭힘을 당한 지 몇 달 만에 근육이 건장한 모습으로 돌아와 불량배들을 위협하고, 이 남자를 보고 감탄한 한 여성이 "당신은 이제 힘센 남자야!"라고 말하는 장면이 만화로 묘사돼 있었다. 또한 이 광고는 "하루에 15분만 훈련하면 당신도 새롭게 태어날 수 있습니다"라는 문구 아래에 자신의 거의 벌거벗은 모습을 찍은 사진을 배치했다. 이 정도면 상당한 수준의 마케팅 활동이라고 할 수 있다. 운동기구를 파는 것보다 책을 인쇄해 우편으로 판매하는 것이 훨씬 더 쉬웠기 때문이다. 아틀라스의 책은 7개 언어로 번역되었고, 1950년대에는 연간 4만 명의 새로운 다이내믹 텐션 신입생을 끌어들였다.

아틀라스도 쇳덩어리를 들면서 훈련을 했을 것이다. 대부분의 전문가들은 등척성 운동만으로는 충분하지 않다는 데 동의한다. 무거운 것을 들면서 운동을 해야 운동의 성과를 측정할 수 있기 때문이다. 하지만 등척성 운동이 부상의 위험이 적은 것은 사실이다.

샌도우와 아틀라스는 여러 면에서 비슷했다. 둘 다 근육 키우기에 전념해 자신의 몸을 높은 수준으로 끌어올린 사람이었다. 하지만 20세기를 지나면서 이 두 사람이 남긴 유산은 각각 다른 영향을 미치게 됐다. 샌도우가 아틀라스보다 25년 먼저 태어났고 47년 먼저 죽었기 때문에, 나는 먼저 샌도우의 유산에 대해 설명할 것이다. 그의 유산은 힘보다는 형태에 중점을 둔 보디빌딩을 탄생시켰다.

보디빌딩

1935년에 합성 테스토스테론이 등장하고, 1939년에 미스터 아메리카 보디빌딩 대회가 시작되고, 1948년에 미스터 유니버스, 1955년에 미스터 올림피아가 열린 것이 완전히 우연한 일은 아니었을 것이다.

여성 보디빌딩 대회는 남성 대회보다 수십 년 뒤에 시작됐고, 여러분도 예측할 수 있겠지만, 어떤 몸매의 여성이 우승해야 하는지에 대해 관중들의 의견이 엇갈렸다. 어떤 참가자들은 그리스 신화의 여신과 비슷해 보인 반면, 어떤 참가자들은 거대한 근육을 자랑했다. 지금은 이 두 가지 모습을 다 가지고 있는 여성 참가자가 가장 좋은 평가를 받는다. 오늘날 여성 보디빌더들은 피지크physique(체격), 피겨figure(체형), 피트니스, 비키니, 웰니스wellness•의 5가지 종목에서 경쟁할 수 있다. 심사 과정에서는 90도씩 돌아가며 취하는 자세를 통

• 비키니 종목보다는 더 많은 근육 발달이 필요하며 피겨 종목보다는 드라이한 몸 상태가 요구된다.

위: 다이어트와 웨이트 리프팅에 집중한 여성 피트니스-피겨 보디빌딩 선수의 상체.
오른쪽: 7번이나 미스터 올림피아 대회에서 우승한 아놀드 슈워제네거가 "프론트 더블 바이셉스front double biceps" 자세를 취하고 있다.

해 균형미를 평가하는 것이 보편적이다. 피트니스 종목은 팔굽혀펴기, 높이차기, 스트래들 홀드straddle hold(다리 벌리기), 사이드 스플릿side split(일자로 다리 찢기) 등을 포함하는 댄스 루틴을 요구한다. 하이힐과 보석을 착용해야 하는 종목도 있고, 신발을 신지 않아야 하는 종목도 있다.

대회를 준비하기 위해서 남성 보디빌더들은 평소의 건장한 상태에서 멋진 상태로 가기 위해 약 3개월 동안 절제된 작업을 해야 한다. 이들은 평소에 하던 고된 웨이트 리프팅 루틴에 더해서 강도 높은 지구력 훈련과 다이어트를 시작해 근육을 가리는 체지방을 줄인다. 마지막 한 달 동안에는 닭 가슴살, 생선, 브로콜리, 아스파라거스, 쌀과 함께 영양소와 단백질로 구성된 셰이크를 마시며, 모두 합치면 하루에 1000칼로리 정도를 섭취한다. 목표는 체지방량을 전체 몸무게의 3~7퍼센트로 줄이는 것이다(이는 일반적인 관점에서는 건강에 위험한 수준이다). 또한 이들은 대회 며칠 전부터 탄수화물을 많이 섭취해 이미 부풀어 오른 근육에 글리코겐과 부피를 더한다. 마지막 36시간 동안은 물과 나트륨 섭취를 제한하면서 몸이 탈수돼 근육이 화가 날 수 있도록 만든다. 결국 사실상 이들이 심사위원들에게 보여주는 것은 근육과 피부밖에 남지 않은 몸이라고 할 수 있다. 또한 일부 보디빌더들은 공연 전에 배를 홀쭉하게 만들기 위해 관장을 받기도 한다. 보디빌딩 대회에 나가기 위해서는 이렇게 다양한 노력이 필요하기 때문에 대부분의 보디빌더들은 1년에 한 번이나 두 번 정도밖에는 대회에 참가하지 못한다.

대회장은 조명이 밝기 때문에 자연스럽게 그을린 피부는 별로 표가 나지 않는다. 따라서 인터넷에는 "태닝이 충분히 됐다고 생각이 들 때도 한두 번 더 하는 것이 좋다. 심사위원들은 당신의 피부가 충분히 태닝돼 있지 않다고 판단하면 나쁜 점수를 줄 수도 있다. 따라서 항상 당신이 적당하다고 생각한 것보다 더 많이 태닝해야 한다"라는 조언이 수없이 올라와 있다. 밝은 조명을 최대로 이용해 근육의 선명도를 보여주기 위해 보디빌더들은 안전면도기를 이용한다. 전기면도기로는 털이나 수염을 완벽하게 밀 수 없기 때문이다.

여성들의 경우 비키니는 작고 반짝여야 하며, 세부사항에 특별히 주의를 기울여야 한다. 인터넷에서는 "비키니가 벗겨지면 안 되기 때문에 반드시 접착제를 대회장에 가지고 가 단단하게 비키니를 고정시켜야 한다"는 조언도 찾을 수 있다.

남성 보디빌더들은 세 가지 종목에서 경쟁한다. 남성 피지크, 남성 클래식 피지크, 남성 보디빌딩이다. 종목마다 요구되는 전형적인 몸매와 근육의 크기는 매우 다르다. 종목에 따라 팬티의 크기가 크게 달라진다는 뜻이다. 남성 피지크 범주에서는 참가자들이 앞모습과 뒷모습을 모두 평가받지만, 참가자들이 근육을 크게 플렉싱하지는 않는다. 클래식 피지크 범주와 보디빌딩 범주에서는 각 참가자가 여덟 가지 다른 필수 자세를 취한다. 이 필수 자세에는 앞뒤로 "더블 바이셉스" 자세, 앞뒤로 "랫lat(넓은등근) 스프레드" 자세, 측면 "트라이셉스(세갈래근)" 자세, 측면 체스트, 그리고 앞쪽 복근과 허벅지를 보여주는 자세가 포함된다. 필수 자세를 마친 후, 참가자들은 "포즈 다운pose down", 즉 자유롭게 자신의 근육을 살리고, 자신의 장점을 최대한 보여줄 수 있다고 생각되는 자신만의 자세를 보여줄 기회를 갖는다. 여러분이 이런 보디빌딩 대회에 나갈 나이가 지났어도 마스터 대회(39세 이상), 그랜드 마스터 대회(49세 이상), 슈퍼 울트라 플래티넘 마스터 대회(79세 이상) 등 다양한 연령대의 사람들이 참가할 수 있는 보디빌딩 대회가 있으니 걱정할 필요 없다.

체육관에서 시간을 쏟아 부었음에도 불구하고 균형이 부족하거나 특정 근육을 돋보이게 할 수 없는 남녀 보디빌더들에게는 신톨Synthol 주사나 임플란트가 도움이 될 수 있다. 스테로이드, 성장호르몬, 인슐린과 같은 성장 촉진 약물의 사용이 대부분의 대회에서 규제되지 않는 것처럼, 신체 부피 증가제도 마찬가지다. 신톨은 기름에 약간의 국소마취제와 알코올이 섞인 것으로, 베이비 오일이나 올리브 오일보다 더 나은 특성을 가진 보디빌딩용 오일로 광고된다. 그러나 일부 보디빌더들은 신톨을 "특정 부위 개선" 용도로 체격을 "부풀리기" 위해 신체에 주입한다(그렇지 않다면 왜 국소마취제 성분이 포함돼 있겠는가?).

이 공연 예술에 대해 더 자세히 알고 싶어 최근에 보디빌딩 대회에 참가한 적이 있다. 물론 관중으로 참가했다. 국제 내추럴 보디빌딩 협회International Natural Bodybuilding Association, INBA가 주최한 대회였다. 이 협회는 경기력 향상 약물 사용을 막는 데 앞장서는 보디빌딩 단체 중 하나로서 자부심을 가진 단체다. INBA는 무작위로 참가자들을 선발해 약물 복용 여부를 확인하고, 각 종목의 우승자들을 대상으로도 약물 복용 여부를 정기적으로 체크한다.

나는 무대 뒤편을 구경하기 위해 추가 요금을 지불했는데, 그곳은 피부를 "태닝한" 근육질 선수들이 빽빽하게 차 있는 좁은 공간이었다. 경기력 향상 약물에 대한 INBA의 단호한 입장 때문에 선수들 중에서 비정상적으로 근육이 큰 사람은 없었다. 새로 뿌린 태닝 스프레이가 제공하는 광택에 만족하지 못한 참가자들은 자신과 동료 경쟁자들의 등에 포징 오일을 바르고 있었다. 일부는 덤벨을 이용해 근육을 최고의 상태로 "펌핑"하고 있었다. 보충제로 가득 찬 가방들 사이에서 느리지만 정확한 동작으로 팔굽혀펴기를 하는 선수들도 있었다. 나는 여성 선수들이 준비하는 공간도 구경했는데, 즉시 충격을 받고 돌아섰다. 그곳은 마치 아마존 여인 왕국 같았다. 비키니를 입고 하이힐을 신은 여성 선수들이 아이섀도를 그리고 있는 아마존 왕국이었다.

관객들은 300석 극장을 거의 채웠고, 내가 말을 건 사람들은 모두 참가 선수들의 친구나 가족이었다. 남녀 모두 전직 보디빌더였던 7명의 심사위원들은 클립보드를 들고 앞줄에 앉았다. 몇 줄 뒤에는 전문

사진가가 INBA의 잡지인 〈아이언맨Ironman〉에 실릴 사진을 계속 찍고 있었다. 무대 뒤 탁자 대여섯 개에는 트로피들이 가득 놓여 있었다. 각 부문별로 사회자는 참가 선수들의 이름, 나이, 출신 도시, 훈련 기간, 그리고 직업을 소개했다. 선수들 대부분은 개인 트레이너였지만, 개중에는 성직자, 경찰, 그리고 사업가도 있었다. 적어도 3명 이상의 경쟁자가 있는 부문에서는 상위 3명에게 각각 1000달러, 500달러, 300달러의 수표를 수여했다. 시간이 지나면서 탁자 위에 있던 트로피의 수는 점점 줄어들었다.

대회 중에(아마도 아마존 충격 이후였던 것 같다) 나는 남편이 선수로 참가한 여자 옆에 앉게 됐다. 이 부부는 전날 텍사스 오스틴에서 로스앤젤레스로 날아와서 이틀 밤을 호텔에서 보내면서 대회에 참가했다. 남편은 7~8명의 경쟁자가 있는 부문에서 우승했고, 당연히 그의 아내는 거대한 1000달러 수표를 들고 있는 그의 모습을 열심히 카메라로 찍었다. 하지만 가만히 생각해보니 이 정도의 상금은 큰 것이 아니었다. 그들이 집에 돌아가면 수중에 남는 것은 트로피와 그들의 체육관(가끔 아내도 대회에 참여하기 때문에 "그들의" 체육관이다)에서 자랑할 이야깃거리 정도일 터였다. 아마도 그의 사진이 〈아이언맨〉에 실리면 제품 홍보, 영화 오디션, 또는 그들에게 훈련을 받을 고객을 더 얻을 수 있을지도 모르겠지만, 그의 동기는 상금 이상의 것이었을 테다.

그날 대회가 끝나가면서 우울한 기분이 들었다. 일부 참가자들은 공연을 마치고 태닝을 씻어낸 뒤 운동복으로 갈아입고 객석에 앉았다. 그들은 균형 잡히고 건강해 보였지만, 그들의 날씬한 몸매와 놀라울 정도로 발달한 근육은 옷에 의해 완전히 가려져 있었다. 예를 들어 무대에서는 그들의 복근이 초콜릿 바처럼 보였고, 넓은등근을 펼칠 때는 그 실루엣이 거대한 B-52 폭격기를 연상시켰지만, 객석에서는 그 모습을 전혀 볼 수 없었다. 남자들은 적어도 3개월 동안 엄격하게 다이어트를 해서 체중의 5퍼센트 정도로 체지방을 줄였다. (미국운동협회는 "건강한fit" 남자들과 "운동하는athletic" 남자들이 각각 평균적으로 약 16퍼센트와 9퍼센트의 체지방을 가지고 있다고 말한다. 여성들은 평균적으로 이보다 몇 퍼센트 정도 더 높다.) 그런 다음 참가자들은 집착하듯이 쇳덩어리를 들고, 특히 다른 근육보다 그렇게 크지 않은 근육을 집중적으로 훈련해서 "대칭성"을 얻었다. 이 모든 노력을 한 뒤 그들이 얻은 것이라고는 트로피와 남부 캘리포니아에서 본전치기를 한 주말밖에 없을지도 모른다.

오늘날의 피트니스

아틀라스는 현대 보디빌딩의 아버지로 불리는 샌도우보다 나중에 등장했고, 더 오래 살았다. 따라서 그가 대중의 피트니스 트렌드에 미친 영향은 훨씬 더 컸다. 그는 현대적인 피트니스 붐을 이끈 사람이었고, 젊음에 대한 사람들의 의식을 바꾼 사람이었다. 아틀라스의 발자취를 따른 사람들로는 잭 라란Jack LaLanne, 빅터 태니Victor Tanny, 조 골드Joe Gold, 리처드 시몬스Richard Simmons, 제인 폰다Jane Fonda 등을 들 수 있다. 이들은 체육관을 열거나 대중매체를 통해 운동을 통한 건강 증진의 효과를 널리 알렸다. 이들 덕분에 더 많은 미국인들이 정기적으로 운동을 하기 시작했고, 미국의 운동 인구는 1960년에는 24퍼센트에 불과했지만 1987년에는 69퍼센트로 늘어났다.

현대 피트니스 운동의 아버지로 널리 알려져 있는 케네스 쿠퍼Kenneth Cooper 박사는 1968년에 에어로빅이라는 단어를 만들고 그 주제에 관한 파격적인 책을 출판했다. 그는 평범한 사람들이 운동복을 입고 부끄럼 없이 당당하게 동네를 조깅할 수 있게 만든 사람이기도 하다.

아틀라스가 세상을 떠난 1972년에 두 가지 중요한 사건이 일어났다. 첫 번째로 노틸러스Nautilus 피트니스 기계가 시장에 나왔고, 미국 의회는 교육법 수정안 제9조를 통과시켰다. 이 조항은 "미국에서 어떤 사람도 연방 재정 지원을 받는 교육 프로그램 또는 활동에 참여하거나 그 혜택을 받을 때 성별에 기초해 차별을 받지 않아야 한다"라는 내용이다. 이 법안의 통과로 여성들의 학교 기반 운동 프로그램이 활발하게 진행되기 시작했지만, 어떤 사람들은 이런 변화가 남성들의 대학 스포츠에 대한 지원금을 축소시켰다고 불평하기도 했다.

운동을 할 시간이나 없거나 그러고 싶지 않은 보통사람은 근육질 몸매를 가지기 위해 어떤 방법을 썼을까? 바로 가짜 근육이다. 가짜 근육은 200년 이상 동안 사용돼왔다. 1846년에 출판된 허먼 멜빌Herman Melville의 소설 『타이피*Typee*』에는 다음과 같은 구절이 나온다. "재단사의 교묘한 속임수를 벗겨낸다면… 굽은 어깨, 가느다란 다리, 학처럼 가느다란 목을 가진 사람들은 얼마나 한심해 보일까? 종아리 패드, 가슴 패드, 교묘하게 재단된 바지를 착용할 수 없다면 이들은 정말 비참해질 것이다." 당시에 가장 인기 있던 패드 재료는 톱밥과 종이였다. 오늘날 인터넷 쇼핑몰에서는 "구부러지거나 얇은 다리를 위

로버트 크룩섕크Robert Cruikshank가 1818년에 그린 만화 〈멋쟁이들의 탈의실*Dandies Dressing*〉. 실크햇을 쓴 남자(왼쪽의 높은 모자를 쓴 남자)가 말한다. "톰, 당신은 참 매력 있어. 여자들은 당신한테 단숨에 사로잡힐 거야." 등을 보이고 있는 남자가 답한다. "다른 쪽 종아리에도 패드를 붙이면 더 낫겠지?"

한 실리콘 종아리 패드"를 판매한다. 이 제품에 대해 어떤 사람은 "어떻게 착용하는지 사진을 올려줄 수 없나요. 나는 두꺼운 양말을 신는데 자꾸 양말이 내려가서요"라고 말하기도 했다. 불룩한 종아리는 얇은 종아리와 마찬가지로 일부 사람들에게는 짜증스러운 것 같다. 인터넷에는 이런 사람들을 유혹하는 보톡스 주사, 지방흡입술, 종아리 근육의 부분적인 신경절단술 관련 광고가 넘쳐나고 있다. 이 주제에 관한 논문은 적기도 하지만, 그나마도 종아리에 문제가 있는 사람들이 발끝으로 서거나 달릴 수 있는 능력이 떨어진다는 점은 지적하지

1947년 모린 오하라Maureen O'Hara가 당시 유행했던 어깨가 네모난 모양의 세련된 재킷을 입고 있는 모습.

않는다. 아름다움은 어떤 희생을 치러야 얻을 수 있는 걸까?

어깨 부분에 패딩이 들어간 옷, 가슴·허벅지·엉덩이를 강조하는 패딩이 들어간 속옷도 있다. 또한 지난 거의 100년 동안 유행을 따라가는 여성들은 어깨 부분이 네모 모양인 옷과 종아리와 엉덩이에 시선을 모으게 만드는 하이힐을 착용해왔다. (그렇다고 남성들이 우월감을 가질 필요는 없다. 남성들도 때때로 눈에 뜨지 않게 패딩이 들어 있는 재킷을 입곤 했다. 남성들이 입는 제복의 어깨 부분에 견장 장식을 다는 것도 다 같은 이유에서다.) 최근에는 베어 미드리프bare midriff, 즉 복부 노출 의상이 (다행히 여성들 사이에서만) 유행하고 있으며, 일부 남성들 사이에서는 복근을 식스팩 모양으로 보이게 만드는 화장품이 유행하고 있다.

옷을 거의 입지 않은 상태에서도 근육질로 보이고 싶은 사람들은 어떤 방법을 이용할까? 성형외과 의사들은 실리콘 이식(임플랜트) 수술로 그들의 '알통'(위팔두갈래근), 어깨세모근, 등세모근(승모근), 넓은등근, 큰가슴근, 볼기근(둔근). 종아리 근육을 부풀린다. 임플랜트 시술이나 선택적 지방흡입술로 복근을 부풀릴 수도 있다. 또한 실리콘 임플랜트는 사고나 종양 수술로 인해 정상적인 몸의 윤곽이 크게 손상되었을 때 몸의 이미지를 복원해주기도 한다.

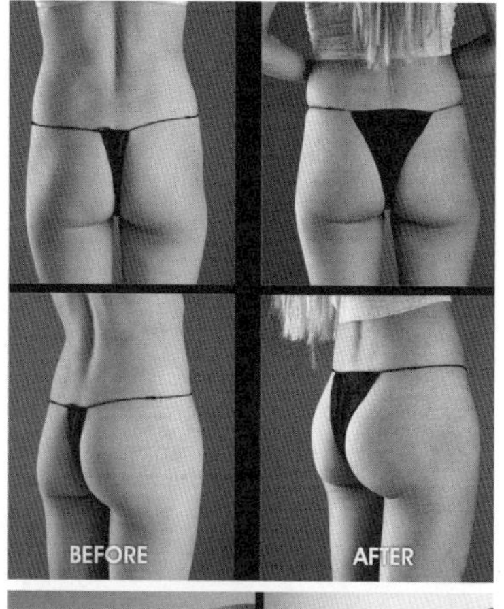

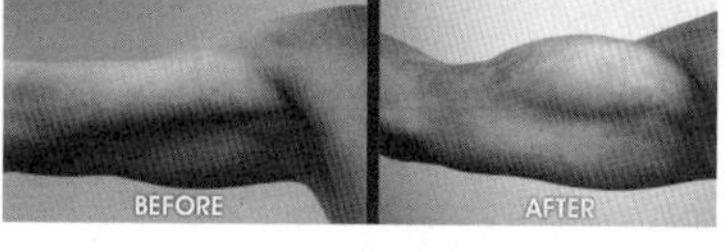

위: 실리콘 둔부 이식 수술 전과 후.
아래: 실리콘 위팔두갈래근 이식 수술 전과 후.

사람들이 근육에 관심이 많은 것은 분명하다. 우리는 우리 자신에게 근육이 있는 것 그리고 다른 사람에게 근육이 있는 것 모두를 좋아한다. 근육은 고대 그리스 때와 마찬가지로 활력과 생기를 발산하고, 이제는 미술뿐만 아니라 대중문화에도 스며들어 있다. 뽀빠이는 채식주의가 근육을 만드는 것에 방해가 되지 않는다는 것을 증명했다. 리벳공 로지Rosie the Riveter는 1940년대에 여성들이 전쟁에 도움을 주도록 독려했다. 이후 그녀는 미국 페미니즘의 상징이 됐다. 원더우먼, 슈퍼맨, 블랙팬서, 그린랜턴, 토르, 킹콩, 인크레더블 헐크, 히맨 같은 캐릭터들을 생각해보자. 넓은 마음과 좋은 머리도 이런 슈퍼히어로들의 부풀어 오른 근육과의 시각적 경쟁에서 이길 수는 없다.

J. 하워드 밀러J. Howard Miller가 그린 "우린 할 수 있어!We Can Do It!" 포스터(리벳공 로지로 더 잘 알려져 있다)는 제2차 세계대전 동안 미국 노동자들의 사기를 높였다.

우리의 집단적 심리에 깊이 새겨진 또 다른 요소들은 1934년에 현대 피트니스 붐이 시작된 캘리포니아의 머슬 비치Muscle Beach, 그리고 거리에서 시끄러운 소리를 내며 테스토스테론을 연상시키는 머슬카muscle car다. 웨이트 리프터나 보디빌더의 몸매에 대해서는 매우 다채로운 표현이 사용된다. 예를 들어, "커트cut"나 "슈레디드shredded" 같은 말은 초급 수준의 근육 발달을 뜻하며, 복근과 위팔 근육의 선명도가 높지 않은 상태를 말한다. 그 바로 위의 단계를 나타내는 말은 "립드ripped"라는 말로, 근육이 상당히 커진 상태를 뜻한다. "잭드jacked", "스월swole" 같은 표현은 보는 사람의 숨을 막히게 할 정도로, 어떻게 보면 괴기스러울 정도로 큰 근육을 뜻한다.

의미가 정확하게 정의되지는 않았지만 비치 보드beach bod, 비스트beast, 버프buff, 빌트built, 디젤diesel 같은 말도 근육질 남성을 대상으로 사용된다. 정말 근육이 멋진 사람에게는 비프 스웰링턴Beef Swellington•,

• 영국 음식인 비프 웰링턴Beef Wellington과 스웰swell(불룩하다)을 합친 말.

스월져Swoldier•, 브로도저Brodozer••, 하드 바디Hard Body, 매스터Masster••• 같은 말이 사용될 때도 있다.

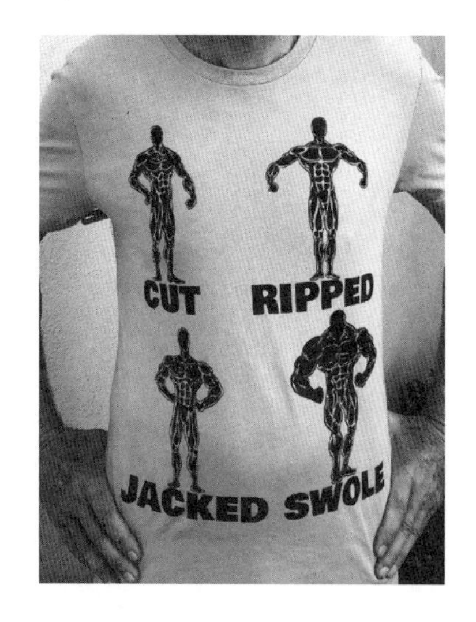

보디빌더들의 체격에 대한 "형님"들의 정의

나는 인간이 존재하기 시작한 순간부터 생존경쟁이 시작됐을 것이라고 생각한다. 생존경쟁을 위한 노력은 시간이 지나면서 자기만족을 위한 노력으로 성격이 변화했을 것이다. 기원전 .6000년 즈음의 중국에서 돌덩어리를 들던 사람들, 그로부터 2500년 후 이집트에서 모래주머니를 던지며 운동하던 사람들이 그러한 노력의 결과물로 경쟁하고, 그 경쟁에서의 승리를 다른 이들에게 자랑했을 것이라고 생각하는 것은 매우 자연스럽다. 근육은 확실히 인간의 속도, 민첩성, 힘, 조정력, 그리고 지구력이 어느 정도까지 갈 수 있는지 보여줄 수 있다. 활동하면서 스트레스를 비교적 적게 받아도, 직접적인 손상을 받지 않아도 근육에는 문제가 발생할 수 있다. 이는 근육이 우리 몸의 머리부터 발끝까지 퍼져 있고, 우리의 몸의 40퍼센트를 차지한다는 사실을 생각하면 놀라운 일이 아니다.

• 스웰swell과 솔저soldier를 합친 말.
•• 브로Bro와 불도저bulldozer를 합친 말.
••• 매스mass와 마스터master를 합친 말.

8장

불편함과 질병

골격근 장애는 (민무늬근 장애나 심근 장애와는 달리) 두 가지 이유로 별도의 장에서 설명할 만한 가치가 있다. 우선 골격근은 우리 몸에서 다른 두 가지 유형의 근육보다 훨씬 더 많은 질량을 차지하고 있다. 골격근은 그 크기만으로도 우리의 관심을 끌며, 피부 바로 밑에 있기 때문에 민무늬근이나 심근에 비해 더 직접적으로 관찰할 수 있다. 또한 골격근은 대부분 우리의 의지로 조절할 수 있기 때문에 우리는 이 근육의 움직임을 관찰해 근육의 건강 상태를 확인하고, 무엇이 잘못되었는지 빨리 알아내고, 사소한 장애에 대해서도 그 원인과 치료법을 찾을 수 있다.

골격근은 에너지를 많이 소모하고, 수명이 길고, 많이 사용해도 비교적 쉽게 회복되며, 주인이 원하는 대로 적응할 수 있으며, 심각하게 나쁜 일이 거의 일어나지 않는다. 관절이 제대로 움직이지 않은 일은 대부분 근육 자체가 잘못돼 발생하는 것이 아니라 뇌, 척수, 말초 신경, 또는 신경-근육 접합부에 이상이 생겨 발생한다. 또한 골격근은 하나 이상의 관절에 걸쳐 있는 경우가 많기 때문에, 만약 관절이 어떤 장애 때문에 딱딱해지거나 뭉치면 근육 수축이 제대로 된다고 해도 몸의 움직임이 원하는 대로 이뤄지지 않을 수 있다.

골격근에 영향을 미치는 전신 질환으로는 근육 쇠약을 들 수 있다. 근육 쇠약은 노화와 함께 자연스럽게 일어난다. 근육 쇠약이 조기 발병하는 원인 중 하나는 적절한 저항 운동의 부족이다. 저항 운동의 부족은 비활동적인 상태를 계속 유지하거나, 중력이 약한 환경에서 몇 주 동안 시간을 보낸 것이 원인이 될 수 있다. 다른 원인으로는 영양 부족과 호르몬 불균형이 있다. 예를 들어 성장호르몬, 인슐린, 테스토스테론의 수치에 문제가 생기면 근육 건강이 위협을 받는다.

뇌성마비, 뇌졸중, 떨림, 파킨슨병, 헌팅턴병은 뇌에서 기인하는 문제의 잘 알려진 예로, 운동 장애의 형태로 나타난다.

몸의 제어 시스템에서 멀리 떨어져 있는 부분에서 발생하는 문제로는 척수 손상, 근위축성 측삭 경화증(루게릭병), 그리고 소아마비를 비롯한 척수 질환을 들 수 있다. 이런 질환들은 근육으로의 신경 공급에 부정적인 영향을 줌으로써 근육을 쇠약하게 만든다.

몸의 제어 시스템에서 더 멀리 떨어진 부분에서는, 척수에서 근육까지 연장되는 신경이 절단이나 압박(예를 들어 수근관 증후군)에 의해 손상을 입을 수 있고, 더 특이한 상태로는 길랑-바레 증후군, 샤르코-마리-투스 병, 그리고 독성 화학물질(예를 들어 DDT) 중독 등을 들 수 있다. 신경-근육 접합부는 신경의 끝에 도착하는 전기적 자극이 화학물질(신경전달물질)을 자극해 근육으로 메시지를 전달하는 부분이다. 이 부분에서 발생할 수 있는 두 가지 유형의 문제가 궁극적으로 근육에 영향을 준다. 신경전달물질이 너무 많으면 근육 수축이 과도하게 자극되고, 신경전달물질이 부족하면 마비가 일어난다. 근육이 과도하게 활성화되는 증상의 원인으로는 세균 독성(파상풍), 농약 중독(말라티온, 다이아지논, 린다네, 스트리크닌) 그리고 신경 독소(사린, VX, 노비초크)를 들 수 있다. 신경전달물질이 충분히 생성되지 않거나 그 효과가 차단되어 마비가 일어나면 근무력증이 발생한다. 보툴리눔, 쿠라레curare, 헴록hemlock(독살나무), 아트로핀, 그리고 크레이트 독사, 맘바, 코브라, 산호뱀의 독이 신경 마비 독소의 예다.

골절, 탈구, 관절염, 감염 등은 관절을 딱딱하게 만들고, 근육이 정상인 상태에서도 몸의 움직임을 방해할 수 있다. 이 상태에서 근육은 등척성 수축을 하지만 몸의 움직임은 일어나지 않는다.

✦✦✦✦

하지만 몸의 제어 시스템에서 멀리 떨어진 골격근 자체에 장애가 발생하는 경우도 있다. 이 장에서 집중적으로 다룰 내용이 바로 어떻게 이런 일이 일어나는지에 대한 것이다. 피로, 경련, 근육통과 같은 것들은 여러분도 겪어봤을 것이다. 이 책이 의학백과사전이나 의사를 대체할 수는 없다. 오히려 나는 이런 상태들의 일부를 강조함으로써, 일반적인 증상들에 대한 이해를 높이면서 드문 증상들 중 몇 가지를 소개하고자 한다. 이런 증상들은 골격근의 복잡성과 일상에서의 우수한 내구성을 드러낸다. 근육의 기능과 장애에 대해 분자와 세포 수준에서 많은 것이 알려져 있지만, 주요한 미스터리들은 여전히 해결되지 않고 있다. 이제 그 부분들에 대해 살펴보자.

설명할 수 없는 통증과 고통

성장통growing pain에 대해 알려진 유일한 사실은 이 상태가 200년 동안 잘못된 이름으로 불렸다는 것이다. 성장통은 한 프랑스 의사가 1823년에 『성장기의 질병*Maladies de la Croissance*』이라는 책에서 처음으로 묘사한 질환이다. 4세에서 8세 사이의 어린이들 중 40퍼센트 정도가 매주 한두 번 밤에 종아리와 허벅지에 통증을 느끼며 잠에서 깬다. 그 통증은 몇 시간 동안 지속되기도 한다. 이런 발작은 사실 성장 발작과는 전혀 관련이 없기 때문에 일부 까다로운 사람들은 '소아 양성 특발성 발작성 야간 사지 통증' 같은 보다 정확한 이름을 선호한다. 하지만 이런 기술적인 이름도 이 증상의 원인을 설명하지는 못한다. 아이가 특히 많은 활동을 한 뒤에는 근육 피로가 이런 증상의 원인이 될 수도 있다. 비타민 D 결핍, 골밀도 감소, 순환계 문제, 가족 내 스트레스 같은 심리적 요인, 그리고 정상보다 낮은 통증 내성도 어린이가 느끼는 통증의 원인이 될 수 있다. 하지만 이런 요소 중 그 어떤 것도 이 증상과 확실하게 연결되지는 않는다. 그나마 좋은 소식은 이런 통증이 보통 마사지와 열 찜질로 호전되며, 양성이며, 결국 사라진다는 사실이다. 따라서 성장통은 심각한 공중보건 문제가 아니며, 성장통 연구는 주요 연구지원 기관에 의해 자금을 지원받을 가능성이 낮다.

하지만 나는 아침에 일어났을 때 느껴지는 뻣뻣함에 대한 치료법 연구에 자금을 지원해주면 좋겠다. 나는 매일 아침 침대에서 일어나자마자, 특히 전날 열심히 운동했을 때 뻣뻣함을 느낀다. 일어나자마자 처음 걷는 몇 걸음이 마치 취한 사람처럼 흔들리고, 균형도 잡기 힘들다. 내 근육들은 내 뇌가 요구하는 것을 하고 싶지 않은 것 같다. 근육들은 딱딱하게 굳어 있을 때도 있고 아플 때도 있지만, 그렇지 않을 때도 있다. 그런 다음 몇 분 동안 몸 풀기 운동(제자리에서 팔을 흔들며 걷기, 목 굴리기, 몸통비틀기)을 하면 뻣뻣함이 사라진다. 그리고 몇 시간 동안 앉아 있다가 일어서면 다시 엉덩이와 무릎에 뻣뻣함을 느낀다. 생각해보면, 수십 년 전부터 차에 오랫동안 앉아 있다 내리면 뻣뻣함을 느꼈던 것 같다. 그럴 때면 나는 신음 소리를 내면서 조금 절뚝거리는데, 그러다 보면 뻣뻣함이 사라진다. 내 환자들은 주요 관절을 고정시키던 깁스를 처음 벗을 때 뻣뻣함을 느낀다.

어떤 사람들은 인터넷을 뒤져본 후에는 관절염, 즉 관절의 자가 면역 염증이 그들의 관절 뻣뻣함의 원인이라고 결론을 내리기도 한다. 물론 아침 뻣뻣함은 류머티스 관절염에 전형적으로 수반되는 증상이지만, 실제 진단은 관절이 부어 있거나, 열이 나거나, 헐거워진 정도 그리고 염증 표지자의 존재 여부를 드러내는 혈액 검사의 결과를 모두 종합해야 내릴 수 있다. 따라서 대부분의 경우 아침 뻣뻣함 증상이 나타난다고 해서 류머티스 관절염이라는 진단을 내릴 수는 없다. 그렇다면 적어도 내겐 다행이다.

한편, 과학자들은 미오신의 분자 구조, 벼룩의 점프 메커니즘, 날이 추울 때 도롱뇽의 혀가 효과적으로 기능하는 현상에 대해서는 설명을 할 수 있지만,• 흔한 증상인 아침 뻣뻣함에 대한 논문은 도대체 찾을 수가 없다. 과학자들이 이런 증상들을 연구하지 않는 데는 몇 가지 이유가 있는 것 같다. 이는 아침 뻣뻣함이 저절로 사라지며, 치명적이거나 심각하게 몸을 무력화하는 것도 아니며, 자금이 풍부한 누군가가 연구자금을 지원한다고 해도 누가 어떻게 연구해야 하는지도 확실하지 않기 때문인 것 같다. 내 경우에는 일어나자마자 근육 조직검사를 받고 싶지는 않을 것 같다. 내가 할 수 있는 최선의 추측은 우리의 모든 세포에 포함된 물이 근육이 가만히 있을 때 원하는 곳에 자리 잡고 있기 때문에, 우리가 몸을 조금씩 움직여 세포에서 물을 짜내기 전까지는 우리의 움직임에 방해가 된다는 것이다. 이 현상을 나는 "젤 현상"이라고 부르고 싶다.

추위에 노출되었을 때의 뻣뻣함은 설명하기 쉽다. 열이 부족할 때, 교감신경계는 사지를 희생하고 내장을 따뜻하게 유지하는 것을 선호하기 때문이다.

사람들은 독감예방주사를 비롯한 예방주사를 맞고 나서 대부분 전반적인 근육통을 느낀다. 이 증상에 대해 알려진 것은 아침 뻣뻣함이나 성장통보다 더 많지 않다. 이런 상태들은 모두 근육의 일반적인 사용 또는 과다한 사용과 상관없이 나타난다.

• 추운 날씨에는 도롱뇽 혀의 점성이 더 높아져 먹이를 잡는 데 유리해진다.

활동으로 인한 통증

당연한 말이지만, 일상적인 신체활동이나 과도한 신체활동도 확실하게 근육 손상, 지연성 근통증delayed onset muscle soreness,• 경련, 피로의 원인이 될 수 있다.

근육을 혹사하면 근육 조직이 정상적인 한계를 넘어서까지 팽창하게 된다. (관절을 가로질러 뼈와 뼈를 연결하는 인대가 이런 식으로 팽창하면 염좌가 발생한다.) 근육 손상의 심각한 정도는 근육이 늘어난 정도에 따라 달라진다. 몸에 꽉 끼는 풀오버 스웨터를 입는다고 생각해보자. 머리를 통과시키고 한 쪽 팔씩 천천히 넣으면 몇 가닥의 실이 튀는 소리를 들을 수 있지만, 스웨터는 모양을 유지한다. 더 빠르게 스웨터를 입을수록 더 많은 실이 튀어나온다. 머리와 양팔을 빨리 제자리에 위치시키려고 하면, 무언가가 찢어지면서 스웨터가 영구적으로 손상되기도 한다. 근육 긴장이 엄밀하게는 근육 당겨짐으로 불리는 이유가 여기에 있다. 근육이 수축하고 있는 동안에 갑자기 근육을 길게 잡아당기면 뭔가가 끊어진다. 이때 손상을 입는 부위는 힘줄과 뼈의 연결일 수도 있고, 힘줄이나 근육 자체, 또는 근육이 힘줄로 바뀌는 접합부일 수도 있다. 이 경우 날카로운 통증, 찢어진 혈관으로 인한 국소적인 멍, 그리고 부기가 발생한다. 그후에는 근육이 수축할 때마다 통증이 발생한다.

• 괴도한 운동 또는 익숙하지 않은 형태의 중강도 또는 고강도 운동 후 즉시 발생하지 않고 서서히 나타나는 근육 통증.

햄스트링 근육은 특히 손상에 취약한데, 보통 달리기를 할 때, 특히 갑자기 출발하거나 멈출 때 손상되기 쉽다. 세 개의 근육으로 이뤄진 햄스트링 근육은 골반에 위치한 큰볼기근gluteus maximus 바로 아래에서 시작돼 허벅지 뒷부분을 지나 무릎 바로 뒤에서 끝난다. 따라서 햄스트링 근육의 수축은 엉덩관절(고관절)을 펴고 무릎을 구부린다. 이런 움직임은 발 뒤쪽에 있는 공을 발꿈치로 찼을 때 단독으로 일어나며, 걸음을 걸을 때는 다른 움직임과 결합되면서 일어난다. 천천히 걸을 때 햄스트링 근육은 먼저 편심성(신장성) 수축을 하고 바로 동심성(단축성) 수축을 한 뒤 이완되는 과정을 반복한다. 햄스트링 근육은 엉덩관절과 무릎관절이 복잡하고 정교하게 동기화된 방식으로 반복적으로 앞뒤로 움직이게 만든다. 따라서 농구, 축구, 테니스와 같은 운동은 햄스트링에 한 번에 너무 많은 수축을 요구해 손상을 일으킬 수 있다.

흔하게 손상되는 다른 근육으로는 요추 근육을 들 수 있다. 요추 근육이 손상을 입었을 때 보통 "등을 삐끗했다"라는 말을 쓴다. 등을 굽히지 않고 다리를 굽혀 무거운 물건을 들면 이 취약한 요추 근육의 건강에 도움이 된다. 역도 선수들과 무거운 짐을 나르는 창고 노동자들이 선호하는 넓은 복부 지지대를 사용하면 요추 근육을 더욱 잘 보호할 수 있다. 무거운 물건을 들 때 이 지지대는 "코르셋" 같은 역할을 해 코어 근육의 힘을 보충하고, 요추를 평평하게 유지해주고, 척추에 가해지는 압력을 일부 완화할 수 있다. 무거운 물건을 든 후에는 지지대를 바로 풀어야 한다. 그렇지 않으면 코어 근육을 강화하기 위한 운동이 효과가 없어지기 때문이다.

어떤 운동을 하든, 취약한 근육을 천천히 그리고 충분히 워밍업하면 근육 손상의 위험을 줄일 수 있다.

"RICE"라는 말은 휴식rest, 얼음ice, 압박compression, 높이기elevation의 앞 글자를 따서 만든 말로, 염좌나 근육 손상에 대한 오래된 관습적 치료법을 뜻한다. 왜 휴식을 해야 하는지는 쉽게 알 수 있다. 찢어진 부위가 아프기 때문이다. 간헐적으로 얼음찜질을 하면 통증을 줄일 수 있다. 손상된 부위를 탄력성 있는 소재로 압박하면 무릎이나 발목 부위의 부기를 빠르게 줄일 수 있다. 이 방법은 이 부위의 해부학적 구조를 생각할 때 매우 합리적이다. 하지만 요추 근육 손상이나 여러분이 의자에 앉아 있을 때 몸의 하중을 받는 부위, 즉 골반에서 시작되는 햄스트링 근육 손상의 경우에는 이 방법이 효과가 없다. 높이기도 마찬가지다. 높이기도 무릎이나 발목 부위의 근육 손상에는 효과가 있다. 손상된 부위를 가슴보다 높게 하면 정맥이 그 부위에서 물을 빼고 부기를 완화하기 때문이다. 하지만 누가 요추 근육과 햄스트링 근육 손상에 대해 RICE를 권장했다면, 그 사람은 손상된 그 부위들을 가슴보다 높게 올리기 위해서 해당 부위 근육들이 어떻게 움직여야 하는지 전혀 모르는 사람이라고 할 수 있다.

하지만 전반적으로 볼 때 RICE는 근육 손상을 치료할 수 있는 최선의 방법이며, 이 방법의 핵심은 휴식이다. 찢어진 부위는 수축할 수 없는 단단한 흉터 조직으로 변하면서 치유되지만, 손상의 정확한 위치와 정도에 따라 회복에 몇 주가 걸리기도 하고, 때로는 영구적으로 손상 부위가 불완전한 상태를 유지할 수도 있다. 이런 경우 현재 가장 널리 사용되는 방법이면서 근육 손상을 가장 빨리 치료할 수 있는 방법은 PRPplatelet-rich plasma(혈소판 풍부 혈장)를 주입하는 것이다. 하지만 이 방법의 효과에 대한 실험적 증거는 아직 확실하지 않고, 대규모 임상시험도 아직 이뤄지지 않은 상태다.

PRP 치료법은 혈소판이 세포 성장과 치유를 촉진하는 다양한 단백질 전달자인 성장인자growth factor로 가득 차 있다는 생각에 기초한다. 성장인자는 일종의 악기라고 생각할 수 있다. 자연에서 성장인자의 상호작용은 아름다운 교향곡의 일부다. 예를 들어 교향곡이 연주될 때 트롬본 파트가 끝나면 바이올린과 목관악기 파트가 시작된다. 하지만 PRP 치료법은 거리에 악기를 한 트럭 가득 쏟아놓고 어떻게든 그 악기들이 내는 소리가 음악적으로 들리기를 기대하는 것과 비슷하다. 어쩌면 언젠가 연구자들은 성장인자의 농도, 모양, 상호작용, 그리고 사라짐을 교향곡 연주를 할 때처럼 정밀하게 조절할 수 있을지도 모른다. 지금도 때때로 유명한 운동선수가 PRP 주사를 맞고 경기에 복귀했다는 보도를 접한다. 하지만 여기서 PRP 치료법이 실제로 치유에 도움이 됐는지, 아니면 RICE와 자연적인 치유의 결과와 우연히 일치했는지는 검증이 필요한 문제다.

어떤 익숙하지 않은 운동, 특히 근육에 편심성 수축을 일으켜 부담을 주는 운동을 한 뒤 하루에서 사흘 사이에 생기는 통증은 어떨까? 헤비메탈 콘서트에서 헤드뱅잉을 한 사람이 다음 날 목이 아파 깨는 경우가 이런 경우다.

나에게 영향을 주는 편심성 부하 활동은 오후 내내 산을 내려와야 하는 하이킹이다. 하이킹을 자주 하지는 않지만, 산을 내려올 때 중력과 내 몸무게에 저항하면서 발목을 움직이려면 종아리 근육이 수축해야 한다. 하이킹을 한 날에는 전혀 통증이 없는데, 그 다음날이 되면 종아리가 너무 아파 양손으로 난간을 잡고 계단을 내려가거나 뒤로 천천히 내려가야 한다. 하지만 그럴 때 종아리를 눌러도 별로 아프지 않고, 앉거나 서거나 평지에서 걸을 때는 종아리가 전혀 아프지 않다. 지연성 근통증일까? 이 상태를 이해한다고 생각하는 사람들은 내게 지연성 근통증에 대해 말하곤 한다. 하지만 사실 이런 상태를 정확하게 이해하는 사람은 아무도 없다.

지연성 근통증은 과로한 근육에서 액틴/미오신 유닛 배열에 구조적인 장애가 일어나기 때문에 발생하는 것 같다. 이 장애 때문에 근육세포 안팎으로 유체, 염증 매개체, 칼슘 및 나트륨 이온이 드나드는 것으로 보인다. 최근의 연구에서는 이 증상이 근육 세포를 둘러싼 섬유성 결합 조직의 얇은 겉막과도 연관돼 있다는 주장이 제기되었다. 자기공명영상 촬영과 전자현미경을 이용한 조직검사 같은 정밀한 방법을 이용한 연구가 활발하게 이뤄졌음에도 불구하고, 아직은 완전한 답을 찾지 못했다. 젖산 축적이 이 증상을 일으킨다는 이론이 제시된 적도 있었지만, 전문가들은 젖산이 몸 안에 축적된다고 해도 격렬한 운동 후 한 시간 이내에 사라진다는 이유로 이 생각을 철저히 반박했다. 또한 모든 종류의 운동이 젖산을 생산하고, 젖산이 범인이라면, 운동한 근육이 편심성으로 수축하든 동심성으로 수축하든 상관없이 지연성 근통증이 발생해야 한다. 산에서 걸어 내려오는 일이나 내리막 달리기는 종아리 근육을 반복적으로 편심성 수축시켜 지연성 근통증을 일으키는 것으로 악명이 높다. 산을 걸어 오르거나 뛰어오르는 일은 내려오는 일보다 힘들다. 산에 올라갈 때 종아리 근육을 동심성 수축시키면서 젖산을 만들어내지만 지연성 근통증을 유발하지는 않는다. 나에게는 이런 연구들의 의미를 해독하는 일이 시각장애인이 코끼리를 만지는 것과 비슷하다. 각각의 연구는 모두 흥미로운 결론을 내리고 있지만, 이 모든 연구들의 결론들은 서로 맞아 떨어지지 않기 때문이다.

지연성 근통증은 원인도 불분명하고 치료법도 불분명하다. 각각의 사례에 대한 정보는 수없이 교환되지만, 교환되는 정보의 가치는 정보를 듣는 사람이 얼마나 많은 돈을 지불하는지에 따라 다를 것이다. 좋은 연구들도 서로 상반되는 결과를 제시할 때가 많다. 이는 연구대상과 분석 방법의 차이 때문일 수 있다. 부드러운 폼 롤러 마사지와 가벼운 운동은 확실히 도움이 되는 것 같다. 하지만 이런 방법들이 몸을 편하게 해준다고 해도 회복 속도를 높이지는 않는다. 열 찜질은 아픈 부위의 혈액순환을 돕고, 염증을 해소하고, 정상적인 근육 대사를 복원하는 데에는 도움이 된다.

운동선수들은 격렬한 운동 후 얼음물에 몸을 담그기도 하는데, 얼음물에 가슴까지 잠긴 채로 찍은 사진은 소셜미디어에서 관심을 끌기도 한다. 얼음물로도 충분하지 않은 사람들을 위해 만들어진 장치도 있다. 몸 전체를 집어넣는 초저온 치료기기다. 이 기기는 몸을 몇 분 동안 영하 약 140도의 온도에 노출시킨다. 하지만 이런 얼음물 치료법과 초저온 기기의 효과는 과학적으로 입증되지 않은 상태다. 효과가 있다고 말하는 사람들은 위약 효과를 체험한 것일 수도 있다. 이런 치료법의 지지자들은 "이 정도로 불편함이 느껴진다면 분명히 몸에 좋을 것"이라고 생각하며 자신을 속이고 있는지도 모른다. 물통 안의 물 온도가 상온과 같은지 차가운 얼음물인지 피험자가 알 수 없게 만드는 것은 불가능하기 때문에 과학적으로 얼음물 치료법의 효과를 확인하는 것도 불가능하다. 당연히 추위는 혈관을 수축시키기 때문에 이 치료법을 지지하는 사람들은 얼음물 치료가 염증을 줄인다고 주장한다. 하지만 이들은 염증이 최근에 끝난 훈련에 적응하기 위해 근육에서 일어나는 필수적인 반응이라는 점을 간과하고 있다. 따라서 몸을 강하게 만드는 것이 목표라면 얼음물 치료는 합리적인 치료법이 아니다. 하지만 얼음물 치료는 일시적으로 통증을 줄이고, 장기적인 적응에 신경 쓰지 않고 경기와 경기 사이의 단기적인 회복을 원하는 운동선수들의 운동 능력을 향상시킬 수는 있다.

지연성 근통증의 예방이나 완화를 위해 식물을 사용하는 것도 얼음물 치료법만큼이나 효과가 불확실하다. 항산화 특성을 가진 블랙커런트black current, 레몬버베나lemon verbena, 타르트체리tart cherry, 사프란saffron, 커큐민curcumin 등의 식물을 사용하는 방법을 지지하는 사람들이 있지만, 이 방법 역시 과학적 근거는 부족하다. 하지만 시간은 모든 상처를 치유하며, 지연성 근통증이 근육에서 사라지면 근육은 적어도 어느 정도 시간 동안은 같은 통증의 재발에 대한 저항력을 보인다.

때때로 운동이 유발하는 근육경련cramp은 또 다른 수수께끼다. 이렇게 일시적이며, 우리의 의지와는 상관없이 발생하며, 고통스러운 근육 수축에 대해서는 알려진 것이 거의 없다. 또한 근육경련은 연구하기도 어렵다. 그 이유는 근육경련이 기본적으로 예측할 수 없는 데다 일시적이기 때문이기도 하고, 대부분의 사람들에게는 불편할 뿐 장애가 되지 않기 때문이기도 한다. 다리에 발생하는 근육경련은 "찰리 호스Charlie horse"라고 부른다. (이 표현은 1800년대 후반에 프로야구에서 나온 것 같다. 그때부터 갑자기 신문기사에 이 말이 등장하기 때문이다. 이 표현이 어떻게 생겨났는지 확실하지 않다. 다리에 경련이 발생한 운동선수의 절뚝거리는 모습이 흔들거리면서 달리는 말의 모습과 비슷하게 보였기 때문일지도 모른다.)

운동 중이나 운동 직후에 발생할 수 있는 근육경련은 경우에 따라 수분이나 소금 불균형과 관련이 있을 수 있으며, 근육 자체에서 시작되는 것이 아니라 척수반사에 의한 것일 수도 있다. 긴장한 근육을 천천히 스트레칭하고 마사지를 하면 도움이 되는 것 같다. 특히 경련이 일어난 부위를 따뜻한 물에 담그면 효과가 있는 것으로 보인다. 나는 무의식적으로 얼굴을 찡그리곤 하는데, 그게 문제의 일부인지 몸이 문제를 해결하는 방법의 일부인지는 잘 모르겠다.

과거에 의사들은 근육경련의 예방책으로 퀴닌quinine을 처방했었다. 퀴닌은 신경에서 근육으로 전달되는 전기신호를 화학신호로 변환하는 것을 감소시키고, 근육 수축 사이의 짧지만 반드시 존재하는 간격을 늘이는 효과가 있다. 하지만 근육경련 예방을 위해 퀴닌을 복용하면 부정맥과 혈소판 감소와 같은 치명적인 부작용이 발생했다.

근육경련의 원인은 체액 불균형일까? 한 연구에서 참가자들은 실내온도를 섭씨 36.1도로 맞춘 방에서 내리막길 달리기 모드로 설정된 러닝머신에서 뛰면서(종아리 근육을 편심성 수축시키면서) 물이나 포도당과 소금, 칼륨, 마그네슘이 많이 들어 있는 스포츠음료로 수분을 보충했다. 연구자들은 실험 참가자들에게 처음에는 러닝머신에서 4.8~8킬로미터(3~5마일) 거리를 달리게 한 뒤 30분과 65분 후에 참가자들의 근육에 경련이 일어날 때까지 전압을 높이면서 전기충격을 가했다. 그 결과, 연구자들은 각 시점에서 경련을 유발하는 데 필요한 전압이 스포츠음료를 마신 사람들에게서 훨씬 높았다는 사실을 발견했다. 이는 스포츠음료를 마신 참가자들에게서 근육경련 발생빈도가 낮았다는 뜻이다.

또 다른 진취적인 과학자들은 피클 주스pickle juice•가 근육경련에 미치는 영향을 연구했다. 이 연구자들은 대학생들(또 다른 자원봉사자들!)을 대상으로 엄지발가락을 아래로 구부리는 근육에 있는 신경을 약한 전기충격으로 자극했고, 자극은 이 근육이 피로 때문에 경련을 일으킬 때까지 반복적으로 가해졌다. (고온의 실내에서 내리막길 달리기 모드로 설정된 러닝머신에서 달리던 실험 참가자들에게 전압을 높이면서 전기충격을 가한 상황과 비슷하다.) 그런 다음 엄지발가락에서 경련이 일어난 참가자들은 약 70밀리리터의 피클 주스 또는 물을 마셨다. 이 양은 참가자들의 몸무게에 기초해 정확하게 설정된 것이었다. (시각적 단서, 후각적인 단서가 결과에 영향을 주지 않도록 액체는 불투명한 용기에 담겼고, 연구자와 참가자는 모두 코마개를 착용했다.) 측정 결과, 피클 주스를 마신 후 경련 지속 시간은 88초, 물을 마신 후의 경련 지속 시간은 134초였다. 하지만 연구자들은 이 차이가 체액 또는 염분 수준의 빠른 회복에 의한 것이라고 설명할 수는 없었다. 그렇게 설명하기에는 경련 완화가 너무 빨리 일어났기 때문이다. 여러 가지 가능성을 고려한 연구자들은 결국 목 안에서 일어난 반사반응이 경련을 일으킨 민감한 엄지발가락 신경의 활성을 억제했을 것이라고 추측할 수밖에 없

• 피클에 식초, 물, 소금을 넣고 만든 주스.

었다.

(이 논문을 꼼꼼히 읽기 전에 나는 어느 날 컴퓨터 마우스를 잡는 손에 경련이 일어나 냉장고에서 피클 주스를 꺼내 마신 적이 있었지만, 전혀 효과가 없었다. 논문을 읽는 동안 나는 이 실험의 참가자들이 내가 마신 것보다 훨씬 많은 양의 피클 주스를 마셨다는 것을 알게 됐다. 그후로는 경련이 일어나지 않아 테스트를 반복할 수는 없었다. 내 몸은 내가 피클 주스를 마셔 자신을 놀라게 할 수도 있다는 것을 알고 경련을 자제하고 있었을지도 모른다. 어쩌면 내가 가끔 진토닉을 마시기 때문에 혈중 퀴닌 수치가 높아져 경련이 일어나지 않았는지도 모른다.)

운동 관련 일과성 복통Exercise-related Transient Abdominal Pain, ETAP이라는 신기한 형태의 근육경련이 있다. 옆구리를 뭔가가 찌르는 것 같은 느낌을 주는 복통이다. 급성의 경우 복부의 한 쪽 갈비뼈 아래 부분을 날카로운 것으로 찌르는 듯한 통증이 느껴지며, 일반적으로 달리기, 승마, 농구, 댄스 에어로빅, 수영 같은 허리를 곧게 유지하는 활동 중에 흔히 발생한다. 식사 직후에 격렬한 운동을 하거나 많은 양의 액체를 마신 경우에도 이런 통증이 자주 발생한다. (분명히 말하자면, 식사 직후에 물놀이를 하는 경우는 이런 통증이 발생할 가능성이 낮다.) ETAP는 성별에 관계없이 젊은 운동선수들에게 더 잘 발생하며, 체형이나 몸의 상태와는 전혀 관련이 없다. 이 근육경련도 원인은 아직 밝혀지지 않고 있다. 빠른 호흡을 만들기 위해 횡격막이 격렬하게 움직이거나, 위, 비장, 췌장, 신장, 간을 지탱하는 복강 내 인대가 흔들려 이런 통증이 발생할 수 있다는 추측이 제기되고 있을 뿐이다. 예방 전략으로는 운동 전 몇 시간 동안 많은 양의 음식이나 물을 섭취하지 않고, 코어 근육을 강화하고, 넓고 지지력이 좋은 복부 밴드를 착용하는 것이 있다. 치료 방법으로는 운동 속도를 줄이고, 아픈 부위를 누르면서 심호흡을 하는 방법이 있다. ETAP 증상은 일시적으로만 나타나고, ETAP 자체가 자기 제한적이기self-limiting• 때문에 정확한 속성과 최선의 치료법은 아직 정밀하게 연구되지 못하고 있다.

이제 피로에 대해 알아보자. 이 증상은 매우 흔하기 때문에 많은 연구가 진행됐을 것이고, 그에 따라 지배적인 이론이 확립돼 있을까? 어느 정도는 그렇다. 전문가들은 피로를 중추성 피로central fatigue와 말초성 피로peripheral fatigue로 나눈다. 중추성 피로는 뇌에서 발생한다. 즉, 피곤해서 불편하다는 느낌이 바로 중추성 피로다. 하지만 중추성 피로는 근육이 실제로 지치기 훨씬 전에 발생한다. 중추성 피로라는 심리적 장애물을 극복하는 데에는 자극이 도움이 된다. 예를 들어 대규모 경기에서의 관중의 흥분, 홈팀을 응원하는 관객들의 환호, 트레이너의 격려 같은 것들은 중추성 피로를 극복하면서 한 걸음 더 나아가게 하는 데 도움이 된다.

한 실험에서는 피험자들이 "벽 등지고 앉기" 자세를 얼마나 오래 유지할 수 있는지 테스트했다. 이 자세는 벽에 등을 댄 채 다리를 구부려 의자에 앉아 있는 자세를 흉내 내는 자세다. 인센티브로 적은 돈을 제시했을 때 피험자들은 2분 만에 이 자세를 포기했지만, 금전적 보상이 크게 늘어났을 때는 이 자세를 유지한 시간이 2배로 증가했다. 이런 상황에서 심리적인 장벽을 극복하는 데 도움이 되는 것은 훈련이

• 일정한 한계에 도달하면 증상이 없어진다는 뜻.

었다. 예를 들어 한 피험자는 스스로에게 "다리야, 조용히 해"라고 말하면 도움이 된다는 것을 알게 됐다. 물론, 다른 사람들에 비해 고통에 내성이 더 강한 사람이 있을 수도 있다. 이 경우는 이 강한 내성이 중추성 피로, 즉 심리적 장벽에 대한 저항력을 높일 것이다.

하지만 어느 시점이 되면 심리적인 요인과는 관련이 없는 말초성 피로가 찾아오기 마련이다. 단거리 달리기나 웨이트 리프팅과 같은 강렬하고 짧은 활동의 경우, 일반적으로 30분의 휴식이 근육 회복을 가능하게 한다. 이 시간 동안 신경말단은 신경근육 접합부에서 화학 전달물질을 보충하고, 근육은 나트륨, 칼륨, 칼슘의 적절한 수준을 재설정한다. 마라톤과 같은 지구력 운동의 경우 근육과 간에 당질을 보충하고, 신경이 지속적인 고주파 신호를 발생시킬 수 있는 능력을 회복하고, 대사 쓰레기물을 제거해서 피로로부터 회복하는 데 적어도 이틀에서 사흘이 걸린다.

스타틴 성분의 약물은 경미한 근육통에서 치명적인 자가 면역 반응에 이르기까지 다양한 골격근 문제를 일으킬 수 있다. 이 약물은 간에서 콜레스테롤의 생성을 감소시키므로 혈중 콜레스테롤 수준을 낮추고 관상동맥에 혈전이 형성되는 것을 방지하기 위해 흔히 처방된다. 이 치료법은 대부분의 경우 수명을 연장하지만, 약 5퍼센트의 사람들에게서는 스타틴 복용으로 인한 근육 이상 증상이 나타난다. 때로는 원인과 결과의 관계가 불분명한데, 스타틴을 복용하든 안 하든 독감이나 운동으로 인한 근육통이 생기기 때문이다. 스타틴이 원인인지 아니면 단순한 우연인지는 확실하지 않다. 이 약물을 처방하는 의사는 혈액 검사에서 부정적인 근육 변화가 나타나면 약물 투약을 즉시 중단해야 한다. 유전적 변이 때문에 스타틴 근육병증에 더 취약한 사람들도 있다.

유전적 오류

근이영양증muscular dystrophy이라는 심각한 근육질환은 유전자 이상 때문에 발생한다(근이영양증이라는 말은 그리스어로 "결핍"을 뜻하는 "*dys*"와 "영양"을 뜻하는 "*trophy*"를 합쳐 만든 말이다). 즉, 근이영양증은 유전에 의해 발생하거나 새로운 돌변변이에 의해 발생하는 질환이다. 이 질환은 분자들의 연결이 끊어지는 위치에 따라 수많은 형태로 발생할 수 있다. 정상적인 경우 근육 내 액틴/미오신 유닛들은 세포 표면으로 이어지는 긴 단백질에 부착된다. 세포 바깥의 다른 단백질들은 이 연결을 확장해 액틴/미오신 유닛들이 최종적으로 힘줄을 거쳐 뼈로 연결되도록 만든다. 근육 수축과 관절 움직임은 이 연결의 결과다. 이 연결은 자동차 엔진과 바퀴 사이의 연결과 어느 정도 비슷하다. 이 연결이 끊어졌을 때는 그 상태가 변속기가 중립 상태에 맞춰진 결과인지, 구동축이 부러진 결과인지에 관계없이, 엔진을 강하게 구동시켜도 차가 움직이지 않는다. 하지만 근이영양증 환자의 경우는 자동차에서 연결이 끊어지는 경우보다 더 치명적이다. 어떤 연결이 끊어지든 액틴/미오신 유닛들이 근육세포의 세포막을 잡아당겨 찢어버리기 때문이다. 이렇게 되면 나쁜 물질들이 세포로 들어오고 좋은 물질들이 세포 밖으로 배출돼 결국 근육세포가 죽는다.

이 질환의 가장 흔한 형태는 뒤센Duchenne 근이영양증이다. 19세기에 이 질환에 대해 광범위하게 연구한 프랑스 신경학자의 이름을 딴 것이다. 최근에 연구자들은 액틴/미오신 유닛들을 세포막에 연결하는 긴 단백질 중에서 첫 번째 단백질이 끊어져 이 질환이 발생한다는 사실을 밝혀냈다. 또한 이 질환은 X 염색체 연계 열성장애X-linked recessive disorder의 일종이기도 하다. 이는 이 질환이 남자아이들에게 훨씬 더 많이 발생한다는 뜻이다. 여자아이들의 경우는 두 개의 X 염색체 중 하나에서 문제가 있더라도 나머지 X 염색체가 정상이라면 이 질환을 유전시킬 수는 있지만 자신은 이 질환에 걸리지 않기 때문이다.

뒤센 근이영양증은 아이가 걷기 시작할 때쯤 나타난다. 이 질환에 걸린 남자아이는 나이가 들면서 계속 약해지지만, 종아리는 쇠약해보이지 않고 오히려 근육질로 보인다는 사실이 아이러니하다. 분자들의 연결이 끊어지면 근육섬유는 점차 무질서해지면서 죽기 시작하고, 결국 섬유 조직과 지방으로 대체된다. 이때 남아 있는 근육섬유들이 사라진 근육섬유들의 역할을 떠안기 위해 비대해지기 때문에 역설적으로 근육이 튼실한 모습을 보이게 되는 것이다. 근육이 계속 약해지면 결국 교정기, 목발, 휠체어에 의존해야 한다. 뒤센 근이영양증의 근육 이형성은 심근과 민무늬근에도 영향을 미친다. 이 질환이 말기에 이르면, 심부전과 소화기 및 비뇨기계의 기능 저하가 발생한다.

테스토스테론과 비슷한 스테로이드 제제는 강력한 항염증과 근육 강화 기능이 있기 때문에 근력과 걷는 능력을 몇 년 동안 연장하고 수명을 늘릴 수 있다(그래도 기대수명은 15년 정도에 불과하다). 안타깝게도 일반적인 스테로이드 치료는 과도한 체중 증가, 성장 장애, 행동

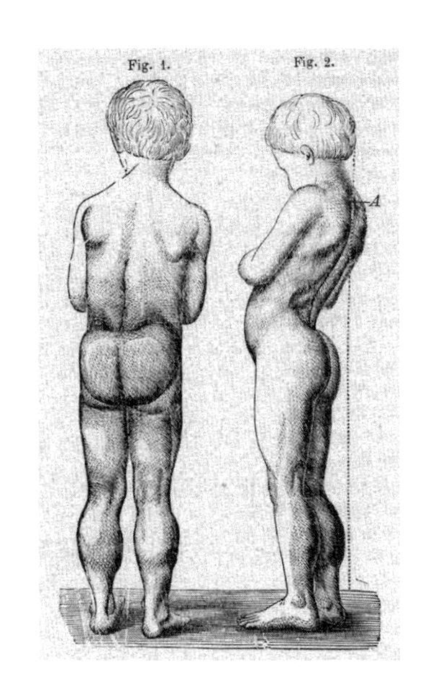

가장 흔한 형태의 근이영양증을 설명한 1868년의 논문에 삽입된 그림. 그림에서는 하지 근육에서 전형적으로 나타나는 가성비대pseudohypertrophy 현상과 허리 근육 약화로 인해 허리가 심하게 굽은 현상을 볼 수 있다.

변화, 골밀도 감소 같은 심각한 부작용을 수반한다. 이런 부작용으로 인해 골절 위험이 높아진다. 합성 스테로이드는 현재 FDA 승인의 후기 단계 검토가 진행되고 있는데, 뒤센 근이영양증 환자의 근육 약화 속도를 늦추며, 부작용이 적게 나타난다고 한다. 유전자 치료법도 현재 연구되고 있다.

악성고열증malignant hyperthermia이라는 유전성 근육 이상은 특정한 가계에 영향을 미치지만 세대를 거쳐도 완전히 감지되지 않을 수 있다. 하지만 그러다 수술실에서 예기치 못한 상태에서 환자를 사망에 이르게 할 수도 있다. 최고의 컨디션을 유지하고 있던 운동선수가 부상 치료를 위해 “일상적인” 수술을 받다 이 질환으로 인해 사망하는 경우 특히 대중의 관심이 집중되곤 한다. 흔히 사용되는 마취 가스와 이완제가 이런 물질에 취약한 사람에게 투여되면 근육세포에서 칼슘이 걷잡을 수 없을 정도로 방출돼 지속적인 근육 수축을 일으킬 수 있다. 이 근육 수축으로 인해 다양한 반응이 발생하는데, 여기에는 ATP의 급속한 고갈, 산소와 포도당의 과도한 소모가 포함된다. 또한 이 경우 심박수와 호흡의 상승과 함께 이산화탄소 수치와 체온이 과도하게 상승하고 다발성 장기 부전이 발생하기 때문에 이 상태에서 치료를 받지 못한 사람의 80퍼센트는 사망하게 된다.

다행히도 FDA는 1979년에 악성고열증 치료제를 승인했고, 그 이후로는 전신마취가 이뤄지는 모든 수술실에서 이 약물 사용이 의무화됐다. 치료제는 1960년대에 발견됐는데, 당시 의사들은 처음에 근육 경직을 치료하기 위해 이 약물을 사용했다. 이 약물은 유전적으로 취약한 돼지에서 치명적인 결과를 막아준다는 사실이 알려진 뒤 얼마 지나지 않아 악성고열증 치료에 효과가 있다는 것이 밝혀졌다. 사람의 경우 치료제를 신속하게 투여하고 얼음으로 전신을 차게 만들면 악성고열증의 사망률을 5퍼센트 미만으로 줄일 수 있다.

물론 이 질환의 경우에도 치료보다 중요한 것은 예방이다. 하지만 악성고열증은 특정한 사람이 이 질환에 취약하다는 것을 드러내는 증상이나 신체적 단서가 전혀 없다. 근육 조직검사(국소마취 상태에서 시행된다)로 개인의 유전적 상태를 파악할 수는 있지만, 이 방법은 일반적으로 사용되지는 않는다. 만약 가족 중에 수술실에서 갑자기 사망한 사람이 있었다면, 마취를 받기 전에 꼭 마취과 의사에게 말을 해야 한다. 환자가 악성고열증을 일으키는 25가지 이상의 유전적 돌연변이 중 하나를 가질 가능성이 조금이라도 있다면, 다른 마취제를 사용해야 하기 때문이다.

다행히 매우 드문 유전 질환이긴 하지만, 환자를 천천히 사망으로 이끄는 근육 질환이 하나 있다. 여기서 이 질환에 대해 설명하는 것은 일반적으로 골격근이 심각한 장애에 대해 놀라울 정도로 저항력이 강하다는 것을 강조하기 위해서다. 진행성 골화성 섬유이형성증fibrodysplasia ossificans progressive, FOP이라는 이름의 이 근육 질환은 근육이 뼈로 변하는 질환으로, 주사, 타박상, 낙상 등에 의해 유발될 수 있다. 근육이 뼈로 변한 부분을 처음 제거한 외과의사들은 수술 상처에 대한 반응으로 더 많은 뼈가 바로 만들어지는 것을 보고 깜짝 놀랐다. 이 경우 골격근, 힘줄, 인대가 모두 뼈로 변할 수 있으며, 이 상태가 몇 년 동안 계속 지속되면 사람의 몸은 거의 전부가 뼈로 변한다. 그러다 결국 환자는 가슴 팽창 제한으로 숨을 쉴 수 없는 상태가 돼 호흡부전으로 사망하게 된다.

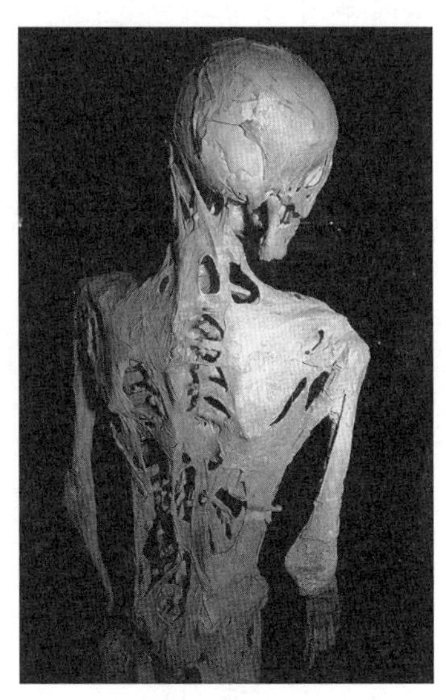

희귀질환인 진행성 골화성 섬유이형성증에 걸린 환자는 가벼운 외상만 입어도 그 부위의 근육이 뼈로 변한다. 이 상태에서 근육은 근골격계를 점차적으로 그리고 비가역적으로 굳게 만들기 때문에 환자는 결국 호흡부전으로 조기사망에 이르게 된다.

FOP의 경우에 근육은 범인이 아니라 희생자다. 범인은 태아가 발달하는 동안 뼈 성장을 자극하는 단백질, 그리고 골격이 형성된 후에 이 단백질이 새로운 뼈를 만들지 못하게 방해하는 다른 단백질이다. 돌연변이 유전자는 새로운 뼈를 만드는 것을 방해하는 이 단백질의 합성을 잘못 코딩해, 골격근이 위치한 부분에 뼈를 만들어내는 단백질이 널리 확산되도록 만든다. 현재 쥐에게서 기존의 골격이 아닌 뼈의 형성을 막는 새로운 약물이 개발된 상태이며, 이 질환을 앓고 있는 환자들을 대상으로 하는 임상시험이 진행되고 있다.

분자 수준의 문제로 인한 또 다른 질환들

진행성 골화성 섬유이형성증보다 훨씬 흔하지만 유전되지 않으며, 다행히 치명적이지도 않은 신기한 질환이 있다. 신경성 이소성 골화증neurogenic heterotopic ossification이다. 이 질환은 뇌와 척수 손상 후에 근육에 뼈가 형성되는 것으로, 엉덩이와 무릎 주변에서 주로 발생한다. 또한 이 질환은 신경 손상을 입은 환자가 침대에 누워 있거나 인공호흡기를 사용할 때 발생하는, 잘 이해되지 않는 질환이다. 현재 유일한 치료법은 환자의 상태가 안정된 후 6개월에서 1년 사이에 골화된 근육을 수술로 제거하는 것이다. 과학자들은 이 상태를 파악하고 약물로 예방할 수 있는 방법을 찾기 위해 다양한 염증 매개체와 줄기세포 활성제를 연구하고 있다.

이제부터 설명할 다른 질환을 이해하기 위해 3장의 시작 부분에 있는 그림을 다시 보고 점선으로 표시된 근막에 주목해보자. 근막은 골격근을 소시지 포장지처럼 둘러쌈으로써 골격근의 모양을 잡아주는 얇고 투명한 섬유 조직 층이다. 국소적인 부상이 발생한 경우, 예를 들어 골절이 발생한 경우, 몸의 대부분의 부위에서는 근막이 팽창하면서 근육에서 새는 피가 고일 수 있는 공간을 만든다. 따라서 이때 증가하는 부피는 근막 구획 안에 있는 근육에 전혀 압력을 가하지 않는다. 하지만 다리 아랫부분과 팔뚝의 근육을 둘러싸는 근막은 질기고 잘 늘어나지 않는다. 따라서 근막 구획의 부피는 새는 피에 반응해 증가하지 않고, 근막은 근육에 더 많은 압력을 가하게 된다. (탄력 있는 허리 밴드가 들어간 파자마 바지를 입고 과식하는 것과 바지에 딱딱한 허리띠를 매고 과식하는 것의 차이를 생각해보면 이 상황을 잘 이해할 수 있다.) 구획 증후군compartment syndrome은 이 압력이 동맥압을 압도하고 근막 구획 안에 갇힌 근육에 대한 혈액순환을 차단할 정도로 증가할 때 발생한다. 근막 구획 내의 압력이 신속하게 완화되지 않으면 근육은 죽는다. 그러면 몇 달에 걸쳐서 밀집된 흉터 조직이 죽은 근육을 점차 대체하고 근육이 가로지르는 관절(들)의 움직임을 방해하게 된다. 근육 손상이 일어나기 전에 압력을 완화하기 위해서는 외과의사가 근막을 절개해 부기를 가라앉혀야 한다. 이 과정은 과식한 사람의 허리띠를 자르는 것과 비슷하다. 1881년에 독일의 의사 리하르트 폰 폴크만 Richard von Volkmann은 이 질환을 앓는 사람의 손가락이 기이하게 접힌 모양에 대해 기술했다. 이런 비정상적인 근육 수축, 즉 구축contracture은 이 현상을 처음 발견한 독일 의사의 이름이 들어간 "폴크만 구축"이라는 용어로 불린다.

구획 증후군의 훨씬 가벼운 형태로 만성 운동성 구획 증후군chronic exertional compartment syndrome이라는 질환이 있다. 이 질환의 증상은 "정강이 통증"이나 "팔뚝 통증" 같은 형태로 나타나기도 한다. 이 두 상태 모두 운동으로 인한 통증과 근육 약화를 특징으로 하며, 휴식으로 해결된다. 달리기를 하는 사람들은 하지 근육에서 주로 이런 증상이 발생한다. 오토바이 경주대회 참가자들은 핸들바를 강하게 잡은 직후에 팔 근육에서 느껴지는 통증을 호소하기도 한다. 근막은 운동에 반

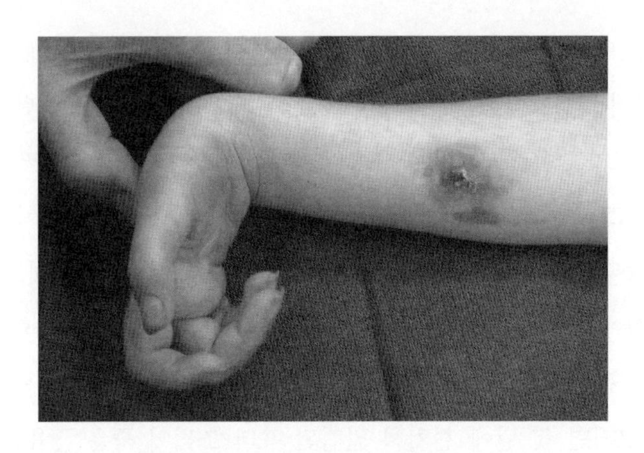

양쪽 팔뚝뼈가 모두 골절된 소년의 팔을 찍은 사진. 골절 부위에 인접한 근육을 둘러싼 근막과 깁스(사진의 검게 변색된 부분이 깁스를 착용했던 위치다)로 인한 압력에 의해 부기가 생긴 상태다. 골절 부위 근육으로 혈액이 공급되지 않아 해당 부위의 근육이 죽어 결국 흉터 조직으로 대체됐고, 그로 인해 손가락들이 이렇게 기능장애적인 상태로 고정됐다.

응하는 근육이 붓는 것을 막는 역할을 한다. 따라서 근막 구획의 압력 증가는 산소를 필요로 하는 근육으로의 혈액순환을 방해한다. 휴식, 마사지, 비스테로이드성 항염증제로 치료가 되지 않는 경우에는 근막을 수술로 절개하는 방법이 대부분 효과가 있지만, 항상 효과가 있는 것은 아니다.

마지막으로 설명할 분자/세포 근육 질환은 가로무늬근융해증rhabdomyolysis이다. 그리스어로 "*rhabdo*"는 "막대기", "*myo*"는 "근육", "*lysis*"는 "파괴"를 뜻한다. 즉, 이 질환은 가로무늬근, 구체적으로는 심근이 아닌 골격근의 파괴를 뜻한다. 이 증상은 팔다리 중 하나에서 압착 또는 압착에 의한 부상으로 혈액순환이 몇 시간 동안 막히는 경우에 발생한다. 의사들과 응급 구조대원들은 1908년 시칠리아 지진의 생존자들, 제1차 세계대전 동안의 독일군 병사들, 제2차 세계대전 동안의 런던 공습 생존자들에서 이 증상을 발견했다. 이 환자들은 모두 무거운 기둥이나 부서진 판에 의해 한 개 이상의 팔다리에서 혈액순환이 차단된 사람들이었다. 전쟁 상황이 아닌 경우에는 지진에 의한 갇힘, 극도의 운동, 과열(예를 들어 악성고열증), 약물(주로 항정신병 약물. 드물지만 스타틴)이 이 증상을 유발했고, 혼수상태의 환자가 딱딱한 표면에 놓인 채 오랫동안 이동하지 못해 이런 증상이 나타난 경우도 있었다.

압박을 받은 부위에 혈액이 공급되지 못하면 그 부위에 위치한 근육 세포는 산소 부족으로 죽는 것과 동시에 파열(분해)되기 시작한다. 이렇게 되면 근육세포 안에 있던 분자들이 세포 밖으로 새어나오기 시작한다(이 필수적인 분자들은 근육세포 안에 있을 때는 매우 안전하다). 무거운 물체에 깔린 사람이 구조되거나 혼수 상태의 사람이 움직이면 해당 부위에서 혈액순환이 다시 시작되면서 근육에 남아 있던 독성 물질들이 온몸에 퍼지기 시작한다. 이 독성 물질들은 특히 신장에 파괴적인 영향을 미쳐 신부전을 일으킨다. 이 질환이 적시에 발견되면 정맥을 통한 수액 공급과 (극단적인 경우) 투석을 통해 치료해야 한다.

가로무늬근융해증은 구약성서 중 『민수기』 11장 31~33절에도 묘사돼 있다. 『민수기』의 저자는 이집트에서 탈출하는 동안 유대인들을 덮친 심한 전염병을 묘사한다. 방랑하던 유대인들이 메추라기를 많은 먹은 직후에 이 전염병으로 인해서 많은 사람이 갑자기 죽게 된다. 이 증상은 가로무늬근융해증 증상과 일치한다. 여러 연구에 따르면 이 사건은 지중해 메추라기가 독살나무 씨를 먹는 것으로 알려진 봄에 발생했다. 역사가들과 독성학자들은 현대의 가로무늬근융해증 사례가 봄에 지중해 메추라기를 먹은 후에 발생할 수 있다는 것을 알아냈다. 메추라기에게는 독성이 없는 독살나무가 왜 봄에 지중해 메추라기를 먹은 사람들에게 가로무늬근융해증을 일으키는지는 아직도 밝혀지지 않은 상태다.

지금까지 우리가 다룬 모든 골격근의 문제는 분자적·세포적 수준에서 발생한다. 나는 흔하게 나타나는 증상인 성장통, 아침 뻣뻣함, 지연성 근통증, 정강이 통증의 원인에 대한 이해가 불완전한 것이 아이러니하다고 생각한다. 이와는 대조적으로 드물지만 대부분 치명적인 문제를 일으키는 유전자 돌연변이는 완벽하게 규명돼 있다. 흔하게 나타나는 문제들이 팔다리나 생명에 위협적이지 않기 때문에 연구자들에게 관심을 적게 가지는 것일까? 아니면 원인이 너무 미묘해서 현재 사용 가능한 방법으로는 연구가 불가능한 걸까? 나는 근육에 아직 밝혀지지 않은 비밀이 있다는 것이 재미있게 느껴진다. 이제부터는 즐거운 마음으로 기계적인 근육 이상에 대해 다룰 것이다. 즐겁다고 말한 이유는 이런 유형의 근육 질환들은 매우 명확하고 대부분 치료가 가능하기 때문이다.

기계적인 문제

먼저 다룰 문제는 근육이 골격에서 분리됨에 따라 근육 수축이 더 이상 관절을 구동시키지 못하게 되는 근골격 분리muscoskeletal disconnection 증상이다. 자전거의 체인이 끊어져도 비슷한 일이 일어난다. 이 경우 아무리 힘껏 페달을 밟아도 자전거는 움직이지 않는다. 손과 팔에 있는 힘줄이 절단되는 사례를 전형적인 사례로 볼 수 있다. 이보다 덜 흔한 사례로는 강력한 스트레칭 때문에 힘줄이 뼈에서 떨어져나가는 사례를 들 수 있다. 근육 자체가 찢어지는 일은 매우 드물다. 대부분의 경우 분리가 일어나는 위치는 힘줄이거나 힘줄이 뼈에 부착된 부분이다.

힘줄 파열 사례 중에서는 움직이지 않는 것만으로도 치유가 되는 것들도 있다. 예를 들어 손가락의 말단 관절을 펴주는 손톱 기저부 근처의 힘줄이 파열된 경우가 그렇다. 하지만 대부분의 경우 힘줄이 파열되

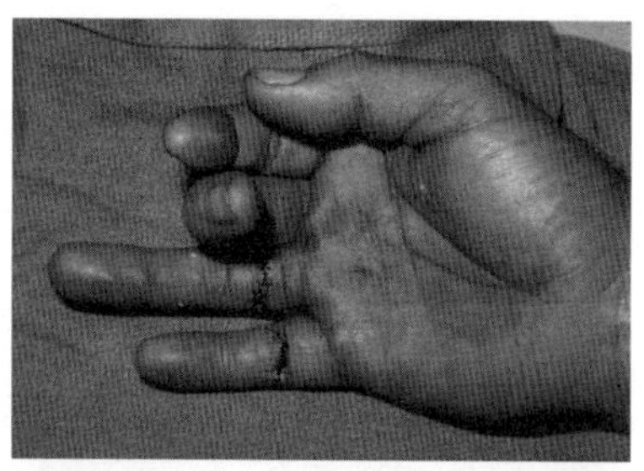

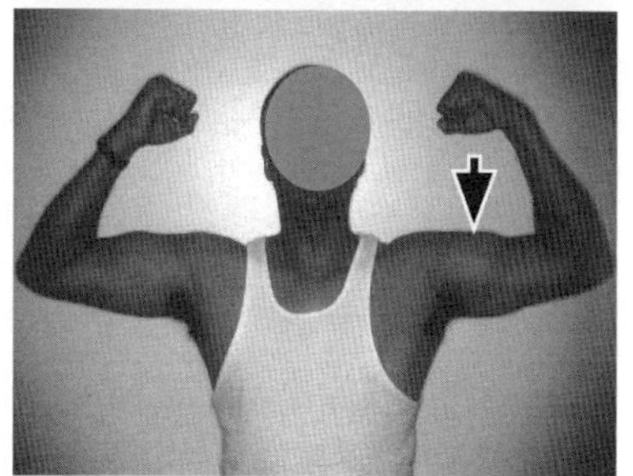

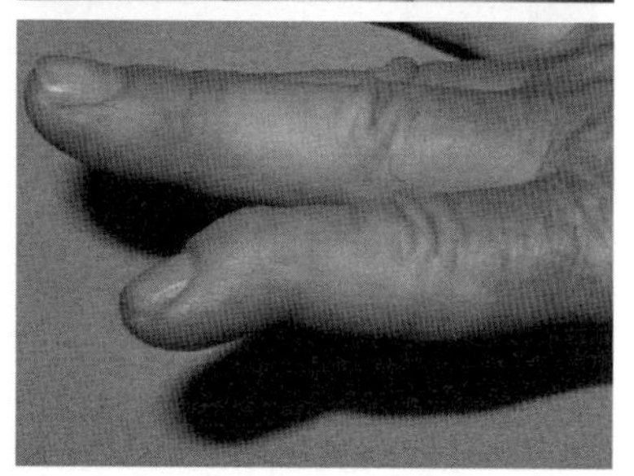

근육/힘줄 분리 사례.

위: 칼에 베여 약지와 새끼손가락을 모으게 해주는 힘줄이 끊어진 사례.

가운데: 무거운 물건을 들다 왼팔의 위팔두갈래근이 팔꿈치의 뼈와 분리된 남자의 사진. 근육의 융기는 여전히 남아 있지만, 융기된 부분이 어깨에 더 가까워졌고, 팔꿈치 굽힘의 강도가 약해진 상태다.

아래: 배구를 하다 입은 부상으로 손가락 끝부분의 관절을 펴는 힘줄이 늘어난 상태.

면 수술을 통해 재결합을 해야 한다. 이런 경우 재활 기간을 거친 후에 거의 정상적인 기능이 회복된다. 뒤꿈치 힘줄(아킬레스건)이 파열되거나 팔꿈치 근처에 위치한 위팔두갈래근 부착 부위에서 힘줄이 파열되는 일이 가장 흔한 예다.

근육이 연결돼 있지만 그 근육이 너무 길거나 짧아서 정상적인 기능을 수행할 수 없는 경우도 있다. 원인은 유전, 부상, 감염 등 매우 다양하다. 안구 주변에 있는 여섯 개의 근육을 다시 떠올려보자. 이 근육들은 안와(눈확) 안에서의 안구의 움직임을 담당한다. 따라서 이 근육들이 균형을 이루지 못하면 물체를 볼 때 눈이 제대로 정렬되지 않는다.

이 근육들이 너무 길어서 문제가 되는 경우, 안과의사는 근육을 떼어내고 전진시킨 다음 다시 붙이거나, 여러 번의 정밀한 봉합으로 근육의 길이를 줄일 수 있다.

근육이 너무 짧아서 관절이 완전히 펴지지 못하는 경우도 있다. 이는 뇌성마비 환자에게서 흔하게 발생하는데, 이 경우 뒤꿈치 힘줄이 너무 짧아서 발을 바닥에 평평하게 대지 못해 발끝으로 걷게 된다. 또한 뇌가 잘못된 신호를 보내 근육을 수축시키는 경우에도 근육이 너무 짧아질 수 있다. 이 경우 치료를 하지 않으면, 근육은 점차 짧은 상태를 정상으로 인식하게 되고, 근육이 조절하는 관절낭이 팽팽해져 관절이 정상적인 범위 내에서 움직이지 못하게 된다. 또 다른 흔한 상황은 뇌졸중 환자가 팔꿈치, 손목, 손가락을 펴지 못하는 경우다. 이렇게 되면 팔을 소매에 끼우는 것이 매우 어렵고, 손을 가슴뼈 앞에서 움켜쥐고 어색한 자세로 쉬게 된다. 이런 경우에는 힘줄을 "계단 모양"으로 절개해 힘줄을 늘리고, 힘줄의 끝을 다시 봉합해 근육-힘줄 유닛의 길이를 재조정할 수 있다. 수술 전에 보툴리눔 주사로 근육을 일시적으로 마비시키면, 영구적인 힘줄 늘리기 수술이 어떤 효과를 내는지 잘 알 수 있다.

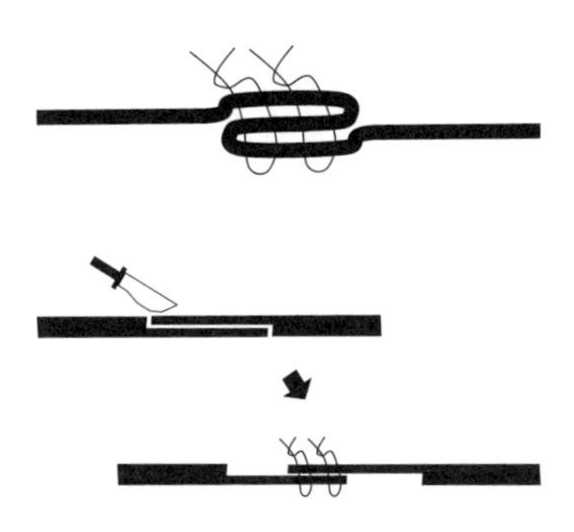

너무 긴 근육/힘줄 유닛은 힘줄을 겹치고 봉합하는 방법으로 줄일 수 있다. 너무 짧은 근육/힘줄 유닛은 힘줄을 계단 모양으로 자른 다음 다시 연결하는 방법으로 늘릴 수 있다.

이 방법은 어떤 근육이 관절을 자유롭게 움직이게 만들 정도로 팽창하고 수축하지만, 그 근육이 너무 강해 반대 방향으로 관절을 움직이는 정상적인 근육의 움직임을 방해하는 경우에도 효과가 있다. 이 현상은 뇌성마비, 심각한 머리 부상, 뇌졸중을 겪은 환자에게서 나타날 수 있다. 보툴리눔 주사가 효과가 있으면, 외과의사는 해당 근육으로 이어지는 신경을 자르거나, 그 근육에 부착된 힘줄을 늘리거나 떼어낼 수 있다. 근육이 정상적으로 기능하고 있지만 그 근육이 약한 경우에는 근육 강화 훈련으로 충분하다. 무릎관절 전체를 교체한 뒤에도 근육 강화 훈련으로 충분하다.

근육이 없거나 강화 운동을 한 후에도 너무 약한 경우, 외과 의사들은 보통 다른 기능을 수행하는 근육의 기시부나 정지부 또는 그 둘 다를 이동시켜서 더 중요한 기능을 대신 수행하게 만드는 놀라운 창의력을 보여줬다. 이런 이식은 1950년대 소아마비 유행 이후에 절정에 달했는데, 정형외과 의사들은 환자들이 무릎 교정기 없이 무릎을 펴거나 손을 입에 가져갈 수 있도록 해주는 근육을 이식하기 위해 머리부터 발끝까지 몸의 거의 모든 부분을 뒤졌다.

이식 수술의 성공 여부는 어떤 근육이 마비됐는지, 어떤 근육이 강한 상태를 유지하고 있는지, 어떤 근육이 이식에 적합한지에 따라 달랐다. 예를 들어 위팔의 앞쪽에 있는 근육(위팔두갈래근과 위팔근)은 팔꿈치를 구부려 손이 입에 닿을 수 있게 만든다. 위팔의 뒤쪽에 있는 근육(위팔세갈래근)은 팔꿈치를 펴주는 역할을 하지만, 필요하면 중력도 이 일을 해줄 수 있다. 따라서 위팔두갈래근과 위팔근이 마비되고 위팔세갈래근이 완벽하게 기능하는 경우, 외과의사들은 위팔세갈래근을 팔꿈치 뒤쪽의 정지부에서 떼어내 팔꿈치 앞쪽의 위팔두갈래근 힘줄에 붙여줄 것이다. 그러면 환자는 위팔세갈래근을 수축시켜 팔꿈치를 접는 방법을 배우면 된다. 팔꿈치를 펴려면, 환자는 위팔세갈래근을 이완시키고 중력에 맡길 것이다.

소아마비가 거의 박멸된 후, 힘줄 이식 수술은 심하게 손상된 사지의 기능을 회복시키는 손 전문 외과의사들의 영역이 됐다. 예를 들어, 이 수술은 정상적인 손가락의 힘줄을 떼어내 손상된 엄지손가락에 이어 붙여 손가락의 핵심적인 움직임을 복원할 수 있다. 환자들은 빠르게 이런 변화에 적응해 별로 의식하지 않고도 새로운 위치에 이식된 근육을 유용하게 사용할 수 있다. 침대 옆 탁자에 있던 전등을 플러그를 뽑지 않은 상태에서 서랍장으로 옮기는 일과 비슷하다. 이렇게 옮겨진 램프는 이전에 어두웠던 곳에 빛을 제공한다.

최근 수십 년 동안 이런 미세수술의 지속적인 발전은 다양한 전문 분야의 외과의사들이 많은 종류의 질병에 대해 자유롭게 근육 이식을

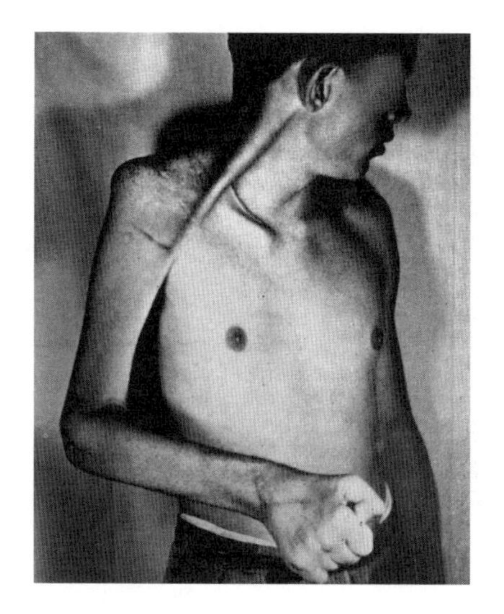

이 그림은 소아마비로 인해 팔꿈치를 접는 정상적인 근육이 마비된 환자에게 이식할 수 있는 충분히 강한 근육이 어깨 주변에 남아 있지 않은 경우에 목에서 팔로 근육을 이식한 결과를 보여준다. 가슴뼈와 쇄골에서 귀 뒤쪽의 두개골까지 이어지는 띠 모양의 근육(목빗근)이 재배치돼 힘줄로 연결된 뒤 위팔두갈래근 힘줄에 부착됐다. 머리를 움직이지 않으면서 이 근육을 수축시키면 팔꿈치가 접힌다. 머리를 반대쪽으로 돌리면 이식 부위가 더 당겨지고 팔꿈치가 더 많이 굽혀진다.

수행할 수 있게 만들었다. 여기서 "자유롭게"라는 말의 의미는 외과의사가 이식용 근육을 원래 위치에서 완전히 분리(자유화)하고 그 근육에 동맥, 정맥, 신경을 잇는다는 뜻이다. 그런 다음 외과의사는 이 근육을 몸의 다른 곳에 위치하는 새로운 기시부와 정지부에 부착하고, 혈관과 신경을 인근의 유사한 구조에 다시 연결한다. 이는 침실 탁자에 있던 전등의 플러그를 뽑고, 부엌으로 옮긴 다음 다시 플러그를 꼽는 것과 비슷한 일이다.

자주 사용되는 이식용 근육은 허벅지 안쪽에 있는 길고 가느다란 근육인 두덩정강근이다. 이 근육은 제거되더라도 근처의 다른 근육이 이 근육의 정상적인 기능을 대신할 수 있다. 두덩정강근은 여러 영역에서 일꾼 역할을 할 수 있다. 예를 들어 이 근육은 얼굴에서는 마비된 안면 근육을 대신하고, 팔뚝에서는 팔꿈치를 접는 기능을 복원할

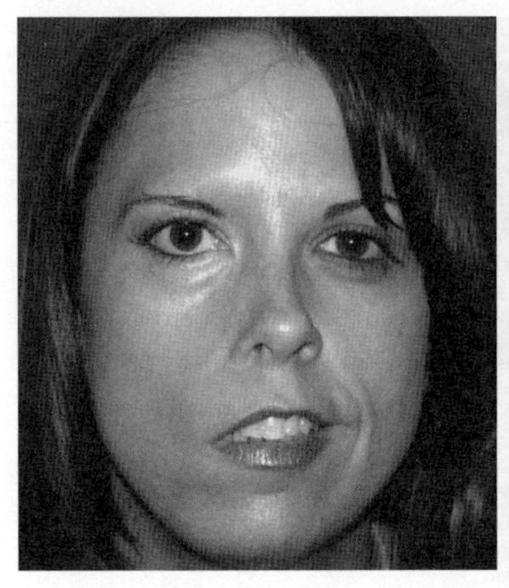

이 여성은 선천적으로 오른쪽 안면 신경이 마비돼 입이 처져 있었다. 이 여성에게는 음식을 씹는 데 관여하는 여러 근육 중 하나인 관자근을 재배치하는 수술이 시행됐다. 수술의는 이 근육의 기시부를 두개골 측면의 관자놀이 부위에서 들어 올린 다음 아래로 접고 다시 앞으로 접은 뒤 위아래 입술의 가장자리 주변에 다시 부착했다. 이런 수술 직후에는 이식된 근육을 수축시키고 미소를 짓기 위해 환자들이 이를 깨물어야 하지만, 시간이 지나면서 씹는 데 사용되는 다른 근육들과는 상관없이 관자근을 수축시키는 법을 무의식적으로 배우게 된다.

수 있다.

이식된 근육은 움직임을 복원할 수도 있지만, 부상이나 큰 종양의 제거 후에 발생할 수 있는 피부의 큰 결손 부위나 비정상적인 윤곽을 채워줄 수도 있다. 피부가 없어진 경우 새로운 위치로 이식된 근육은 내구성 있는 쿠션 역할을 할 수 있으며, 이식된 근육은 다른 피부 조각으로 덮을 수도 있다. 또한 아예 근육과 피부를 같이 이식할 수도 있다. 기능을 복원하기 위해 이식된 근육과 마찬가지로, 특정 근육을 대신하거나 특정 부위의 윤곽을 만들기 위해 이식된 근육도 한쪽 끝에 부착된 채로 회전할 수 있다. "자유" 이식이 이뤄지는 경우도 있다.

이는 근육 하나를 완전히 떼어내 필요한 위치에 다시 부착하는 것을 말한다.

손상된 부위의 근육을 대신하기 위해 자주 회전되는 일꾼 근육으로는 "장딴지 근육 판gastroc flap"을 들 수 있다. 종아리 근육인 장딴지 근육과 가자미근은 서거나 걸을 때 뒤꿈치를 들어 올리는 동일한 기능을 수행한다. 무릎 주변에 심한 부상을 입어 다른 근육을 그곳에 집어넣어야 할 때 종아리 근육의 표면 쪽 반, 즉 장딴지 근육을 이용할 수 있다. 종아리 근육의 남아 있는 반과 그 아래의 가자미근이 발끝으로 서 있을 수 있는 능력을 그대로 유지시킬 수 있기 때문이다. 외과의사는 "종아리 근육"을 발목 근처에서 떼어내고 접어 올려서 노출된 정강이뼈나 벌어진 무릎관절 또는 둘 다에 붙일 수 있다.

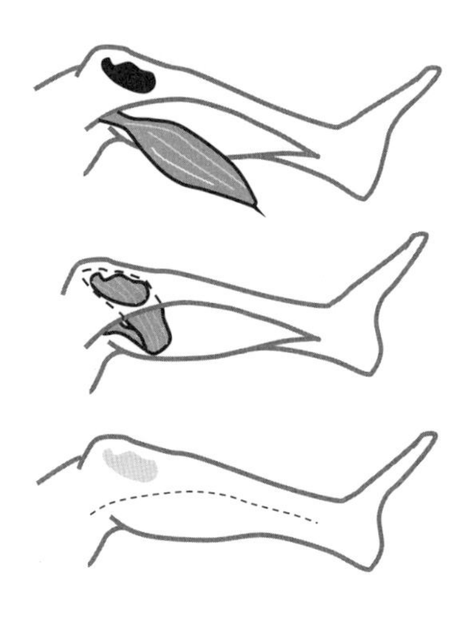

피부가 크게 손상돼 무릎관절이 넓게 노출된 부위(검은색)는 장딴지근을 이용해 재건할 수 있다. 이 경우 장딴지근은 발목 근처에서 분리되고 접혀 결손 부위 주변의 피부 밑으로 배치된다. 장딴지근이 새로 배치되는 부위에서 노출된 근육은 이식용 피부로 덮인다. 이 경우 이식용 피부는 노출된 무릎관절과 뼈에는 "붙지" 않는다.

유방 절제 후에 유방의 윤곽을 만드는 경우에도 이와 비슷한 방식이 이용된다. 복벽의 식스팩 복근(배곧은근)은 절반 정도가 이식용 조직으로 사용될 수 있다. 외과의사는 이 배곧은근이 골반에 부착된 부분을 그 부분을 덮는 피부 및 지방과 함께 떼어낸 뒤 접어 올려 앞가슴에 배치한다. 두덩정강

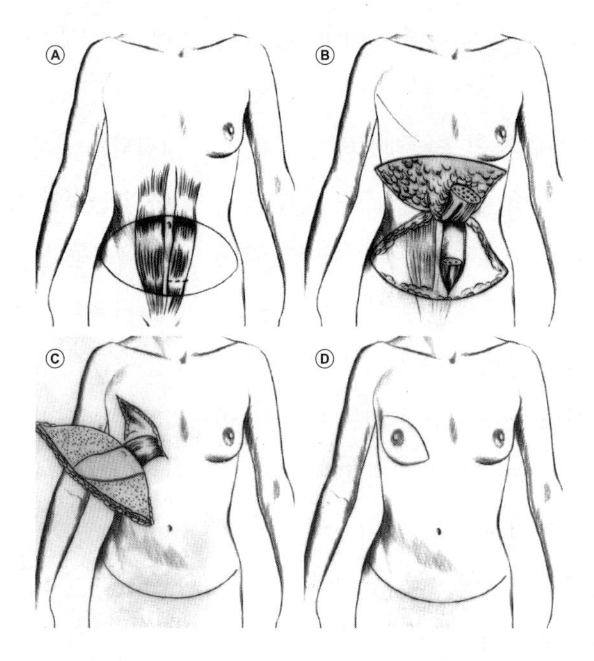

A. 유방 절제 후에 유방 재건을 위해서는 주로 가로배곧은근transverse rectus abdominis muscle, TRAM이 사용된다.
B. 골반에서 분리된 복벽의 "식스팩" 복근의 절반과 그 위에 있는 피부와 피하 조직이 위로 돌려져서 접힌다.
C. TRAM의 일부는 피부를 통과해 유방의 윤곽을 복원하는 데 사용된다.
D. 이 근육을 떼어낸 부위의 피부 가장자리는 끌어당겨서 봉합돼 되어 아랫배를 가로지르는 "비키니 라인" 흉터를 남긴다.

근 또한 유방 재건에 사용할 수 있는 근육인데, 근육을 덮고 있는 지방 및 피부와 함께 허벅지 안쪽에서 제거된 후 유방 부위로 옮겨지며, 이때 이 근육에 혈관이 다시 연결된다.

외과의사가 최근 사망한 기증자로부터 받은 심장(심근)과 자궁(민무늬근)을 수혜자에게 이식할 수 있다면 골격근도 한 사람에서 다른 사람으로 비슷한 방식으로 이식할 수 있는지 궁금해질 것이다. 혈관과 신경을 연결하는 것은 기술적으로는 가능하지만, 보통은 면역학적이고 실용적인 측면을 고려해 시행되지 않는다. 심장이 고장 나는 것은 생사의 문제이기 때문에, 이 경우에는 거부반응을 막는 약물을 계속 복용해야 한다고 해도 이식 수술이 합리적이다. 자궁의 정상적인 기능 수행 여부는 생사를 가르는 문제는 아니다. 하지만 자신의 태아를 임신하는 것이 인생을 변화시키는 경험이라고 생각하는 사람들에게는 자궁 이식 후에 면역억제제를 몇 년 동안 복용하는 것이 합리적으로 생각될 수 있다. 또한, 인간에게는 자궁이 하나밖에 없기 때문에 자궁이 고장 났을 경우 이를 자신의 다른 자궁으로 대체할 수도 없다.

하지만 골격근은 상황이 다르다. 앞에서 설명했듯이, 결여된 근육으로 인한 기능 손실이 심각하지 않을 수도 있다. 설령 문제가 심각하다고 해도 환자 자신의 몸에는 대체 가능한 근육이 많이 있으므로, 인간 대 인간의 골격 근육 이식을 수행하는 데 따르는 면역학적 문제를 피할 수 있다. 예외는 손 전체가 없는 경우로, 이 경우에는 손을 이식하면서 근육과 함께 다른 모든 조직도 같이 가져온다. 손이 없는 것은 생사의 문제가 아니지만, 기능이 떨어지는 자궁과 마찬가지로 손의 부재는 삶의 질을 떨어뜨리며, 인공 손은 외관, 손재주, 감각 인식, 내구성 등 모든 부분에서 실제 손보다 떨어진다.

1998년에 첫 번째 수술이 이루어진 이후로 전 세계의 외과의사들은 100건 이상의 손 이식을 수행했다. 손을 이식할 때는 손이 절단된 정도에 따라 손의 피부, 뼈, 신경과 함께 손바닥에 있는 혈관 그리고 어떤 경우에는 팔뚝의 근육까지 이식된다. 이식된 팔다리에서 몇 달

동안 신경이 재생되면서 일부 근육의 기능이 회복되지만, 완전한 회복은 결코 이뤄지지 않는다. 특별한 상황에서는 골격근을 이식할 수 있지만, 긴 수술 시간에 더해 평생 면역억제제를 복용하고 광범위한 손 치료를 받아야 한다는 점이 손 이식 수술에 수반되는 비용을 매우 크게 높인다.

여러분은 근육에 영향을 미치는 다양한 문제에 대해 아마도 전혀 몰랐을 것이다. 다행히도 매우 심각한 문제는 꽤 드물고, 그런 문제에 대한 치료법은 거의 지속적으로 개선되고 있는 것 같다. 일반적으로 근육은 완벽하게 작동하며, 나의 목표는 근육이 우리에게 얼마나 많은 방법으로 묵묵히 봉사하는지 알리는 것이다. 근육에 대한 우리의 사랑의 범위가 넓어질 수 있도록, 다음 장에서는 근육이 다른 동물들에게 제공하는 독특하고 놀라운 기능들을 살펴볼 것이다.

9장

동물의 근육

입술을 붙이고 허밍을 조금 해보자. 이제 손으로 코를 잡고 허밍을 다시 해보자. 허밍이 불가능할 것이다. 하지만 이것은 인간에게만 해당되는 것이고, 고래, 돌고래, 이빨이 있는 고래(향유고래나 범고래 같은 고래)에게는 해당되지 않는다. 이런 고래들은 한쪽 비통로nasal passage(코 안에 있는 통로)에 위치한 유연한 근육조직인 음성 입술phonic lips을 이용해 숨을 내쉬지 않고 물속에서 "노래한다". 소리를 낸 후에 숨을 내쉬는 대신, 다른 쪽 비통로를 이용해 공기를 반복적으로 재순환시킨다. 물을 분출하는 것은 음성 입술이 없는 비통로다. 물을 분출하는 부위 주변의 근육은 표층 비공 확장근dilator nares superficialis과 비공 수축근constrictor nares이라는 자명한 라틴어 이름을 가지고 있다. 코의 더 안쪽에는 원통 모양의 근육이 비통로에서 피스톤처럼 작동해 다이빙의 깊이에 관계없이 호흡기를 안전하게 닫는다.

다시 허밍을 해보자. 허밍을 하려면 숨을 내쉬어야 한다. 숨을 들이마시면서 허밍을 해보자. 만약 소리가 난다면, 그 소리는 더 단조로운 소리일 것이다. 하지만 이것은 일부 노래하는 새들에게는 해당되지 않는다. 이런 새들은 숨을 들이마시든 내쉬든 노래할 수 있고, 몇 시간 동안 멈추지 않고 계속할 수 있다. 동시에 두 가지 음을 내는 새들도 있다. 이는 독특한 해부학적 구조 때문에 가능하다. 기관과 주기관지가 만나는 곳에서 기도는 막 모양이 되고 매우 유연해진다. 기도는 주변의 근육에 의해 다양한 정도로 독립적으로 열리고 닫힐 수 있으며, 이를 통해 각 기관지는 별도의 음을 낼 수 있다.

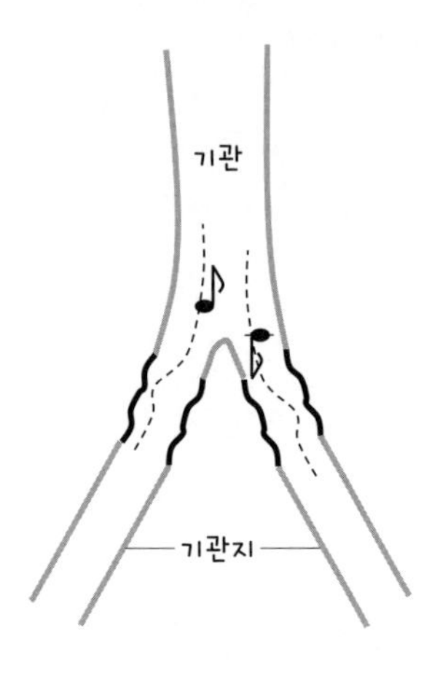

일부 노래하는 새들은 기관지와 기관이 만나는 곳에 있는 고막을 차별적으로 진동시켜서 한 번에 두 개의 음을 낼 수 있다.

코끼리도 다양한 소리를 내는데, 그중 일부는 성대에서 나오고, 다른 일부는 코끼리가 길쭉한 코를 통해 낮은 주파수로 울리는 숨을 내쉴 때 나온다. 하지만 코끼리의 코는 동물계에서 소리를 낼 수 있는 능력 때문이 아니라, 독특한 근육 배치 때문에 두드러진다. 이 부속기관은 복잡성, 유용성, 강도 측면에서 매우 뛰어나다. 길고 뼈가 없으며 매우 유연한 코는 중앙에 두 개의 관 모양의 기도가 있다. 기도 주변에는 사선으로 배열된 두 층의 근육, 길이 방향과 원주 방향으로 각각 한 층의 근육이 있어 총 4개의 근육 층이 있다. 이 근육들은 모두 4만 개에 이르며, 덕분에 코끼리 코는 거의 무제한적인 유연성을 가진 동시에 몇 백 킬로그램에 이르는 무거운 통나무와 땅콩 한 알을 모두 집어 올릴 수 있다.

똑같이 인상적이면서 규모가 더 작은 것은 문어와 오징어의 촉수다. 이 촉수들은 여러 층의 근육으로 이루어져 있어 코끼리의 코처럼 뼈에 의해 방해받지 않고 움직일 수 있다. 또한 촉수에는 무언가를 움켜잡는 것뿐만 아니라 냄새와 맛을 느낄 수 있으며 독립적으로 조절되는 수백 개의 빨판이 있다. 각 빨판에는 지구의 위도선와 경도선처럼 배열된 두 층의 근섬유와 중심에서 바깥쪽으로 별 모양으로 펼쳐지는 세 번째 근섬유 층이 있다. 이런 복잡성과 기능성은 매우 놀랍다. 문어는 몸 크기에 비해 큰 뇌를 가지고 있지만, 촉수의 제어는 대부분 촉수 자체가 가지고 있는 신경 중추에서 이뤄진다. 문어가 포식자에게 팔을 잃어도, 희생된 부위와 빨판은 짧은 시간 동안 자율적으로 기능을 계속한다. 일부 민달팽이는 탈출 전략으로 발의 뒷부분을 자가 절단할 수 있다. 잘린 부분이 격렬하게 꿈틀거리면서 공격자의 주의를 끄는 동안 남은 민달팽이 부분은 미끄러져서 도망간다. 장님거미(통거미)도 이와 비슷하게 다리를 절단하고 도망갈 수 있다.

꼬리

놀랍게도, 포식자에게 붙잡혔을 때 꼬리를 끊고 달아나는 동물들은 매우 다양한 계통에서 발견된다. 떨어진 꼬리는 꿈틀거리면서 나머지 몸 부분이 도망치게 하는 동시에 공격자에게는 간식이 되면서 공격자의 주의를 분산시킨다. 특정한 도마뱀(파충류), 도롱뇽(양서류), 전갈(절지동물)은 이렇게 살아남는다. 전갈의 경우 이렇게 몸이 분리되면 결국 죽지만, 몇 달 동안은 살아남아 번식할 기회를 가질 수 있다. 이런 능력을 가진 도롱뇽은 꼬리가 분리돼도 근육과 뼈를 완전히 갖춘 정상적인 꼬리를 다시 만들어낸다.

도마뱀은 몇 달에 걸쳐 조금 짧은 새로운 꼬리를 만들어내는데, 이 꼬리는 근육은 완전하지만 뼈 대신 연골 관이 있다. 이 새로운 부속기관이 얼마나 잘 작동하는지는 아직 검증되지 않았다. 많은 동물학자들이 원래의 꼬리와 재생된 꼬리를 가진 도마뱀의 질주 속도, 보폭, 점프 시 안정성, 높은 곳에 오르는 능력을 연구했지만, 결론은 엇갈리고 있다. 이런 차이는 연구자들이 조사한 도마뱀 종과 사용한 장애물 코스의 다양성에 기인하는 것으로 보인다. 많은 논쟁적인 과학적 탐구 분야에서 그런 것처럼, 재생된 도마뱀 꼬리에 관한 한 논문은 "추가 연구가 필요하다"는 결론을 내리고 있다.

꼬리가 떨어져 나갈 수 있든 그렇지 않든, 동물들은 꼬리가 없다면 부족함을 느끼게 될 것이다. 고양이와 개는 꼬리 근육을 말고 흔들어 의사소통하고 기분을 나타낸다. 치타는 긴 꼬리를 이용해 몸의 균형을 잡거나 먹이를 잡기 위해 질주할 때 그 꼬리를 방향타로 활용해 빠르게 이동 방향을 바꾼다. 도마뱀과 악어는 꼬리를 휘두르면서 무기로 이용한다. 해마, 개미핥기, 주머니쥐, 고슴도치, 펭귄, 일부 원숭이, 쥐와 같이 다양한 동물들은 꼬리를 말아 나뭇가지에 매달린다.

혀

기린도 사물을 꽉 잡을 수 있다. 하지만 기린은 꼬리가 아니라 45~50센티미터 길이의 혀로 사물을 움켜잡는다. 이 초식동물은 가시가 있는 아카시아나무 가지를 혀로 잡고 머리를 뒤로 당겨 잎을 먹는다.

딱따구리의 혀 근육은 눈 사이의 코뼈에서 시작된다. 이 근육은 딱따구리의 이마를 타고 올라가 머리를 넘은 뒤 뒷머리를 거쳐 마지막으로 목구멍에서 끝나는 매우 긴 근육이다. 배고픈 딱따구리는 혀를 몸길이의 절반까지 뻗어서 멀리서 맛있는 먹이를 끌어당길 수 있다.

하지만 혀의 성능 면에서 가장 뛰어난 동물은 도롱뇽이다. 도롱뇽의 혀는 척추동물이 만들어내는 움직임 중에서 가장 높은 가속도와 힘을 가지고 있다. 도롱뇽의 혀는 길이가 몸길이의 80퍼센트에 이르며, 섭씨 2~24도의 체온 범위에서 동일하게 효율적으로 움직일 수 있다.

딱따구리는 혀를 부리 끝을 넘어 몸길이의 절반 정도까지 내밀 수 있다. 혀 근육이 오므라들면 혀는 목구멍 뒤쪽의 통로로 들어간다. 이 통로는 머리 위쪽으로 올라가 부리의 기저부에서 끝난다.

다른 포유동물들에서는 중요한 역할을 하지만 사람에게는 그렇지 않은 근육 중 하나가 있다. 이 근육은 사람의 경우는 넓은목근platysma, 다른 포유동물의 경우에는 "두꺼운 손수건"이라는 의미의 피부밑근육층panniculus carnosus, PC이라고 부른다. PC는 피부 바로 아래에 부착되어 있는 얇은 근육이며, 몸통에서 다리까지 다양한 정도로 부착되어 있다. 이 근육의 움직임은 말의 몸에서 쉽게 관찰할 수 있다. 예를 들어 파리가 말을 물기 시작하면 말은 PC를 수축시켜 피부가 흔들리게 만드는 방법으로 파리를 쫓는다. 곤충의 방해를 받지 않는 고래도 PC를 수축시켜 젖샘(유선)에서 젖을 짜내 새끼에게 먹인다.

사람에게 남아 있는 PC는 넓은목근이다(그리스어로 "*platusma*"는 평평한 판 조각이라는 뜻이다). 이 근육은 목의 앞쪽에만 존재하며, 턱뼈의 아랫부분과 쇄골 사이를 가로지른다. 사람은 이 근육을 이용하지 않아도 파리를 쫓거나 젖을 짜낼 수 있기 때문에 넓은목근은 별로 움직일 일이 없다. 나이가 들면 목의 앞부분이 처지는 이유가 여기에 있다.

과학자들은 사람의 넓은목근처럼 뼈와 피부를 잇는 모든 근육을 PC라고 부른다. 찰스 다윈도 『인간의 기원*The Descent of Man*』(1871년)에서 다음과 같이 말했다.

> 인체의 여러 부분에서 다양한 근육의 퇴화한 모습이 관찰되었고, 일부 하등동물에게는 정상적으로 존재하는 근육이 인간에게서는 크게 축소된 상태로 발견되기도 한다. 많은 동물들, 특히 말들이 피부를 움직이거나 떠는 능력을 가지고 있는 것을 모두가 알고 있을 것이다. 이 능력은 피부밑근육층에 의해 구현된다. 이 근육이 효율적으로 작용한 결과는 우리 몸의 여러 부분에서 발견된다. 예를 들어 눈썹을 들어 올리는 이마의 근육이 그렇다… 소수의 사람들은 두피의 표면 근육을 수축시키는 능력을 가지고 있다. 이 근육들은

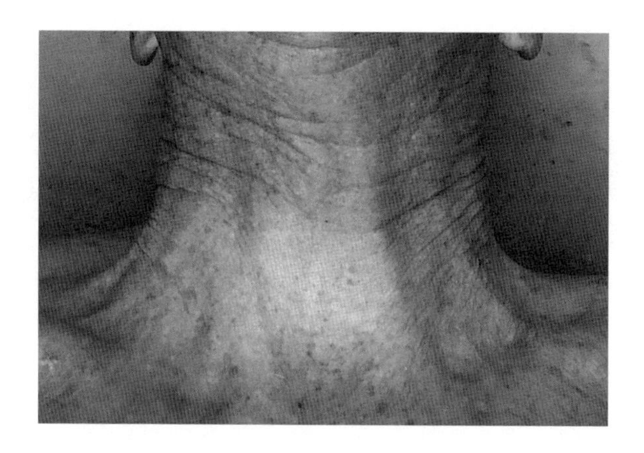

턱뼈와 쇄골에 부착된 넓은목근을 수축시키면, 앞쪽 목의 피부가 당겨진다.

변이가 심하고 부분적으로 미발달된 상태다. M. A. 드 캉돌M. A. de Candolle은 이 능력의 오랜 지속성이나 유전성, 그리고 비정상적인 발달에 관한 흥미로운 사례를 내게 알려줬다. 그는 한 가족을 알고 있는데, 그 가족의 한 구성원, 현재 가장의 자리에 있는 사람은 어렸을 때 두피의 움직임만으로 머리 위에 있는 여러 권의 무거운 책을 던져버릴 수 있었고, 이 일로 내기에서 이겼다고도 한다. 그의 아버지, 삼촌, 할아버지 그리고 세 아이들도 이런 비정상적인 능력을 가지고 있다. 이 가족은 8대 전에 두 개의 가지로 나뉘었다. 앞에서 언급한 가장은 다른 가지의 가장과 7촌 관계였는데, 이 먼 친척은 프랑스의 다른 지역에 살고 있다. 그가 같은 능력을 가지고 있는지 물어보니, 바로 그의 능력을 보여줬다고 한다. 이 사례는 전혀 쓸모없는 능력의 전달이 얼마나 지속될 수 있는지를 잘 보여준다.

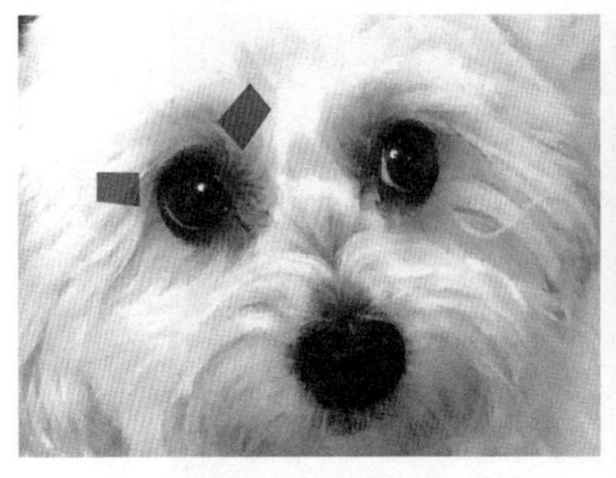

개는 눈 주변에 잘 발달된 두 개의 근육이 있으며, 그 두 근육이 얼굴의 그 부분의 모양을 바꾸고 다양한 표정을 짓게 해준다. 반면, 늑대는 이런 근육이 없기 때문에 무정한 시선으로만 쳐다볼 수 있다.

개가 사람의 가장 좋은 친구인 이유 중 하나는 표정이 풍부한 눈에 있다. 개는 얼굴의 눈 부분을 다양하게 움직일 수 있게 해주는 잘 발달된 두 개의 근육을 가지고 있다. 반대로, 늑대는 이런 근육이 없어서 완전히 무정한 표정을 나타내는 것 같다. 이 두 개의 근육은 시베리안 허스키에게도 없는데, 이 견종은 유전적으로 개보다 늑대에 가깝기 때문이다. 사람에게도 이 근육은 없다.

다리가 없는 동물들

지금까지 설명한 특수한 골격근 기능은 모두 다리, 지느러미, 날개가 있는 동물들에게만 해당된다. 부속기관이 없는 다세포동물들은 어떻게 움직임을 만들어낼까? 뱀은 잘 해내고 있다. 뱀은 몸을 양옆으로 번갈아 꿈틀거리며, 땅에 있을 때는 고정된 물체를 밀어내고 수영할 때는 물의 저항을 밀어낸다. 또한 뱀은 고정된 물체가 없는 모래 위에서는 사이드와인딩 운동sidewinding을 이용한다. 이 경우 뱀은 몸의 끝 부분으로 모래를 누르고, 몸의 중간 부분을 옆으로 들어 올린다. 그런 다음 중간 부분을 모래에 박아두고, 머리와 꼬리를 들어 올려 앞으로 전진시킨다. 뱀은 이 밖에도 몸을 이동시킬 수 있는 효과적인 전략을 여러 가지 가지고 있지만, 이 정도 설명이면 대략적으로 뱀의 이동 방식을 이해할 수 있을 것이다. 뱀은 뼈로 만들어진 골격을 가지고 있기 때문에 자신의 골격근을 지렛대로 사용할 수 있다.

가리비는 우리가 구워서 먹으면 맛있는 큰 근육을 사용하여 외골격 껍질을 빠르게 닫고 물을 분사해 제트 추진력을 발휘한다. 민달팽이와 지렁이는 골격근을 사용해서 앞으로 움직일 때 서로 다른 전략을 사용한다. (이들은 골격이 없는 동물이기 때문에 골격근이라고 부르기보다는 수의근이라고 부르는 것이 좋겠지만 말이다.)

민달팽이의 아랫면, 즉 발은 근육이 잘 발달돼 있으며, 이 근육을 수축해 리드미컬하게 파동을 그리며 전진한다. 이 움직임 방식이 궁금하다면, 달팽이나 민달팽이를 투명한 유리나 플라스틱 조각 위에 놓고 아래에서 관찰해보면 된다.

마찬가지로 뼈가 없는 지렁이는 완전히 다른 방식으로 움직인다. 이 방식은 우리의 소화관 근육에서 일어나는 연동운동 방식과 동일하다. 하등동물인 벌레는 몸을 둘러싸고 있는 한 세트와 길이 방향으로 배열된 다른 한 세트의 근육을 사용한다. 벌레가 몸을 둘러싼 원형 근육을 수축시키면 몸길이가 길어진다. 길이 방향으로 배열된 근육을 수축시키면 짧아진다. 움직이기 위해서, 지렁이는 미세한 털로 몸의 앞부분을 주변의 흙에 고정시키고 길이 방향 근육을 수축시켜 나머지 몸을 앞으로 당긴다. 그런 다음 몸의 뒷부분에 있는 털을 흙에 박으면서 원형 층의 근육으로 몸을 길게 늘려 머리를 앞으로 밀어낸다.

동물들의 근육이 가진 능력의 진가는 근육이 최고의 성능을 발휘하는 몇 가지 사례에 주목함으로써 더 잘 이해할 수 있다. 인간과 관련해서는, 앞에서 이미 중력이나 시간에 대항해서 근육을 사용하는 몇 가지 운동에서 세워진 기록들을 언급한 바 있다. 이런 종목들은 내가 가장 좋아하는 종류인데, 그 이유는 장대, 운동화, 자전거와 같은 기술적 진보에 의존하지 않기 때문이다. 또한 나는 심판의 점수판이 필요하지 않은 종목을 선호한다. 점수판을 필요로 하는 운동은 너무 주관적이고, 심지어 정치화될 수도 있기 때문이다.

최고의 성능

인간이 아닌 다른 동물들의 근육이 만들어내는 놀라운 수행 능력은 내가 더욱 선호하는 것인데, 이 능력들은 대부분 생존을 위한 순수한 노력에서 기원하기 때문이다. 군중의 함성에 의한 아드레날린 분비, 제품 홍보와 금메달이라는 동기부여, 또는 등 뒤에서 쏘아진 권총 같은 것들이 없다. 동물계에서 볼 수 있는 근육의 다양화와 전문화의 놀라운 사례들을 살펴보자.

후아소Huaso라는 말은 경주, 마장마술, 장애물 뛰어넘기에 실패한 후에 높이뛰기에서 재능을 발휘했다. 이 말은 16세 때인 1949년에

2.46미터 높이를 뛰어넘어 기록을 세웠고, 그 기록은 지금도 깨지지 않고 있다. 후아소가 이 기적을 기수와 함께 수행했다는 것도 고려해야 한다. 하지만 야생동물들은 이 기록을 무시할 것이다. 퓨마는 (기수가 없기는 하지만) 거의 6미터 높이를, 돌고래는 거의 7미터 높이를 뛰어넘을 수 있기 때문이다. 몸무게가 50톤이나 되는 고래가 물 밖으로 시속 30킬로미터의 속도로 솟구치는 것도 야생동물의 엄청난 근육의 힘을 보여준다. 빠른 연축 섬유는 정말 대단한 것 같다.

뛰는 높이와 몸길이의 비율을 고려하면, 거품벌레froghopper가 확실한 챔피언이다. 거품벌레의 몸길이는 0.6센티미터밖에 되지 않지만, 60센티미터가 넘게 점프할 수 있다. 점프 높이가 몸길이의 100배나 된다. 거품벌레가 순간적인 근육 수축으로 이 정도의 높이를 점프하는 것은 아니다. 대신 거품벌레는 벼룩과 메뚜기가 사용하는 "당기기 메커니즘"을 사용한다. 이 작은 동물들은 뒷다리를 어딘가에 걸쇠를 걸듯이 고정시킨 채 뒤쪽으로 당기면서 천천히 에너지를 축적해 "준비" 자세를 취한다. 이는 석궁이 천천히 장전되고, 발사 순간까지 에너지를 억제하는 것과 같은 방식이다. 집게턱개미trap-jaw ant도 턱을 이런 방식으로 활용한다. 턱을 벌려 "준비" 자세를 취하는 동안 두개골이 변형되고, 이 개미가 저장된 에너지를 갑자기 풀어주면, 턱이 총알과 비슷한 속도로 닫힌다. 이 움직임은 모든 동물의 움직임 중에서 가장 빠른 움직임 중 하나다. 집게턱개미는 자신의 턱을 이용한 "걸쇠 매개 스프링 작동" 메커니즘을 공격적으로도, 방어적으로도 사용한다. 상황이 위험해지면, 이 개미는 머리를 숙여 턱을 단단한 표면에 댄 다음 턱을 닫는다. 그러면 턱의 힘으로 인해 몸이 뒤쪽 방향으로

몸길이 0.6센티미터의 거품벌레는 60센티미터 이상을 점프할 수 있는 놀라운 능력을 가지고 있다.

빠르게 튕겨져 나가 안전을 확보할 수 있게 된다.

이제 동물들의 속도를 땅, 물속, 공중의 3가지 범주로 나눠 비교해 보자.

맹독을 가진 뱀인 검은맘바는 나무가 별로 없는 사하라 이남의 서식지에서 시속 23킬로미터로 움직일 수 있다(검은맘바가 이 속도로 마라톤을 완주한다면 세계기록을 세울 수 있을 것이다). 특히 이 속도가 놀라운 이유는 뱀에게는 다리가 없다는 사실에 있다. 하지만 다리는 중요하다. 타조가 짧은 거리를 시속 90킬로미터로 질주할 수 있고, 속도를 절반으로 줄이면 30분 동안 계속 달릴 수 있는 것은 다리가 있기 때문이다. 이는 타조가 빠른 연축 섬유와 느린 연축 섬유의 굉장한 조합을 가지고 있다는 것을 보여준다. 두 다리가 좋다면, 네 다리는 더 좋다. 육지에서 가장 빠른 치타는 시속 113킬로미터의 속도로 달릴 수 있다.

장수거북과 젠투펭귄은 각각 파충류와 조류 중에서 가장 빠르게 헤엄을 친다. 이 두 동물은 시속 36킬로미터의 속도로 물에서 이동할 수 있다. 포유류 중에서 가장 빠르게 헤엄을 치는 동물인 범고래는 시속 16킬로미터의 속도를 낼 수 있다. 하지만 근육이 만들어내는 이런 속도들은 물고기들에게는 상대가 되지 않는다. 참다랑어, 청상아리, 줄삼치는 모두 시속 64킬로미터로 물속을 헤엄치며, 흑새치는 그 2배의 속도로 헤엄칠 수 있다.•

공중에서는 말벌이 시속 145킬로미터의 속도로 비행한다. 날아다니는 포유류 중에서는 멕시코꼬리박쥐가 시속 160킬로미터의 속도로 가장 빨리 난다. 공중에서 가장 빠르게 나는 동물은 170킬로미터의 속도를 내는 바늘꼬리칼새다. (매는 시속 약 320킬로미터의 놀라운 속도로 하강할 수 있다. 하지만 이 하강은 중력의 도움을 받는 것이기 때문에, 근육 금메달 후보가 될 수는 없다).

지금까지 언급한 속도들과 비교하면 시속 50킬로미터 정도는 별거 아닌 것으로 보일 수 있다. 하지만 어떤 동물이 이 속도로 멈추지 않고 9일 동안 1만 킬로미터를 넘게 날 수 있다면? 이것이 바로 큰뒷부리도요가 매년 두 번 뉴질랜드와 알래스카를 오갈 때 일어나는 일이다. 태평양을 건너는 비행을 떠나기 전에 약 40센티미터 길이의 이 갈매기과 새는 과식해서 지방 저장량을 현저하게 늘리지만, 비행 근육도 함께 살찌운다. 놀랍게도 이 새는 운동을 하지 않고 근육을 강화시킨다. 그리고 이륙할 때가 되면 이 새의 소화기관은 위축된다. 어차피 나는 동안 먹거나 마시지 않기 때문에 괜찮다. 이 모든 일이 어떻게 일어나는지는 미스터리다. 누군가 이 미스터리를 풀어줬으면 좋겠다.

• 흑새치의 헤엄 속도는 과장되었다는 의견이 있다.

상상해보자. 운동 없이도 인간이 근육을 강화할 수 있다면 얼마나 좋을까? 어쨌든 이 큰뒷부리도요의 장시간 비행 능력은 동물계에서 가장 뛰어난 근육 지구력이라는 찬사를 받을 만하다.

동물이 깨무는 힘도 근육의 작용에 의존하는 능력이다. 이 힘은 몸의 크기, 턱의 크기, 턱을 닫는 근육의 크기, 그 근육의 위치, 턱의 움직임을 좌우하는 근육의 길이 모두의 조합에 의해 결정된다. 심지어 이빨의 형태도 중요다. 뾰족한 이빨은 작은 면적에 힘을 가하므로 평평한 이빨보다 더 큰 압력을 가할 수 있다. 동물의 무는 힘을 정량화하는 것은 거품벌레의 점프 높이를 측정하는 것보다 위험하다. 따라서 다음과 같은 결과를 얻기 위해 얼마나 많은 노력이 들었는지 상상할 수 있을 것이다. 평균적으로 사람은 제곱센티미터당 약 11킬로그램의 힘으로 물체를 깨물 수 있다. 하이에나는 그보다 7배, 황소상어는 8배, 하마는 11배, 나일악어는 31배 강하다. 깨무는 힘이 강한 다른 동물로는 재규어, 고릴라, 곰, 태즈메이니아 주머니곰 등이 있다.

마력

18~19세기에는 말의 힘이 중요한 비교 척도였다. 당시는 증기 시대였고, 발명가, 엔지니어, 제조업자, 사업가는 잠재적인 구매자들에게 개념적으로 관련성이 있는 방식으로 기계를 평가할 수 있게 해주는 표준적인 힘의 단위가 필요했다. 스코틀랜드의 제임스 와트는 엔진의 출력을 "마력horse power"으로 설명하는 데 중요한 역할을 했다. 와

트는 고리에 매달린 밧줄을 당기는 말이 주어진 시간 동안 높은 도르래에 걸린 벽돌을 얼마나 많이 들어 올릴 수 있는지를 기준으로 마력을 정의했다. 그가 정의한 1마력은 75킬로그램의 물체를 1초당 1미터 움직이는 힘이었다. 이 힘은 말 한 마리가 들판에서 하루 종일 일을 하면서 건강을 유지할 수 있는 수준의 힘이기도 하다. 지구력을 필요로 하는 일을 하기 위해 말은 느린 연축 섬유를 이용한다. 물론, 경마 경기에서 뛰는 말은 순간적으로 힘을 폭발적으로 분출하기 위해 빠른 연축 섬유를 이용한다. 이 경우 말은 순간적으로 15마력에 근접하는 힘을 낸다.

웨이트 리프팅 훈련을 하는 사람들 중에는 바벨을 바닥에서 허벅지 높이까지 들어 올리는 데드 리프트 운동을 하는 사람들도 있는데, 이 사람들은 1초 미만의 시간에 2마력의 힘을 발휘한다. 자메이카의 우사인 볼트는 2009년에 100미터 달리기 세계 신기록을 세우면서 순간적으로 3.5마력의 힘을 발휘했다. 지구력 운동을 훈련한 운동선수들이 순간적으로 내는 힘은 볼트가 낸 힘의 10분의 1정도에 불과하지만, 그들은 그 정도 수준의 "일"을 볼트보다 훨씬 긴 시간 동안 수행할 수 있다.

와트는 자신이 정의한 마력이 나중에 같은 이름의 머스탱mustang• 과 머스탱Mustang••, 브롱코bronco••• 와 브롱코Bronco•••• 를 구분하는 데 사

• 북아메리카 서남부에 서식하는 야생마.

•• 스포츠카의 일종.

••• 미국 서부 지역에 서식하는 야생마.

•••• 오프로드 SUV의 일종.

용될 것이라고는 꿈에도 생각하지 못했을 것이다.

◆◆◆◆

지난 수 세기 동안 예술가들과 해부학자들은(한 사람이 예술가이면서 해부학자인 경우가 많았지만) 인간뿐만 아니라 동물의 근육을 대상으로도 해부학적 구조를 연구해왔다. 특히 말은 힘, 크기, 친숙함 때문에 매력적인 연구대상이었을 것이다. 말 근육의 정교한 해부학적 구조는 인간 근육의 해부학적 구조만큼이나 분명하고 아름답다. 근육이 잘 발달한 말을 묘사한 예술가 겸 해부학자 중에서 가장 뛰어난 3명에 대해 살펴보자.

영국의 조지 스터브스George Stubbs(1724~1806)는 특히 말을 잘 그린 뛰어난 초상화가였다. 그는 말의 시체를 밧줄로 매단 채 살아 있을 때의 자세로 만들어 그 상태에서 열댓 마리의 말을 해부했다.

파리 출신의 앙투안루이 바리Antoine-Louis Barye(1795~1875)는 동물원에서 살아 있는 동물들을 스케치했고, 동물이 죽으면 사육사들에게 부탁해 사체를 얻어 해부했다. 그는 이렇게 얻은 지식을 바탕으로 다양한 야생동물과 신화 속 인간들의 전쟁에 동원된 동물들을 묘사한 청동상을 제작했다. 그를 동물원의 미켈란젤로라고 칭송한 당시의 한 미술평론가는 "바리는 그의 동물 대상들을 확대하고, 단순화하고, 이상화하기도 하고 대담하고, 에너지 넘치고, 투박한 방식으로 묘사하기도 한다"라고 말했다.

또 다른 프랑스 예술가 에르네스트 메소니에Ernest Meissonier(1815~

18세기 후반의 영국 화가 조지 스터브스의 전문 분야는 살았을 때의 자세로 말을 묘사하는 것이었다. 준비 과정에서 그는 말의 근육을 여러 층으로 반복해서 해부했다.

1891)는 당시의 전쟁 모습과 군인들의 생활을 조각하는 것을 특히 즐겼다. 그의 작품은 세부적인 묘사가 탁월한 것으로 유명하다. 말에 대한 세부묘사를 확실하게 하기 위해 그는 승마장을 직접 지은 뒤 그 승마장에서 말 등에 앉아 말의 근육이 미묘하게 움직이는 모습을 정밀하게 관찰하곤 했다.

19세기 프랑스의 조각가 앙투안루이 바리는 근육이 잘 발달한 크고 작은 동물의 모습을 청동상으로 만든 사람으로 잘 알려져 있다.

10장

힘을 만들어내는 다른 요소들

지금까지 우리는 동물이 움직이기 위해 사용하는 가장 확실한 수단인 근육에만 집중해왔다. 근육은 힘을 만들어내는 모터다. 근육의 힘은 액틴과 미오신 분자의 반복적인 상호작용에서 나온다. 나는 이제 이 역동적인 한 쌍이 모든 동물의 민무늬근, 심근, 골격근에서 적어도 6억 년 동안 최선의 역할을 했다는 생각에 여러분이 동의할 수 있기를 바란다. 하지만 유기체는 근육 외에도 다양한 방법으로 열에너지와 화학에너지를 움직임으로 변환한다. 자연에서 힘을 만들어낼 수 있는 다른 요소들은 근육보다 훨씬 더 오래된 것들이다. 최근에는 인간도 인공적인 장치를 이용해 힘을 만들어내고 있다. 근육을 제대로 이해하려면, 우리는 근육이 세상에서 가장 좋은 모터라고 말하기 전에 근육처럼 힘을 만들어내는 것들에 대해 조금이라도 이해해야 할 필요가 있다.

41억 년 전에 처음 등장한 직후부터 유기체들에는 액틴이 존재했을 것이다. 그렇다면 여기서 의문이 들 수밖에 없다. 액틴이 처음으로 미오신과 팀을 이루어 근육을 만든 6억 년 전과 그 사이에 액틴 필라멘트는 어떤 역할을 했을까? 그 답은 생명에 대한 정의에서 찾을 수 있다. 여기서 다시 생명의 특징들의 약자인 MRS GREN(움직임, 생식, 감각, 성장, 호흡, 배설, 영양)을 떠올려보자. 무엇인가가 살아 있다고 간주되려면 그 무엇인가는 이 모든 기능을 수행해야 한다. 예를 들어, 파도나 바람은 움직이지만, 이 둘은 각각 달과 태양의 영향을 받기 때문에 살아 있다고 할 수 없다. 이에 비해 액틴은 미오신과 결합하기 훨씬 전부터 모든 동물과 식물의 세포 안에서, 세포 자체가 움직이지 않아도, 목적이 있는 움직임을 생성하고 있다. 또한 단세포 동물이든 다세포 동물이든 모든 동물에서 액틴은 주변 환경을 탐색하면서 목적이 있는 움직임을 생성하고 있다. 연못물 안에 사는 아메바에서든 판다의 피부세포에서든 액틴은 동일한 역할을 수행한다.

혼자 행동하는 액틴

액틴 분자는 그 분자를 구성하는 원자들의 힘에 의해 방울 모양을 띠며, 방울 모양의 액틴 분자들이 결합해 필라멘트 모양을 이룬다. 세포가 어딘가로 가고 싶을 때, 예를 들어 상처를 치료하기 위해 피부세포가 피부의 긁힌 부분으로 기어가고 싶을 때, 수백에서 수만 개의 액틴 분자가 세포 안에서 줄을 서 분자 "막대기stick"를 형성함으로써 세포막을 앞으로 밀어준다. 액틴 필라멘트는 조립되는 것만큼이나 쉽고 빠르게 해체될 수 있다. 액틴 필라멘트의 수명은 몇 초에서 몇 분까지 다양하다.

분자생물학자들은 물고기의 피부세포를 연구함으로써 동물세포의 이동성에 대해 많은 것을 알아냈다. 과학자들은 이 세포들을 좋아한다. 이 세포들은 직선으로 움직이기 때문에 무작위로 혼란스럽게 움직이는 세포들과 비교할 때 현미경 슬라이드에서의 움직임을 쉽게 관찰할 수 있기 때문이다. 또한 물고기의 피부세포는 빠르게 움직이는데, 이는 물고기가 자신의 상처를 치료하려고 할 때 확실하게 유리한 특성이다. 하지만 여기서 빠르다는 것은 상대적인 개념이다. 물고기의 피부세포는 1.6밀리미터를 이동하는 데 30분에서 90분이 걸리기 때문이다. 이 정도 속도는 빠른 것이 아니라는 생각이 들 수도 있다. 하지만 물고기 피부세포의 운동성과 흉터를 만들고 힘줄과 인대를 치료하는 섬유아세포fibroblast의 운동성을 비교해보면 생각이 달라질 것이다. 섬유아세포는 1.6밀리리터를 이동하는 데 약 10시간이 걸린다. 따라서 분자생물학자들은 물고기 피부세포의 움직임을 타임랩스 기법으로 촬영해 재생하는 것을 선호한다.

물고기의 피부세포는 야구모자와 비슷하게 생겼다. 이 세포에서 야구모자의 본체라고 할 수 있는 세포체에는 DNA가 풍부한 세포핵, 미토콘드리아, 리보솜, 소포vesicle 같은 세포소기관organelle을 비롯해 흥미로운 성분들이 포함돼 있다. 하지만 지금은 이런 것들에 신경 쓸 필요가 없다. 물고기 피부세포의 움직임을 이해하기 위해 지금 우리가 알아야 할 것은 이런 것들이 아니라 야구모자의 챙에 해당하는 부분,

즉 라멜리포디아lamellipodia("평평한 발"이라는 뜻)다. 라멜리포디아는 세포 주변의 화학적, 전기적, 기계적 기울기를 감지해 세포가 생명의 필수적인 기능들(MRS GREN)을 수행하도록 좋은 방향으로 이끄는 역할을 한다.

이 과정을 살펴보자. 먼저 가지가 달린 액틴 필라멘트들이 세포의

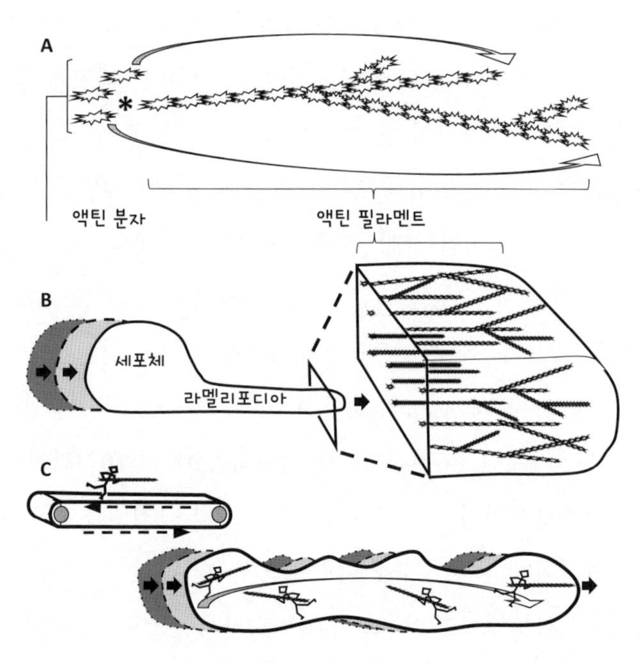

A. 필라멘트의 꼬리 부분(*)에 위치한 액틴 분자들 사이의 화학결합이 약해지면서 끊어진다. 이때 필라멘트에서 떨어져 나온 액틴 분자들은 필라멘트의 머리 부분을 향해 움직여 머리 부분에 붙음으로써 필라멘트의 새로운 가지를 형성한다.
B. 왼쪽은 라멜리포디아가 달린 세포체. 오른쪽은 라멜리포디아의 끝부분을 확대한 것이다. 액틴 필라멘트에 가지가 달리면서 라멜리포디아가 앞으로 밀린다. 세포체가 그 뒤를 따른다.
C. 이 현상은 "트레드밀링"이라고 불리지만, 실제로는 "탱크 트레딩"과 더 비슷하다. 트레드밀은 앞으로 움직이지 않지만 탱크는 앞으로 움직이기 때문이다.

평평한 발(라멜리포디아)을 채운다. 방물 모양의 액틴 분자들이 계속 액틴 필라멘트에서 가지를 만들면서 라멜리포디아의 끝부분에서 액틴 필라멘트의 길이는 계속 길어지고, 그로 인해 라멜리포디아가 앞으로 이동한다. 세포의 나머지 부분은 끌려간다. 이와 동시에 액틴 필라멘트는 꼬리 쪽 끝에서 액틴 분자들을 잃는다. 이때 떨어져 나온 액틴 분자들은 액틴 필라멘트의 앞부분으로 달려가서 필라멘트의 앞쪽 끝에 붙는다. 분자생물학자들은 이 현상을 트레드밀링treadmilling이라고 부르지만, 나는 이 현상이 트레드밀링보다는 "탱크 트레딩tank treading"에 가깝다고 본다. 트레드밀에서 달리는 사람(세포체)은 한 자리에 머물지만, 실제로 세포체는 앞으로 움직이기 때문이다. 이때 탱크의 몸체(세포체)는 자신에게 부착된 라멜리포디아가 가는 곳(좋은 것이 있는 곳)이면 어디든 따라간다.

액틴 필라멘트들은 평평한 발을 채우고, 수백에서 수천 개의 다른 단백질들이 액틴 필라멘트와 결합해 액틴 필라멘트의 형성과 파괴를 모두 촉진한다. 이런 촉진 단백질 중 가장 중요한 것은 역시 액틴의 친구인 미오신이다. 미오신은 라멜리포디아와 세포체가 결합되는 위치에서 작동한다. 그 위치에서 미오신 분자들은 액틴 필라멘트의 꼬리 쪽 끝을 붙잡아 찢어낸다. 액틴 필라멘트의 빠른 조립/해체가 조직적인 방식으로 일어나며, 수십억 년 동안 이런 일이 이뤄졌다는 것이 놀랍기만 하다. 게다가 물고기 피부세포의 크기가 식탁소금 한 알 크기의 20분의 1에 불과하다는 사실을 생각하면 이는 더욱 놀랄 만한 일이다.

이렇게 작은 공간에 이렇게 많은 분자 활동이 일어나는 것을 보면

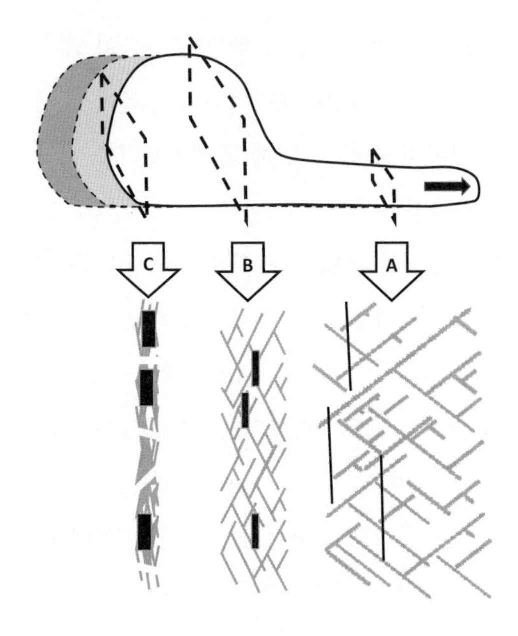

세포는 전진하는 라멜리포디아(검은색 화살표)에 의해 오른쪽으로 움직인다. 세포의 세 부분을 가로지르는 단면은 액틴과 미오신의 변화하는 역할을 보여준다.
A. 가지가 달린 액틴 필라멘트들이 라멜리포디아를 앞으로 민다. 이때 얇은 미오신 필라멘트(검은색)는 이 공간에 드물게 존재하며 비활성화돼 있다.
B. 세포체에서 미오신 필라멘트가 수축해 액틴 골격의 모양을 바꾼다.
C. 세포의 꼬리 쪽 끝에서 완전히 수축된 미오신이 액틴 골격을 분해한다.

서 무엇보다도 우리는 분자가 얼마나 작은지 깨닫게 된다. 얼음 위에서 바퀴를 돌리는 차처럼, 마찰 없이 탱크 트레딩하는 세포는 움직이지 않는다. 자연이 이 문제를 해결했다는 것은 놀랄 일이 아니다. 라멜리포디아의 선두는 치유되는 상처 부위든 현미경 슬라이드든 자신이 지나가는 표면의 여러 지점에 미세하게 부착점들을 만들면서 자신의 일부를 표면에 결합시킨다. 라멜리포디아는 이 점들을 이용해 세포를 앞으로 당긴다. 세포가 기어가면서 더 이상 필요하지 않은 꼬리 쪽 끝의 부착점들은 사라진다. 미끄러운 얼음 위에서 탱크가 전진하지 못하고 있는 상황을 상상해보자. 보병들은 탱크 앞에 모래를 뿌리고, 탱크가 마찰력을 얻어 전진하면 보병들은 탱크 뒤에서 모래를 쓸어버린다. 하지만 세포가 이 초점접착역focal adhesion•을 형성하고 해체

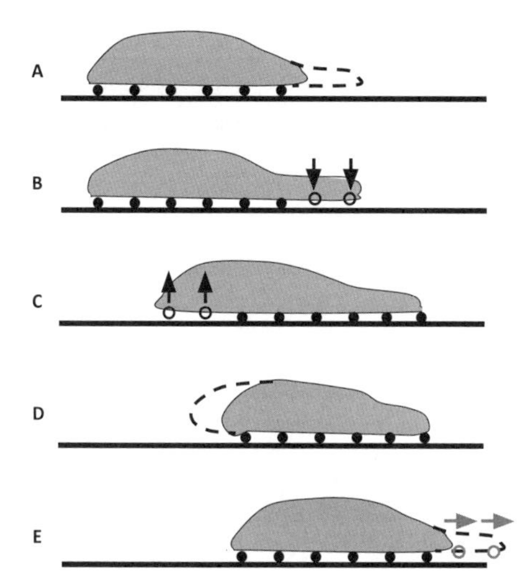

라멜리포디아의 길이 증가에 의한 세포 이동
A. 라멜리포디아가 길어진다. B. 새로운 초점접착역이 "평평한 발"을 표면에 부착한다. C. 꼬리 쪽 끝부분의 접착이 풀린다. D, E. 세포가 앞으로 움직이고, 이 과정이 반복된다.

하는 구체적인 방법에 대해 현재 분자생물학자들은 아직 잘 이해하지 못하고 있다. 나는 이런 미지의 세계가 존재하는 것이 이상하게 느껴지지 않는다. 과학자들이 놀라운 폭과 강도로 생명의 비밀을 탐구했지만, 아직 답이 없는 비밀들이 수없이 존재하기 때문이다. 그렇다면 이런 메커니즘은 사소한 것일까? 절대 그렇지 않다. 암세포가 마찰력을 얻고 자신의 액틴 필라멘트를 무차별적으로 움직이는 것을 막을 수 있는 방법이 있다면 좋지 않을까?

세포가 양성인지 악성인지에 관계없이, 어떻게 라멜리포디아는 주변환경을 감지하고 어디에 부착점을 설정해 세포의 이동을 유도해야 할지 알 수 있을까? 답은 라멜리포디아에 부착된 "안테나"에 있다. 필로포디아filopodia라는 이름의 이 안테나는 얇고 액틴이 풍부한 촉수의

• 세포가 세포의 주변을 둘러싸고 있는 기질에 접착할 때 물리적인 결합을 이루는 부분.

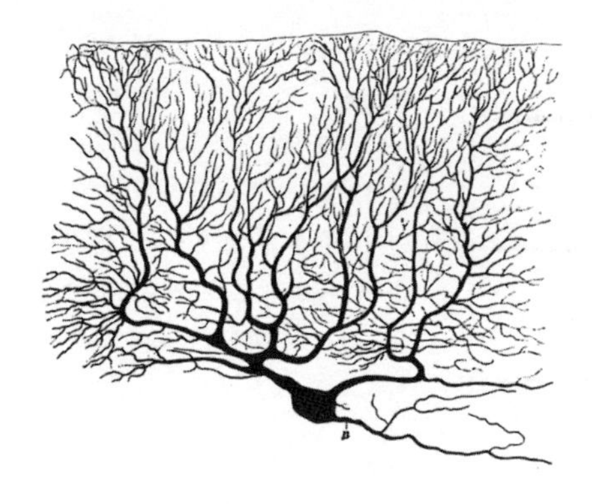

신경세포는 필로포디아를 내보내는 데 특히 능숙하며, 인접한 세포들과 광범위하게 연결돼 촘촘한 신경망을 형성한다.

일종이며, 주변을 탐색하고 부착점을 설정해 라멜리포디아와 세포체를 좋은 것들 쪽으로 끌어당긴다. 예를 들어 발달 과정에서 신경세포의 필로포디아는 주변 환경을 탐사하고, 화학적 유인물을 따라가고, (정전기를 띤 고양이 털처럼) 펼쳐져서 촘촘한 네트워크를 형성한다. 필로포디아는 수많은 세포 간 접촉을 형성시키고, 다양한 방식으로 전기 자극이 신경계를 통과할 수 있게 만든다.

액틴의 힘으로 움직이는 세포들은 유리 슬라이드 위의 얇은 소금물 층보다 훨씬 더 힘든 환경에 자주 직면하게 된다. 실제로 세포들은 상처의 표면에서 말라버릴 수도 있다. 몸 깊숙한 곳에서 세포들은 침입을 좋아하지 않을 수 있는 세포들 사이에 자신들을 밀어 넣어야 한다. 필로포디아와 라멜리포디아는 자신들의 길을 개척하는 데 능숙할 수는 있지만, 이들이 세포체와 특히 그들 뒤에 따라오는 상당히 딱딱하고 유연하지 않은 세포핵을 끌고 가는 것은 힘든 일이다. 놀랍게도, 독창적인 과학자들은 세포막을 앞으로 밀어내는 하나의 액틴 필라멘트가 생산하는 힘을 측정했다. 각각의 필라멘트는 사과 하나를 1조개의 조각으로 썰고, 그중 한 조각을 손가락 끝에 올려놓았을 때 사용하는 힘과 비슷한 정도의 힘으로 다른 것들의 표면을 밀어낸다. 물론, 여기서 중요한 것은 숫자다. 수없이 많은 필라멘트들이 이렇게 움직이기 때문에 세포들이 움직이는 것이다. 상처를 치료하는 세포든 암세포든 이런 방식으로 움직인다.

다재다능한 미오신

지금까지 이 장에서 우리는 분자 모터로서의 액틴에 대해서 주로 다루면서 미오신에 대해서는 거의 언급하지 않았다. 액틴이 세포 운동성 측면에서 확실하게 주목을 받고 있는 이유는 지난 수십억 년 동안 굳건하게 기여해왔기 때문이다. 하지만 미오신도 흥미로운 역할을 한다. 미오신은 수많은 세월을 거쳐 지금의 모습을 띠게 됐고, 현재 미오신은 적어도 14가지의 비슷하면서도 서로 다른 변이 형태로 존재한다. 비유를 하자면, 액틴은 어떤 위치에서도 동일한 수준으로 능숙하게 경기를 할 수 있는 선수들로 구성된 야구팀의 일원인 반면, 미오신은 번트, 구원투수, 대주자 등 각각 다른 역할에 특화된 선수들로 구성된 야구팀의 일원이라고 할 수 있다.

가장 먼저 발견됐으며 가장 잘 이해되고 있는 미오신 형태는 근육 수축을 일으키기 위해 액틴 필라멘트를 따라 걷는 미오신이다. 이 형태를 미오신 II라고 부르며, "전통적인 미오신conventional myosin"이라고도 부른다. 이 미오신은 우리 모두가 경험한 적이 있는 과정, 즉 상처 치유 과정에서 필수적인 역할을 하기도 한다. 여기서 중요한 세포는 근섬유아세포다. 근섬유아세포는 액틴과 미오신이 풍부한 근육세포와 어디에나 있는 섬유아세포의 중간 형태를 띤다. 섬유아세포는 콜라겐을 생성하는 놀라운 세포로, 우리 몸에 있는 모든 세포를 연결해주고, 우리가 걸쭉한 세포 수프가 되지 않도록 막아준다.

근섬유아세포도 근육세포와 마찬가지로 수축한다. 하지만 근섬유아세포의 수축력은 근육세포의 수축력의 약 10분의 1에 불과하며 신경계의 조절을 받지 않는다. 근섬유아세포들은 상처 부위에 분포하며, 서로 강하게 연결돼 있다. 이 세포들은 수축하면서 피부 가장자리를 서서히 당긴다. 피부가 완전히 닫히면 근섬유아세포는 사라진다. 비유를 들어보자. 고무 튜브로 만든 거대한 수영장에 카누들이 흩어져 떠 있다고 상상해보자. 이 수영장의 가장자리에 가장 가깝게 있는 카누에 탄 사람들이 수영장의 모서리를 잡고 같은 카누에 탄 다른 파트너가 힘차게 노를 저으면 수영장의 모서리들이 서로 가까워질 것이다. 수영장이 점점 작아지면 카누들이 서로에게 밀려나고, 그 결과로 하나씩 침몰하거나 다른 방법으로 사라져야 할 것이다. 이 과정이 계속돼 수영장이 완전히 접히면 카누들은 수영장에 있을 수가 없게 될 것이다.

가끔씩 상처가 닫힌 후에도 근섬유아세포가 사라지지 않는 경우가 있다. 이런 경우에는 액틴과 미오신이 더 이상 수축하지 않지만 콜라겐 생성은 계속된다. 켈로이드keloid•는 이 과정을 통해 형성된다. 이

• 외상의 경계를 넘어서 진행하는 융기된 흉터.

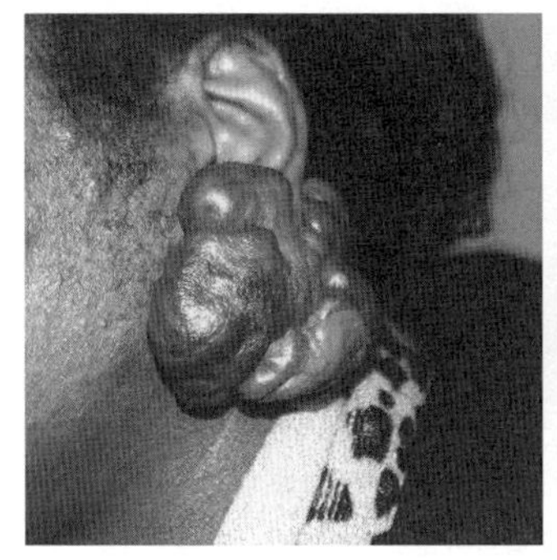

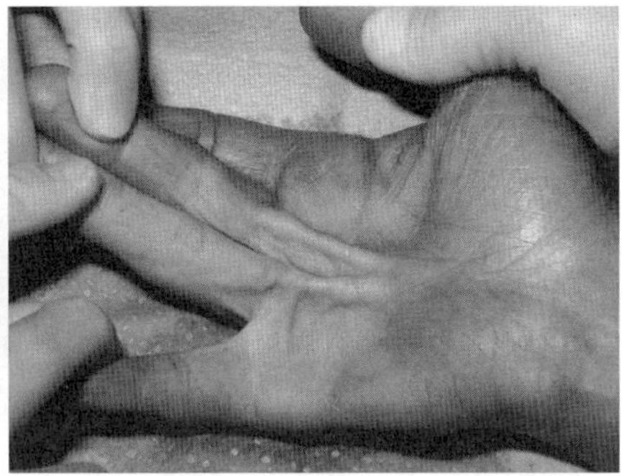

왼쪽: 이 커다란 켈로이드keloid는 귀를 뚫은 뒤 근섬유아세포들이 과도하게 활성화된 결과다.
오른쪽: 듀피트렌 질환 환자에게서 근섬유아세포는 건막을 점진적으로 짧게 만들어 손바닥을 펴는 행동을 불편하게 만든다.

는 상처 치유가 중지되어야 할 시점을 몰라 발생하는 현상이다.

다른 상태에서도 근섬유아세포가 잘못 작동해 불필요한 수축을 일으킬 수 있다. 하지만 이런 경우에는 상처가 아니라 유전적 소인genetic predisposition이 과정을 자극한다. 나이가 들면서 북유럽계 남성의 약 8퍼센트는 손바닥 근육의 섬유가 두꺼워진다. 이 상태가 몇 달에서 몇 년 동안 계속되면 두꺼워진 섬유는 건막cord•으로 변하면서 점차 짧아져 피부를 잡아당기게 된다. 이 증상은 악성이 아니지만, 팽팽해진 건막이 손가락을 완전히 펴지 못하게 만들어 박수치기, 얼굴 씻기, 악수하기처럼 손가락을 펴는 활동을 방해해 장애로 느껴지게 만든다.

이 유전적 소인은 발목이나 발의 아치 부위에서도 근육섬유를 두껍게 만들 수 있다. 이런 증상이 나타나면 불편하기는 하지만 해당 부

• 힘줄을 둘러싸는 막.

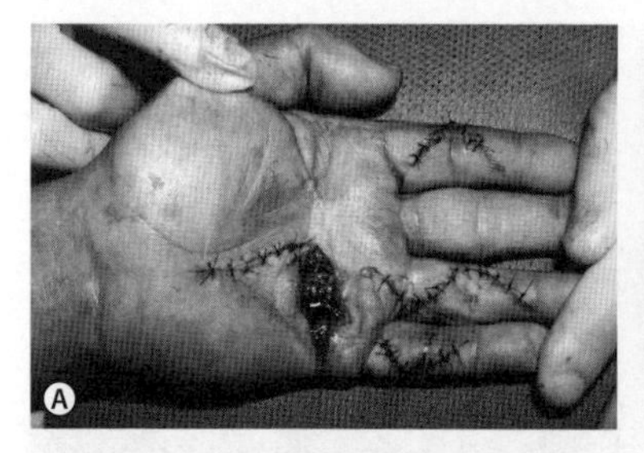

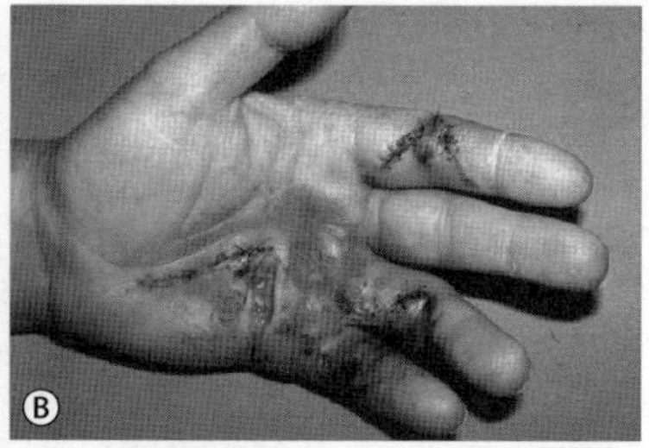

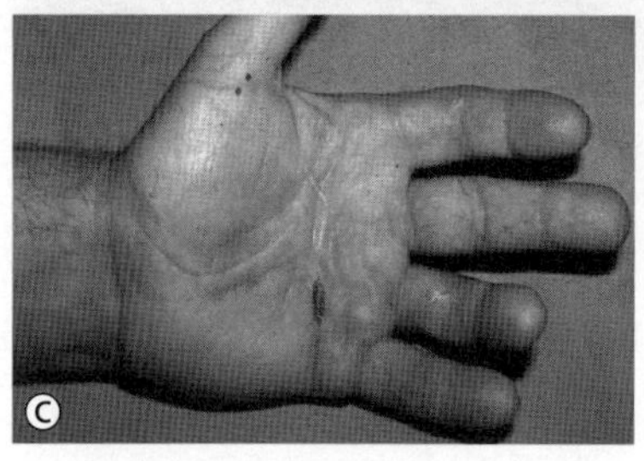

A. 단단한 듀피트렌 건막을 절제한 후, 손바닥 피부를 급격하게 늘리지 않기 위해 열어둔다.
B. 13일 후, 근섬유아세포가 천천히 피부를 늘려 상처의 폭을 절반 정도 줄인다.
C. 35일 후, 근섬유아세포의 수축이 피부 가장자리를 대부분 봉합시킨다.

위 기능에 이상이 발생하지는 않는다. 하지만 문제가 되는 것은 이런 종류의 근육 덩어리가 음경의 몸통에 생겨서 속어로 "구부러진 못 증후군bent spike syndrome"이 발생하는 경우다. 근섬유아세포로 인한 질환에는 듀피트렌Dupuytren 질환, 레더호젠Lederhosen 질환, 페이로니Peyronie 질환 등이 있다. 이런 질환 이름이 우리에게 익숙하지 않은데, 부분적으로는 이런 질환을 가진 사람들이 자신의 질환에 대해 굳이 이야기하지 않기 때문이다.

미오신이 수행하는 다른 기능들은 육안으로 쉽게 관찰할 수 없을 뿐만 아니라, 현미경으로 관찰할 때도 특별한 염색과 표시 기법이 필요하다. 현재로서는 미오신의 많은 부분이 완전히 이해되지 않고 있다.

예외적으로 잘 규명된 메커니즘은 동물세포의 분열 과정에 관한 것이다. 먼저 액틴과 미오신 필라멘트로 이루어진 수축성 고리가 모세포의 중앙 부분에 형성된다. 이 고리는 점차 줄어들면서 세포를 두 개의 딸세포로 나눈다. 여기서 놀라운 사실은 고리가 수축할 때 두꺼워지지 않는다는 것과 세포분열이 끝나면 완전히 사라진다는 것이다. 이는 정말 놀라운 분자생물학적 메커니즘이 아닐 수 없다.

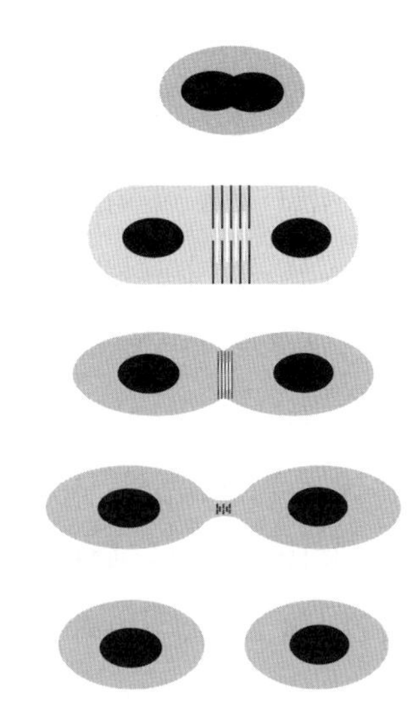

세포 분열이 시작되면, 액틴/미오신 유닛들로 구성된 고리가 세포 가운데 부분을 감싼다. 이 유닛들의 수축이 점차적으로 계속되면서 고리는 세포를 두 부분으로 나누기 시작한다. 이 과정에서 고리는 크기가 점점 줄어들다가 결국 사라진다.

지금까지 논의한 모든 상태들(상처 닫힘, 과도한 섬유조직 형성, 그리고 세포 분열)은 근육에서 발견되는 것과 같은 전통적인 미오신과 관련돼 있다. 많은 비전통적인 형태들은 단일 필라멘트 형태로 작동한다. 이 필라멘트의 한쪽 끝은 걷는 능력을 가지고 있으며, 다른 쪽 끝은 다양한 세포소기관과 분자들에 붙어 그것들을 세포 주위로 이동시킨다. 이런 비전통적인 미오신 중 일부는 세포핵에서 멀어지는 방향으로 액틴 필라멘트를 따라 이동하면서 자신에게 부착된 것을 이동시킨다. 세포에서 먼 곳에 있는 물질을 세포 쪽으로 운반하는 "배달 트럭"도 있다. 이런 단백질들은 화물을 싣고 내리며, 이 모든 일은 놀랄 만한 속도와 정밀도로 일어난다.

예를 들어 담배식물에서 발견되는 비전통적인 미오신은 소금 한 알 정도의 길이를 40초에 가로지르는 놀라운 속도로 움직인다. 이는 이 미오신이 세포 내부를 몇 초 안에 가로질러 갈 수 있다는 뜻이다. 더 인상적인 것은 이 미오신이 액틴 "고속도로"를 초당 200걸음의 속도로 걷는다는 것이다. 각 사이클마다 ATP 에너지 패킷의 소비와 재획득이 필요하다. 모든 미오신이 이렇게 빠르게 움직이는 것은 아니지만, 인간이 대략 30조 개의 세포로 구성되어 있고, 미오신들이 이 모든 세포에서 물질과 구조물을 끌고 다니고 있다고 생각해보자. 속도와 상관없이, 나는 생명을 조용히 움직이게 하는 이런 분자 모터의 아름다움과 다재다능함에 감탄할 수밖에 없다.

MRS GREN에서 S는 감각을, N은 영양을 뜻한다. 액틴과 비전통적인 미오신은 이 두 가지 중요한 기능과도 관련이 있다. 내이內耳에는 작은 털들이 두 줄로 액체 속에서 튀어나와 있다. 바닥에 붙어서 해류와 함께 움직이는 해초처럼, 한 줄의 털들은 소리로부터 오는 물리적 힘에 반응하고, 다른 줄의 털들은 머리가 움직일 때 반응한다. 각각의 털은 내부에 액틴과 미오신이 들어 있어서 꽤 딱딱하다. 이 털들은 해초처럼 흔들리지는 않지만, 기계적으로 자극을 받으면 기저부에서 구부러지는 토글스위치 스타일로 뇌의 청각피질이나 균형에 영향을 주는 부위로 전기신호를 보낸다. 털이 자극을 일으키기 위해 움직여야 하는 거리는 큰 소리가 들리는 경우에도 몇 나노미터(10억분의 1미터)에 불과하다. 이런 미세한 털을 반지름 5나노미터의 원으로 만들면 식탁소금 한 알의 한 면에 9억 개를 배열할 수 있고, 천둥소리에 반응할 때조차 이 털들은 서로 닿지 않을 것이다.

액틴/미오신이 풍부한 털들은 소장과 콩팥을 둘러싸는 세포들에도 분포한다. 이 털들은 소장과 콩팥의 표면적을 크게 늘려줘서 소장에서는 소화된 영양분의 흡수를 촉진하고, 콩팥에서는 물과 나트륨의 재흡수를 돕는다. 생물학 수업 시간에 소장에는 손가락 모양으로 튀어나온 융털villus이 분포한다는 것을 배웠을 것이다. 과학자들이 처음으로 이것들을 현미경으로 봤을 때, 각 융털에 "솔가장자리brush border"가 있다는 것을 알게 됐다. 과학자들이 전자현미경으로 콩팥과 소장 조직을 여러 배로 확대했을 때, 그 작고 빗 같은 털들이 "미세융털microvillus"이라는 사실이 확인됐다.

19세기 중반, 과학자들은 강화된 광학현미경과 500배 확대 기능을 이용해 세포 내부의 움직임을 관찰한 뒤 그 움직임에 "세포질 유동cytoplasmic streaming"이라는 이름을 붙였다. 이 현상은 세포가 생명의 기본단위라는 것을 그들에게 확신시켰다. 이 움직임은 소금 한 알에 9개가 들어갈 정도로 큰 식물세포에서 확실하게 눈에 띈다. 이런 세포들에서도 비전통적인 미오신 분자들이 세포를 가로지르는 액틴 필라멘트를 따라 걸어간다. 이 분자들은 단순한 확산으로는 이동할 수 없는 거리에 걸쳐 다양한 분자들과 세포소기관들을 운반한다.

또 다른 두 개의 미니 모터

MRS GREN이라는 줄임말을 만든 사람이 누군지는 모르겠지만 그 사람에게 감사의 마음을 전하고 싶다. 이 약자는 생명체의 기본 기능을 기억하는 데 유용하다. 하지만 더 중요한 이유는 그 사람이 움직임을 뜻하는 M을 이 약자의 첫 번째 자리에 놓음으로써 근육에게 경의를 표했다는 데에 있다. 나는 생명체의 기능 중에서 움직임이 가장 중요하다고 생각한다. 액틴과 미오신의 영원성, 내구성, 다재다능함에도 불구하고 세포에서 작동하는 분자 모터는 이 액틴과 미오신 외에도 두 가지가 더 있다. 키네신kinesin과 디네인dynein이 그것들이다. 이 단백질들은 미오신이 액틴 필라멘트를 따라 반복적으로 전진하고 후퇴하는 것과 비슷한 방식으로 세포 내부의 "경로"를 따라 걷는다. 키네신과 디네인의 경로는 미세관microtubule이다. 미세관은 모든 식물세포와 동물세포 안에 꽉 차게 배열되어 있으며 세포분열에 관여하고 세포구축을 지원하기도 한다. 또한 미세관은 각 세포가 제대로 기능할 수 있도록, 디네인과 키네신이 다양한 세포소기관과 분자를 운반할 수 있는 길을 제공한다. 디네인과 키네신은 공항에서 비행기나 수하물 트럭을 끌고 다니는 트랙터에 비유할 수 있다. 이 비유에서 트랙터가 이동하는 유도로, 진입로, 주차장 등은 미세관을 나타내는데, 세포의 경우에는 미세관이 삼차원으로 배열돼 있다.

키네신과 디네인의 활동은 서로의 거울상과 같다. 키네신은 두 발로 미세관을 따라 걸으면서 자신의 크기보다 몇 배나 큰 화물들을 세포 중심에서 멀어지는 방향으로, 즉 세포막 쪽으로 운반한다. 디네인은 세포 외곽에서 화물을 잡아당겨 세포의 중심으로 가져온다. 일부 어류와 양서류는 이 단백질들의 주고받기 능력을 활용해 빠르고 반복적으로 색깔을 바꾼다. 키네신은 색소를 가진 세포소기관들을 조금씩 묶어서 운반함으로써 색소가 피부색에 미치는 영향을 최소화한다. 디네인은 세포소기관들을 펼치는 방식으로 영향을 극대화한다.

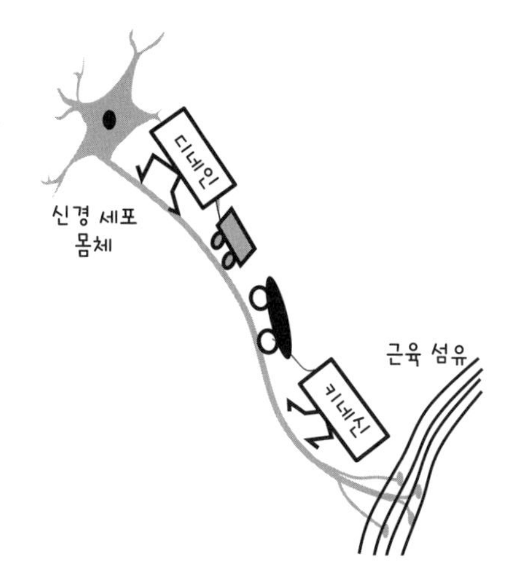

디네인과 키네신은 세포소기관들과 분자들의 세포 내 운반을 담당하는 단백질 모터다. 디네인은 화물을 세포 중심 쪽으로, 키네신은 그 반대 방향으로 운반한다.

키네신이 실수로 생리적인 화물을 떨어뜨리거나 잘못 배달하는 것이 알츠하이머병 같은 신경계 질환을 일으킬 수 있다는 연구 결과들이 계속 발표되고 있다. 또한 키네신은 비생리적 화물들도 세포 깊숙한 곳으로 잘못 배달할 수 있다. 의사들은 키네신 억제제를 사용해 암세포의 빠른 분열을 늦추거나 멈추게 하는 방법을 고려하고 있는데, 이는 세포 내 필수요소의 운반이 느려지면 암의 확산도 느려질 것이라는 생각에 기초한 것이다.

디네인은 섬모cilia와 편모flagella를 움직이는 모터 역할도 한다. 세포 표면에 튀어나온 털 모양의 부속물인 섬모와 편모는 작은 노처럼 작동해 세포를 습한 환경에서 움직이게 하거나, 세포가 한 곳에 고정되어 있으면 표면을 가로질러 무언가를 움직이게 한다. 섬모는 작고 많은 반면 편모는 크고 수가 적으며 때로는 하나뿐이지만, 이들의 미세구조와 활동은 동일하다. 생물학자들이 처음으로 털들을 발견했을 때 섬모와 편모의 구성이 동일하다는 사실을 알았다면 하나의 이름으로 충분했겠지만, 현재 우리는 이 털들을 지칭하는 두 개의 이름을 사용하고 있다. 우리가 무엇이라고 부르든, 미세관을 따라 걷는 디네인이 이 털들의 작용을 유도한다. 짚신벌레나 정자 같은 단세포 유기체에서는 이 부속물 덕분에 세포가 라멜리포디아에 끌려 다니는 것보다 훨씬 빠르고 민첩하게 움직일 수 있다. 디네인 구동 편모는 정자를 빠르게 움직이게 해 동물의 생식을 도울 뿐만 아니라 고사리나 은행나무와 같은 일부 식물의 수정 과정에 필요하다.

작은 생물체의 움직임을 돕는 것뿐만 아니라, 섬모는 다세포 생물체의 정지된 세포에도 존재한다. 여기서 섬모는 자신의 표면에 닿는 모든 것들을 움직이는 역할을 한다. 예를 들어 기관지를 둘러싸는 세포에 있는 섬모는 조화롭게 움직여 먼지와 가래를 목구멍으로 올려보내는 역할을 한다. 그곳에서 먼지와 가래는 식도로 삼켜지면서 위에서 위산에 의해 파괴된다. 사람의 코 안쪽에도 섬모가 있으며, 동일한 역할을 한다. 뇌의 공동부에도 섬모를 가진 세포들이 있어서 뇌척수액에 포함된 영양분을 순환시킨다. 그리고 난관에서는 섬모가 수정되지 않은 난자를 (난관으로 들어오는) 정자 쪽으로 빠르게 움직이게 만든다. 따라서 움직이지 않는 정자로 인한 불임, 수정된 난자가 리드미컬하게 자궁 쪽으로 움직이지 않아서 생기는 자궁 외 임신, 폐에서 섬모가 제대로 작동하지 않아서 생기는 기관지 폐렴은 디네인이 제대로 기능하지 못해 발생할 수 있다는 설명이 논리적으로 가능하다.

지금까지 우리가 다룬 비근육성 분자 모터들인 미오신, 키네신, 디

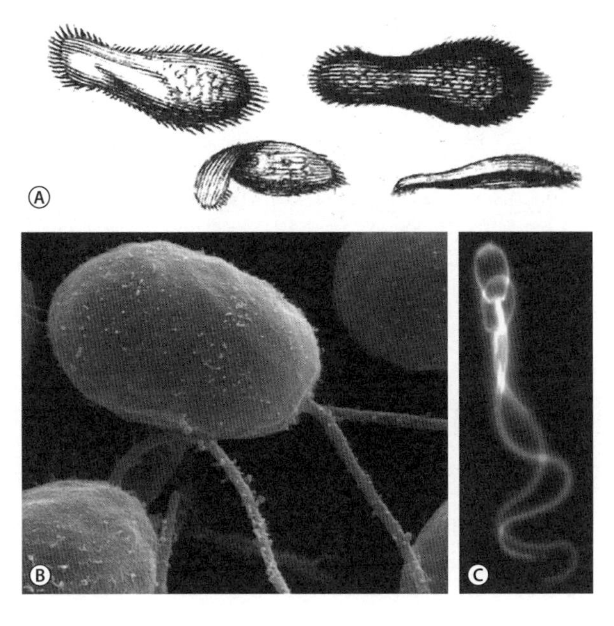

A. 슬리퍼 모양의 단세포 담수동물인 짚신벌레는 움직임에 유용한 섬모로 뒤덮여 있다.
B. 녹색조류green algae의 정자는 움직이기 위해 하나밖에 없는 편모를 회전시킨다.
C. 0.28초의 시간 경과를 보여주는 이 사진은 숫양의 정자에 달린 편모가 정자를 전진시킨다는 것을 보여준다.

네인은 필라멘트를 따라 직선으로 작동한다(미오신은 액틴을 따라, 키네신과 디네인은 미세관을 따라 작동한다). 하지만 생물계에는 필라멘트가 길을 안내하지 않아도 잘 작동하는 회전 모터도 있다. 이 모터들은 세균의 편모를 구동하며, 앞뒤로 흔들리는 대신 원을 그리며 작동한다. 하지만 더 근본적인 것은, 모든 식물과 동물은 ADP에 인산을 첨가해 ATP를 재활성화하는 더 작은 회전 분자 모터를 가지고 있다는 사실이다. 이 작은 분자 모터가 바로 모든 MRS GREN 기능의 주요 에너지원이라는 것을 기억하기 바란다.

식물의 움직임

식물의 모터는 동물의 모터만큼 매력적이며, 흙속에서 식물의 뿌리를 뻗게 만드는(가끔 인도를 들어 올리기도 하면서) 역할을 하며, 덩굴을 감아올리고, 꽃을 펴고, 씨앗을 흩뿌리고, 심지어 곤충을 잡아먹기도 한다. 하지만 식물의 모터는 동물의 모터와는 완전히 다른 방식으로 작동한다. 식물의 모터는 수축하고 당기는 대신 팽창하고 밀어낸다. 이런 일이 가능하고 필요한 이유는 셀룰로오스가 풍부하고 상당히 딱딱한 덮개인 세포벽이 세포를 감싸고 있기 때문이다. 이와 반대로 동물세포는 세포벽이 없고, 매우 유연한 세포막만 있다. 식물세포는 수압을 변화시킴으로써 조금씩만 팽창하고 수축할 수 있다. 또한 식물세포는 동물세포보다 훨씬 넓은 범위의 압력에도 터지지 않고 버틸 수 있지만, 동물 섬유세포나 암세포가 라멜리포디아에 끌려 작은 공간을 빠져나갈 수 있는 것처럼 변형돼 작은 공간에서 매끄럽게 빠져나갈 수는 없다. 또한 식물세포는 근육세포와는 달리 딱딱한 세포벽 때문에 수축을 거의 할 수 없다.

이러한 이유로 식물의 빠른 움직임은 쉽게 우리의 관심을 끈다. 예를 들어 하늘을 가로질러 움직이는 태양을 따라 회전하는 꽃, 만지면 접히고 놔두면 다시 펴지는 잎사귀, 낮과 밤의 주기에 따라 열리고 닫히는 잎을 우리는 신기하다고 생각한다. 식물의 이런 움직임은 찰스 다윈(1809~1882)을 매혹시켰다. 그는 이런 움직임들을 자세히 연구한 뒤 친구에게 다음과 같이 말했다. "나는 식물이 수면을 취하는 것이 복사선에 의한 잎의 손상을 줄이기 위한 것이라는 것을 우리가 증명했다고 생각합니다. 이 현상은 내게 매우 흥미로웠으며, 린네 Linnaeus(1707~1778) 시대부터 연구 대상이었기 때문에 우리는 이 현상의 규명을 위해 많은 노력을 했지만, 그 과정에서 많은 식물을 죽이거나 심하게 다치게 했습니다." 1880년에 다윈과 그의 아들 프랜시스 다윈(식물학자)은 그들의 모든 관찰 결과를 『식물의 운동력 *The power of movement in plants*』이라는 책으로 정리했다. 그 이후로 과학자들은 식물의 모터에 대해 훨씬 더 많은 것을 알게 되었지만, 아직도 완전히 이해하지는 못하고 있다.

현재까지 알려진 것은 식물세포가 나트륨, 칼륨 같은 이온들을 밖으로 빼내거나 안으로 끌어들임으로써 물을 흡수하거나 방출할 수 있다는 사실뿐이다. 물 분자들은 이온들에게 끌려서 세포 밖으로 방출된다. 식물세포는 ATP를 에너지원으로 사용하고, 인간이 근육운동을 할 때 사용하는 것과 동일한 회전 분자 모터로 에너지를 생성한다. 하지만 이 경우 팽창하는 세포들이 이루는 줄은 한쪽 끝 또는 양쪽 끝에서 팽창의 제한을 받기 때문에 일정 정도 이상 팽창하지 못하고 구부러진다.

이런 종류의 움직임은 몇 분 또는 몇 시간에 걸쳐 일어나지만, 육식성 식물인 파리지옥 같은 포식식물에서 볼 수 있는 번개처럼 빠른 움직임을 설명할 수는 없다. 파리지옥의 잎은 0.1초 안에 닫히면서 아무것도 모르는 곤충을 잎 안에 가둔다. 이 움직임은 그 어떤 식물의 ATP 구동 이온펌프가 만들어낼 수 있는 것보다 훨씬 빠르다. 파리지옥은 특수한 한 쌍의 잎을 구성하는 세포들을 천천히 물로 채워 볼록하게 만든다. 이 과정은 트럼프 카드의 윗부분과 아랫부분을 동시에 눌러

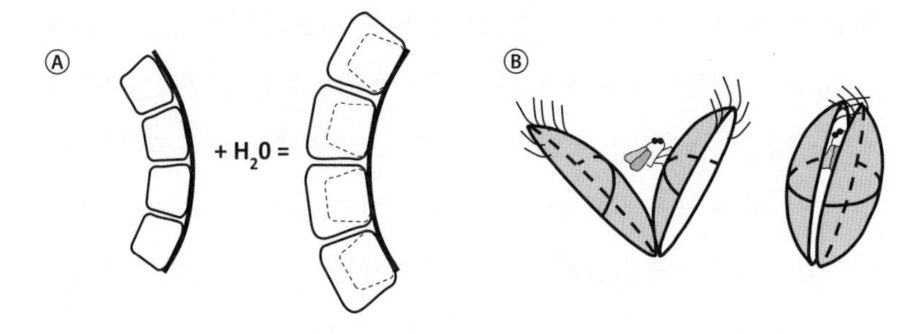

A. 식물세포는 물이 들어가면 부풀어 오른다. 하지만 식물세포들이 비대칭적으로 압력을 받으면 줄기나 잎이 구부러진다.
B. 파리지옥의 특수한 잎은 천천히 물을 받아들여 윗면이 볼록해진다. 곤충에 의해 기계적으로 자극을 받으면, 잎은 저장된 에너지를 사용해 볼록한 형태에서 오목한 형태로 갑자기 변화하면서 먹이를 잡는다.

볼록하게 만드는 과정과 비슷하다. 또한, 볼록하게 된 트럼프 카드는 다른 손으로 건드려 반대 방향으로 볼록하게 만들 수 있다. 파리지옥이 잎을 오므려 곤충을 가두는 과정과 비슷하다. 물의 압력이 잎의 탄성을 높여 볼록하게 열린 상태에서 오목한 죽음의 함정으로 순간적인 전환을 할 수 있도록 만드는 것이다.

동물 근육의 수축하는 속도와 정도는 가변적이지만, 이렇게 미리 준비된 식물의 움직임은 완벽하게 일어나거나 전혀 일어나지 않거나 둘 중의 하나다. 물리학자들과 공학자들은 식물의 모터에서 로봇 설계를 위한 영감을 얻기 위해 이런 움직임에 주목하고 있다. 그 이유는 다음과 같다. 일반적으로 식물들은 자신의 씨앗이 발아한 곳에서 평생을 보낸다. 식물은 움직여서 환경의 위협을 피할 수 없기 때문에 생존에 매우 잘 적응되어 있다. 또한 식물은 공기와 흙, 공기와 물, 또는 물과 흙으로 구성된 이중환경에서도 잘 살아간다. 식물들은 이런 혼합 조건에서 잘 생존할 수 있기 때문에 구조화되지 않고 예측할 수 없는 상황에서 기능해야 하는 로봇을 설계할 때 공학자들이 사용할 수 있는 좋은 모델이 된다.

대체물

하지만 현재까지의 로봇은 식물의 모터보다는 동물의 근육과 더 비슷하게 작동하는 모터로 구동된다. 상체나 하체 또는 전신에 매는 "옷"인 외골격 로봇exoskeleton을 예로 들어보자. 외골격 로봇은 전기 모터나 피스톤으로 구동되며, 사람이 무거운 물체를 반복적으로 들어야 하거나 위를 쳐다보면서 계속 일을 해야 할 때 착용하면 사용자에게

진신에 착용하는 외골격 로봇은 사용자가 근육 손상의 위험 없이 초인적으로 짐을 들고 나를 수 있게 만든다.

초인적인 힘과 지구력을 제공한다. 작업장에서 외골격 로봇은 생산성을 높이고 근골격계 손상의 발생률을 줄일 수 있다. 현재 미국 국방부는 지상병력이 수백 킬로그램의 짐을 실어 나를 수 있도록 해주는 외골격 로봇을 테스트하고 있다. 또한 외골격 로봇은 척수손상으로 서거나 걷기가 힘든 사람들에게 도움을 줄 수도 있다.

✦✦✦✦

보조기구 제작자들은 인공사지, 특히 인공 손의 개발을 위해 외골격 로봇에서 사용되는 모터 구동 기반 인공사지 굽힘 기술을 적용한다. 이들이 만드는 인공사지는 온전하지만 힘이 약한 손가락이나 손의 기능을 강화하기 위한 것이 아니라, 손가락이나 손 전체를 대체하기 위한 것이다. 하지만 이 로봇 손의 제어를 위해서는 사용자가 기존의 근육을 수축시켜 로봇 손을 활성화시켜야 하기 때문에 사용법이 매우 복잡하다. 특수 헤어밴드 같은 장치로 뇌파를 감지해 뇌의 메시지를 인공사지로 직접 전송할 수 있다면 이상적일 것이다. 하지만 현재의 기술이 할 수 있는 최선은 사용자가 기존의 근육으로 보내는 신경 임펄스를 보조기기가 감지해 모터를 구동시키는 것이다.

최근까지만 해도 이 방법을 사용자가 배우는 일은 쉽지 않았다. 예를 들어 인공 손 사용자가 위팔두갈래근을 구부리면 그 근처에 배치된 표면 전극이 근육의 전기 활동을 감지해, 보조기기의 주먹 만드는 모터에 인공 손가락을 접으라고 명령을 내리도록 설정된다. 이 과정에서 정신력 소모가 매우 많을 수밖에 없다. 특히 달걀을 깨뜨리지 않

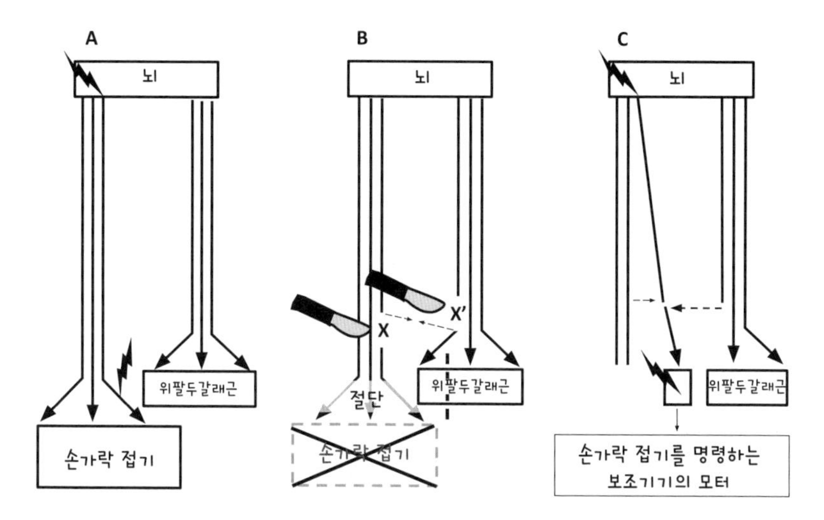

표적 근육 재신경화 기법

A. 일반적으로 뇌는 개개의 골격근에 서로 다른 신경을 통해 전기 임펄스를 보내고, 골격근은 그 전기 임펄스에 반응해 수축한다.

B. 팔뚝을 절단하면 손가락을 접는 근육이 없어지지만, 절단 전에 그 근육에 연결됐던 신경은 기능을 유지한다. 이 상황에서 외과의는 손가락을 접는 동작을 제어했던 신경(X)을 잘라내고, 온전하고 기능하는 위팔두갈래근의 일부를 제어하는 신경(X')에게 옮기기 위해 준비한다.

C. 신경이 옮겨진 부분이 치유된 후 환자의 뇌가 "주먹을 쥐어라"라는 명령을 내리면, 그 메시지는 원래의 신경을 따라 위팔두갈래근의 일부로 전달된다. 근육에서의 전기 자극은 신경에서의 자극보다 훨씬 강하며, 보조기기의 표면 전극에 의해 감지된다. 이때 보조기기는 모터를 작동시켜 인공 손가락을 접게 만든다.

으면서 집어 올리는 동작 같은 섬세한 동작을 인공 손으로 수행할 때는 더 많은 정신력이 소모된다.

최근 외과의들은 '표적 근육 재신경화 기법targeted muscle reinnervation, TMR'이라는 이름의 신기술을 사용하기 시작했다. 외과의는 절단되고 남은 부위의 끝부분에서 신경을 찾아내는데, 이런 신경은 사라진 근육, 예를 들어 주먹을 쥐게 만드는 근육에게 특정한 움직임을 수행하도록 신호를 전달했던 신경이다. 그런 다음 외과의는 찾아낸 신경의 끝을 위팔이나 어깨의 손상되지 않은 근육의 일부에 연결한다. 이렇게 하면, 손상된 모든 부위가 치유됐을 때 환자는 "손가락을 접어야겠어"라고 생각하기만 하면 되고, 그 메시지는 원래의 신경을 따라 전달돼 그 신경이 연결된 새로운 근육의 일부를 수축시킨다. 이때 이 근육 수축으로 일어난 전기 활동은 보조기기의 표면 전극에 의해 감지되고, 인공 손가락을 접게 만드는 보조기기의 모터를 작동시킨다.

이 방식은 복잡하게 들릴 수 있지만, 사용자는 매우 직관적으로 이 방식을 이해할 수 있다. 이 방식을 이용하면 더 이상 "인공 손가락을 접고 싶으면 위팔두갈래근을 수축시켜야 하고, 인공 손가락을 펴고 싶으면 어깨를 들어 올려야 한다"라고 생각할 필요가 없다. TMR 기법을 이용하면, 인공 손으로 주먹을 쥐기 위해 하는 거의 무의식적인 노력은 원래의 손으로 주먹을 쥘 때의 노력에 비해 별로 크지 않다. TMR 기법은 절단되고 남은 부분에 있는 근육을 로봇 손을 움직이기 위한 비디오 게임기 콘솔로 바꾸는 일이라고 생각할 수 있다.

✦✦✦✦

앞에서 언급한 외골격 로봇(파워 슈트)과 보조기기를 활성화하는 인공 근육의 설계에 현재 많은 노력이 투입되고 있다. 이상적인 설계는 긴 작동시간, 높은 효율과 내구성, 빠른 작동, 가벼운 무게, 낮은 비용이라는 조건을 모두 충족시키는 설계일 것이다. 이 분야에서 전기 모터와 공기 구동 피스톤은 효과가 확실하게 입증됐지만, 이상적인 설계 기준을 더 잘 만족시키는 높은 수준의 기술이 기존의 기술을 대체할 수도 있을 것이다.

높은 수준의 기술 중 하나는 스마트 근육, 스마트 합금, 근육 와이어라는 이름으로 불리는 형상기억합금이다. 예를 들어 형상기억합금은 니켈과 티타늄을 결합해 만들 수 있다. 두 금속을 결합해 만든 형상기억합금을 구부리면 합금은 그 상태를 계속 유지하지만, 약간 가열하면 원래의 모양으로 돌아간다. 형상기억 와이어라는 것도 있다. 코일 스프링으로 만드는 이 와이어는 늘린 상태에서 전류를 가하면 약간 온도가 올라가면서 원래의 길이로 돌아간다. 이런 동작은 반복적으로 구현이 가능하다. 하지만 동작 자체가 느린 데다 와이어도 비싸다.

더 유망한 대안은 열 활성화 금속이 아니라 열 활성화 폴리머다. 심지어 나일론 낚싯줄도 열 활성화 폴리머로 이용할 수 있다. 열 활성화 폴리머를 미세한 와이어와 결합한 뒤 반복해서 비틀면 마치 전화기 본체와 수화기를 잇는 줄처럼 길어지며, 그 상태에서 전류를 가하면 와이어가 다시 짧아진다.

실제 근육과 마찬가지로, 이 와이어도 길수록 작동 지속 시간이 길어지며, 코일이 나란히 많이 줄을 서면 더 강해진다. 이런 "근육"은 딱딱한 플라스틱이나 금속 부품이 없다. 따라서 피부와 접촉했을 때 부드럽게 작동하기 때문에 "소프트 로봇"이라고도 불린다. 하지만 이 장치는 아직 실제 근육처럼 몸 안에서 작동할 수 있는 수준에는 이르지 못하고 있다. 생체조직공학이 이 점점 중요한 역할을 하게 되는 이유가 여기에 있다.

누군가가 전쟁에서 입은 부상이나 종양 절제 수술로 인해 근육을 상당히 많이 잃은 경우, 생체조직공학 기법으로 근육을 대체할 수 있는 방법에 대해 생각하게 될 것이다. 실제로 생체조직공학 기법은 무게를 지탱하는 무릎관절의 연골이 손상된 경우에 상당한 효과를 발휘한다. 이 경우 보통 환자 자신의 무릎뼈(슬개골) 부근에서 조금 떼어낸 연골이 사용된다. 이 연골 세포들은 실험실에서 "확장돼" 수천 개의 세포가 수백만 개로 증식하고, 그 세포들은 몇 주 후에 연골 결함 부위에 주입된다. 이 세포들은 "움푹 파인 부분pothole"을 채우면서 함께 자라 부드럽고 매끄러운 표면을 형성한다. 화상으로 발생한 대규모 피부 결함에도 이와 동일한 방법을 적용해 좋은 효과를 볼 수 있다.

하지만 기능적인 근육을 공학적으로 만드는 것은 세 가지 이유로 어려운 일이다. 첫째, 근육의 대사 요구량은 피부나 연골보다 훨씬 크기 때문에, 공학적으로 만든 근육이 종이 한 장보다 두껍다면 영양분을 받고 대사폐기물을 배출할 수 있도록 공학적으로 만든 모세혈관이 필요하다. 둘째, 공학적으로 만든 근육이 유용하려면, 수축하고 이완할 수 있어야 하므로 유연해야 한다. 셋째, 공학적으로 만든 근육의 수축을 제어하기 위해서는 신경 공급이 필요하다. 이런 문제들은 해결하기가 어려운 도전과제처럼 보이지만, 연구자들은 이 세 가지 문제에서 모두 진전을 이루고 있으며, 특히 쥐에게서 희망적인 초기 결과를 얻고 있다. 관련 연구가 계속 진전이 된다면, 근육을 키우고 싶지만 체육관에는 가기 싫은 사람이 자신의 근육을 조직검사하고, 근육세포를 실험실로 보내서 수백만 배로 증식시키고, 세 달 후에 새롭고 부풀어 오른 근육을 기존의 근육에 끼워 넣을 수 있는 날이 올지도 모른다.

현재 활발하게 연구되고 있는 분야 중 하나는 일반 로봇과 외골격 로봇에서 이미 부분적으로 구현되고 있는 인공근육의 개발이다. 이런 장치들은 보통 전기 모터나 오일 또는 공기로 구동되는 피스톤을 기초로 한다. (거미들은 아주 오래 전부터 이 생각을 구현하고 있다. 거미는 다리에 하나의 근육 세트만 가지고 있다. 이 근육 세트는 무릎과 발목을 접는 근육이다. 거미는 풍선을 부풀리는 것처럼 피로 이 근육을 부풀려 접힌 무릎과 발목을 편다.) 인공 골격근의 궁극적인 목표는 인공심장처럼 완전히 이식 가능하고 완벽한 생체 호환성을 가지는 것이다. 또한 사용자의 의지와 상관없이 계속 혈액을 펌핑하는 인공심장과는 달리, 이상적인 인공 골격근은 신경을 통해 뇌에 연결돼 사용자가 자신의 의지대로

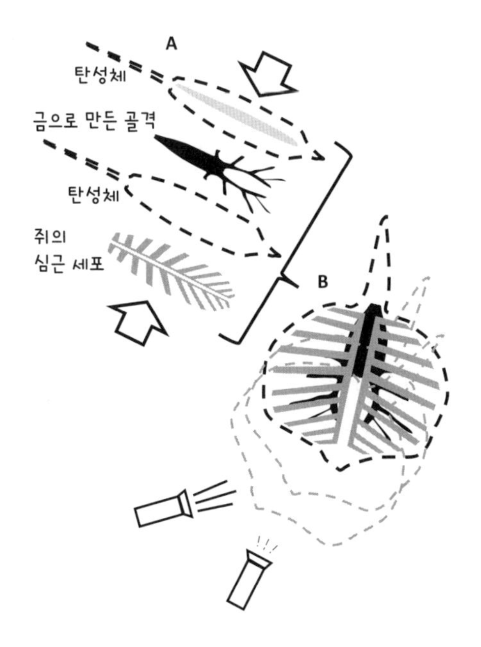

A. 이 사이보그 가오리는 실리콘 탄성체 두 층 사이에 금으로 만든 골격을 끼운 다음 쥐의 심근세포들로 만든 네트워크를 추가해 만들어졌다.
B. 이 심근세포들은 두 개의 깜박이는 레이저로부터 전달되는 에너지에 반응해 이 사이보그 가오리의 날개를 퍼덕이게 만든다. 사이보그 가오리(혼합체)는 이 날개의 움직임으로 전진 또는 회전할 수 있다.

통제할 수 있어야 한다.

마지막으로, 생체 근육세포를 사용해 제작된 부품을 구동하는 혼합체가 있다. 현재 이 혼합체에 대한 생각은 실험실에서만 증명된 상태다. 이 아이디어가 실용성을 얻으려면 혼합체가 근육세포들이 실제로 위치하는 염수 환경에서 작동해야 한다. 내가 본 이런 혼합체 중 가장 멋진 것은 얇은 실리콘 날개가 금으로 만든 "골격"에 끼워져 있고 그 골격과 쥐의 심근세포가 결합된, 동전 크기의 사이보그 가오리다. 이 심근세포들은 레이저 광선의 깜박임에 반응하도록 코딩되어 있으며, 그 결과로 이 "동물"을 앞으로 움직이거나 좌우로 돌게 할 수 있다.

근육의 메신저

과학자들과 공학자들은 움직임을 만들기 위해 근육 대체물을 고안하고 있지만, 근육에는 움직임 이상의 것이 있다. 일부 연구자들은 근육을 갑상선, 뇌하수체, 부신, 난소, 고환처럼 신체 구성요소, 장기, 그리고 시스템 전체에 영향을 미치는 화학전달물질을 분비하는 내분비기관으로 묘사하기도 한다.

예를 들어 운동이 뼈와 심장의 건강에 좋다는 것은 잘 알려져 있다. 나는 앞서 혈류 제한 요법이 한쪽의 훈련된 사지의 근육뿐만 아니라 반대편의 훈련되지 않은 사지의 근육도 강화시킨다는 관찰 결과를 언급한 바 있다. 이 관찰 결과는 유익한 근육 유래 화학 신호전달물질cell signaler들이 몸 안에 순환하고 있다는 것을 뜻한다. 많은 실험들은 운

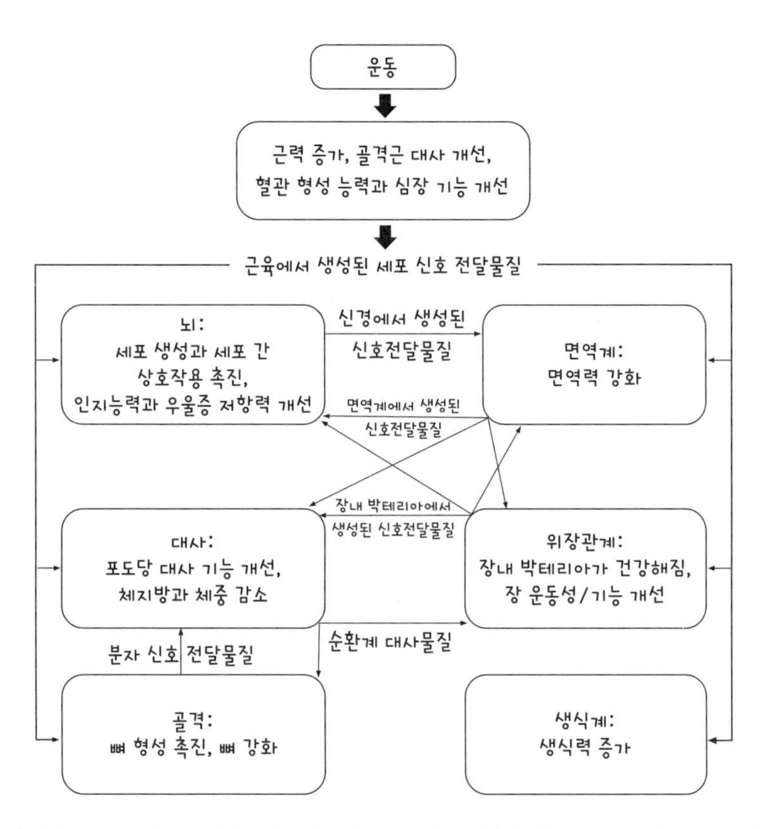

확실히 운동은 골격근과 심혈관계, 골격계에 좋은 영향을 미친다. 최근 연구들에 따르면 근육에서 생성된 세포 신호전달물질이 대부분의 장기에 광범위하고 긍정적인 영향을 미치는 것으로 보인다.

동이 암, 심혈관계, 심장과 폐의 기능을 개선하고, 당뇨병 같은 대사성 질환을 포함한 다양한 질환을 완화하거나 예방한다고 지적한다. 또한 운동은 알츠하이머병, 파킨슨병, 뇌졸중, 다발성경화증, 조현병(정신분열증), 우울증, 치매 같은 신경계 질환에도 효과가 있다. 노화 과정에 있으면서 정기적으로 운동하는 쥐의 피를 노화 과정에 있으면서 운동을 하지 않는 쥐에게 주입하면, 신체 활동의 유익한 효과가 비활동적인 쥐에게도 전달된다.

이 화학전달물질들이 무엇인지 정확하게 확인된다면, 땀을 흘리지 않고도 알약 하나만으로 운동이 주는 모든 혜택을 누릴 수 있을까? 그렇게 되려면 아마도 많은 시간이 지나야 할 것이다. 우리의 모든 장기들은 조화를 이루면서 작동하기 때문이다. "트럼펫"과 "오보에"가 기여하는 것을 고려하지 않고 "바이올린"을 삼키는 것만으로는 조화로운 교향곡을 연주할 수 없을 것이다. 음악 비유를 더 들어보자. 최근 연구자들은 다른 조직의 건강을 향상시키는 근육 유래 화학전달물질이라는 "악보"와 일부 "음표들"을 이해하기 시작했다. 그 결과로 나온 것이 바로 근육 유사제muscle mimetics다. 이런 만병통치약 같은 알약은 정신적 또는 신체적 장애로 인해 운동을 할 수 없는 개인들에게 먼저 혜택을 제공할 것이다. 하지만 우리 대부분은 자신을 위해서뿐만 아니라 우리의 전반적인 건강을 위해서도 규칙적이고 강력하게 근육을 수축시켜야 할 필요가 있다.

세상에서 가장 좋은 모터

책이 거의 끝나가고 있는 지금 나는 "근육은 얼마나 좋은 것인가?"라는 질문을 해보는 것이 가치 있을 거라는 생각이 든다. 인공적인 장치가 보편적으로는 아니더라도 넓은 범위에서 근육을 대체할 수 있을까? 반대로 사이보그 가오리의 예에서 본 것처럼, 근육은 잔디 깎는 기계와 자동차를 구동할 수 있을 정도로 업그레이드될 수 있을까? 미래에는 키네신과 디네인을 택배에 이용할 수 있게 될까? 나는 편견이 없는 사람이지만, 근육이 세계 최고의 모터라고 당당히 주장하고 싶다. 이런 생각은 내가 만든 다음과 같은 기준에 기초한다. 그 기준은 내구성, 확장성, 보편성, 다용도성, 적응성, 효율성, 실용성 그리고 미학적 가치다. 세상에서 가장 좋은 모터는 이 모든 척도에서 높은 순위를 차지해야 한다. 하나씩 살펴보자.

식탁소금 한 알 크기의 완보동물은 놀라울 정도로 회복력이 강하다. 이 동물의 근육은 심해 해구에서 우주 공간에 이르기까지 다양한 공간에서 극한의 압력과 영하 수백 도의 추운 온도, 수백 도의 뜨거운 온도에 노출된 후에도 계속 기능한다.

100년 동안 계속 사용된 후에도 완벽하게 작동하는 전기 모터나 내연기관이 얼마나 있을까? 그린란드 상어처럼 500년 동안 계속 기능을 유지하는 전기 모터나 내연기관이 있을까? 이와는 대조적으로, 수축하는 액틴/미오신 유닛은 수백만 년 동안 존재해왔고, 완보동물tardigrade에게서는 놀라울 정도의 회복력을 보인다.

물곰water bear, 이끼 미니돼지moss piglet라는 이름으로도 불리는 완보동물은 식탁소금 알갱이 정도로 매우 작고 다리가 8개인 이상한 생물이다. 이 동물은 가장 내구력이 강한 동물로 추정된다. 이 동물은 우주 공간의 진공부터 심해 해구의 압력의 6배가 넘는 환경에 이르는 극한 환경에서 생존이 가능하다. 또한 완보동물은 치명적인 방사선도 견딜 수 있으며, 영하 273.15도에서 영상 148.89도의 온도에서도 살아남는다. 또한 오랫동안 물이나 먹이를 먹지 않아도 생존에 지장을 받지 않는다. 액틴/미오신 이외의 모터는 이런 극한 환경을 견디기 어렵다. 따라서 내구성이라는 기준에서 나는 근육에게 찬사를 보낸다.

확장성을 살펴보자. 근육은 완보동물보다 더 작은 요정 말벌과 지금까지 알려진 가장 큰 동물인 대왕고래 모두에 존재하면서 그 동물들에게 도움을 준다. 인간은 손가락 끝에 놓을 수 있을 정도로 작은 전기 모터와 내연기관을 만들었다. 하지만 요정 말벌은 가족 전체가 이 작은 전기 모터 위에 올라가도 공간이 남을 정도로 작다. 반대로, 초대형 컨테이너 선박을 구동하는 피스톤 엔진은 방 두 개짜리 집 뒤에 숨길 수 없을 정도로 크다. 하지만 대왕고래는 이 엔진 뒤에 숨을 수 없을 정도로 크다. 따라서 확장성 측면에서도 나는 근육이 최고라고 평가한다.

보편성의 경우, 근육은 디네인, 키네신, ATP 합성효소에 밀린다. 이런 단백질들은 동물뿐만 아니라 식물, 박테리아, 곰팡이에도 있으며 세포 내 활동에 필수적이다. 보편성 측면에서 근육은 2등이다. 줄기러기는 7000미터 높이로 날아 히말라야산맥을 넘고, 마리아나곰치는 해저 8200미터까지 내려가기 때문이다.

다용도성과 적응성 측면을 생각해보자. 앞의 9개 장에서 나는 동물 근육의 놀라운 능력에 찬사를 보냈다. 하지만 찬사를 더 보내자면, 근육은 땅, 바다, 공중 모두에서 작동하며, (콘도그corn dog,• 해기스haggis,•• 생굴 같은) 이상한 에너지원으로 구동될 수 있다. 이와는 대조적으로,

교류 전기 모터는 직류로는 작동시킬 수 없고, 내연기관은 전기로 작동시킬 수 없다.

효율성에 대한 판단은 좀 복잡하다. 효율이 100퍼센트인 모터라면 전기에너지나 화학에너지를 모두 움직임으로 변환할 것이다. 전기 모터가 이에 가장 가까운데, 실험실 조건에서는 90퍼센트의 효율성을 보이고 실제 사용에서는 60퍼센트의 효율성을 나타내지만, 전달된 에너지의 나머지는 열과 마찰력 형태로 소실된다. 내연기관은 실험실에서 50퍼센트의 효율성을 보일 수 있지만, 도로에서는 가솔린에서 얻은 에너지의 17~21퍼센트만을 움직임으로 변환하고, 나머지는 배기관과 라디에이터에서 마찰과 열 형태로 소실된다. 자동차의 에너지 효율성은 운전 패턴에도 의존한다. 가속 페달과 브레이크 페달을 반복적으로 밟으면 더 많은 에너지가 열로 손실된다.

근육도 이와 마찬가지로, 음식을 움직임으로 변환하는 데 18~26퍼센트의 효율성을 보인다. 줄넘기와 같은 순간적인 빠른 연축 섬유 수축은 걷기와 같은 느린 연축 섬유 수축에 비해 효율성이 낮다. 적어도 포유류의 경우에는 근육이 완전히 효율적이지 않은 것이 좋다. 근육이 발생시키는 열이 몸 안의 세포 활동을 꾸준히 유지시켜주기 때문이다.

실용성과 미학적 가치의 측면은 개인에 따라 다를 수 있다. 엔지니어나 심장병 전문의는 인공사지 제작자나 식물학자와 다른 선택을 할

• 막대기에 소시지를 꽂고 밀가루와 옥수수 전분 반죽을 감싸 튀겨 내거나 구워낸 음식.
•• 양 또는 송아지의 내장이 포함된 푸딩의 일종.

것이다. 하지만 나는 근육보다 더 실용적이고 매혹적인 것은 없다고 생각한다.

지금쯤 여러분은 당연하게 생각하겠지만, 나는 '세상에서 가장 좋은 모터' 상을 근육에게 수여할 것이다.

나가는 말

휴식과 스트레칭

근육은 분자생물학과 나노과학의 연구 대상이자 훈련된 사이클 선수들이 지쳐서 사이클에서 떨어지는 현상을 설명하기 위해 연구되는 매력적인 소재이기도 하다. 나는 지난 수많은 시간 동안 해부학적 절개를 수행하고 그들의 발견을 기록한 호기심 많고 헌신적이고 용감한 과학자들에게 큰 존경심을 가지고 있다. 또한 나는 실험실과 임상 현장에서 기발한 실험을 설계해 수행한 사람들에게도 경의를 표한다. 우리는 그들 모두에게 마음의 빚을 지고 있으며, 감사해야 한다. 나는 여러분이 이 책의 중요 참고 문헌들을 약간의 시간을 가지고 훑어보기를 바란다. (이 책 마지막에 실은 중요 참고 문헌들은 내가 참고한 문헌 전체의 절반 정도에 불과하다. 모든 참고 문헌의 리스트는 MuscleandBone.info에서 확인할 수 있다.) 세계 곳곳의 다양한 저자들의 이름과 다양한 저널에 실린 그들의 동료평가 논문들을 자세히 살펴볼 수 있다면 더없이 좋을 것 같다.

이런 논문들에서 나는 많은 것을 배웠지만, 배울 것은 아직도 많이 남아 있다. 예를 들어 손을 문틀에 대고 누른 후에 팔이 저절로 몸통에서 떨어져 위로 올라가는 신기한 현상인 콘슈탐 현상의 원인은 무엇일까? 우리는 피로와 지연성 근통증에 대해 완전히 이해하고, 이러한 흔한 질병들을 예방할 방법을 찾을 수 있을까? 화성을 탐사할 우주인들이 지구로 돌아오는 우주선에서 근육이 곤죽이 되지 않게 만들 방법을 찾아낼 수 있을까? 이 책을 읽으면서 배운 것들은 근육과 관련된 새로운 연구 결과가 발표될 때 여러분의 이해를 도울 것이다.

MRS GREN을 잊지 말길 바란다. 분자 모터가 움직임(M)을 담당한다는 것은 분명하지만, 이 책에서 보았듯이, 분자 모터는 우리 몸의 다른 기능들과도 밀접한 관련이 있다. 나팔관에 섬모가 없다면, 정자에 편모가 없다면, 자궁에 근육이 없다면 생식(R)이 가능할 수 있을까? 소리에 대한 감각(S)은 귀 안의 작은 근육과 전기 활성화 분자 모터에 의한 변조와 증폭이 필요하고, 많은 동물은 소리가 나는 위치를 파악해 소리를 더 잘 듣기 위해 외이를 움직이는 것이 생존에 중요하다. 미각, 후각, 시각도 움직임으로부터 이익을 얻는다. 성장(G)은 액틴과 미오신이 협력해 한 개의 세포를 두 개로 반복적으로 분할하는 과정인 세포 분열을 수없이 많이 요구한다. 호흡(R)은 흉벽과 횡격막을 움직이는 근육을 요구하며, 코와 기관지의 섬모는 호흡기를 깨끗하게 유지한다. 배설(E)은 수뇨관의 연동운동, 방광을 조절하는 괄약근의 움직임에 의존한다. 영양(N)은 소화계를 둘러싼 민무늬근의 도움을 받는다.

들어가는 말에서 나는 여러분이 자신의 몸무게, 근력, 체형, 혈압, 혈당 수준, 정신적 지구력과 육체적 지구력, 수면 패턴에 대해 만족하는지 물었다. 그리고 나는 여러분이 활동적인 삶을 오랫동안 유지하고 싶은지도 물었다. 나는 용기를 내서 나 자신에게도 이 질문들을 했다. 나는 몸무게에는 별로 만족하지 않는다. 특히 최근 들어서는 더 그렇다. 근력도 마찬가지인 것 같다. 가득 찬 여행 가방을 들고 계단을 오르는 일이 점점 힘들어지고 있다. 체형에는 그럭저럭 만족한다. 혈압과 혈당 수준은 의사가 괜찮다고 한다. 정신적 지구력과 신체적 지구력은 누구나 다 스스로가 부족하다고 생각할 것 같다. 수면 패턴은 엉망이다. 그리고 나도 당연히 활동적인 삶을 오래 유지하고 싶다.

이런 답들을 내 자신에게 하고 나니, 6장에서 다룬 컨디셔닝을 더 철저하게 실천해야겠다는 생각이 밀려왔다. 나는 빠른 연축 섬유가 많지 않기 때문에 항상 인내력을 활용하는 운동을 선택해왔다. 이런 운동은 느린 연축 섬유 활동을 필요로 하는 달리기나 자전거 타기 같은 것이다. 또한 나는 매일 개를 산책시키고, 정원 가꾸기를 꾸준히 한다. 정원 가꾸는 일에는 잔디 깎기, 구멍 파기, 몸 굽히기, 기어다니기, 오르기, 들기, 나르기 등이 포함된다. 이런 방법으로 나는 하루에 쉽게 1만 걸음 이상을 걷는다. 또한 나는 20대 초반부터 휴식 시 맥박수가 50 정도에 계속 머물고 있다. 그렇다면 내 심장과 폐의 기능은 매우 좋은 상태일 것이다.

하지만 나는 근육량을 유지하고 그로 인해 골밀도를 유지하는 데 웨이트 트레이닝이 필수적이라는 것을 잘 알고 있으면서도 무거운 쇳덩어리를 들기는 싫어한다. 그 운동은 너무 지루하기 때문이다. 적어도 정원에서 구멍을 파면 몸통과 사지를 운동시키고, 내 노력의 결과를 남들에게 보여줄 수도 있다. 같은 이유로, 나는 장작 패기를 좋아한다. 장작 패기는 전신운동이다. 문제는 도시의 정원에서는 팔 수 있는 구멍과 팰 수 있는 장작의 수가 한정되어 있다는 것이다.

이 책의 독자들에게 더 많은 것을 알려주기 위해 나는 2년 전에 용기를 내어 개인 트레이너를 고용했다. 나는 일주일에 두 번 트레이너의 지도로 운동을 하고, 스마트폰 앱이나 유튜브 영상을 참고해 혼자 한 번 더 저항 훈련을 한다. 아직은 저항 운동이 내 삶을 바꾸었다고 말할 정도는 아니지만, 저항 운동을 하면 하루 종일 기분이 좋고, 다음 세션을 기대하게 된다. 또한 나는 저항 운동을 함으로써 내 건강을 적극적으로 챙기고 있다는 생각을 하곤 한다. 식단 관리를 더 정밀하게 하게 된 것도 저항 운동이 내게 준 보너스다.

나에 대한 이야기는 이 정도만 하자. 나는 이 책에서 근육에 대해 배운 것이 여러분의 운동 능력과 전반적인 건강을 향상시키는 데 도움이 되길 진심으로 바란다. 여러분은 이제 근육에 대한 기본적인 지식을 가지게 됐고, 그 지식의 도움을 받을 수 있을 것이다. 여러분이 이 책에서 새롭게 얻은 지식, 즉 근육과 관련된 과학의 역사, 예술과 해부학의 융합, 최첨단 기술에 대한 지식은 여러분의 삶에 폭넓은 영향을 미칠 것이다. 근육은 아름다우면서 복잡하며, 생명의 움직임을 가능하게 만든다. 당신의 근육을 최대한 활용하길 바란다.

감사의 말

근육에 관한 책을 출간하고 싶다는 내 문의에 며칠 만에 긍정적인 답변을 준 에이전트 조엘 델부르고에게 먼저 감사의 마음을 전한다. 그때부터 나는 조엘이 좋았고, 그후에는 더 좋아졌다. 모든 면에서 경험이 풍부한 전문가인 조엘은 나의 열렬한 팬이 돼 이 책의 출간을 도와줬으며, 원고 작성과 출판사의 원고 승인 과정에 있었던 여러 가지 어려운 일을 해결하는 하는 과정에서도 현명하고 침착하게 나를 이끌어주었다.

W. W. 노튼 앤드 컴퍼니의 직원들은 이 책 이전에 출간된 『숨겨진 뼈, 드러난 뼈』를 쓸 때와 마찬가지로 근육에 관한 이 이야기가 일관성 있고 명확하게 전개될 수 있도록 도움을 주었다. 특히 드류 웨이트먼은 내가 "나무"를 보고 있을 때 "숲"을 볼 수 있도록 만들어준 고마운 사람이다. 또한 드류는 내가 원고의 순서를 다시 정렬하고, 일부 내용을 압축하고, 전문용어를 쉬운 말로 바꾸는 과정에서 큰 도움을 주었다. 드류의 예리한 편집자적 안목 덕분에 독자들은 알게 모르게 큰 도움을 받게 될 것이다. 이 책을 시각적으로 매력적으로 만들어 독

자들이 쉽게 접근할 수 있게 해준 다른 직원들에게도 감사드린다.

이 책의 명확성, 정확성, 시각적 매력을 높이는 데 기여한 분들에게 다시 한번 감사의 마음을 전한다. 버논 톨로, 몰리 니븐, 데이비드 니븐은 조용히 얼굴을 찡그리면서도 이 책의 초고를 읽고 유용한 제안을 해준 고마운 사람들이다. 자신의 전문 분야와 관련된 부분을 읽고 귀중한 조언을 해준 짐 와이스(심장학), 아그네스 브루커(마취학), 알렉스 자말(컨디션 조절, 보디빌딩, 영양학), 빌 바우어삭(노래), 프랜시 슈(근전도 검사)에게도 감사의 마음을 전한다. 캐리 캔터는 내가 표현하고자 하는 바를 간결하게 전달할 수 있도록 편집자의 안목으로 이 책의 문장들을 다듬어주었다. 탁월한 카피 에디터인 낸시 그린은 원고의 명확성, 문법, 문장부호를 완벽하게 다듬기 위해 50만 개에 달하는 모든 부호와 공백을 면밀히 검토했다. 그래픽 디자이너 엘리자베스 콘리는 이 책에서 초고에서 사용된 모든 이미지를 이해하기 쉽도록 다시 그려줬으며, 오래돼 손상된 사진들을 보정해 깨끗한 이미지로 만들기까지 했다.

이 책을 완성하는 데 가장 중요한 역할을 한 것은 나에게 근골격계 질환 치료를 맡긴 수천 명의 환자들이다. 그들의 질병과 회복 과정을 관찰하면서 나는 많은 것을 배웠고, 또한 나는 그 과정에서 근육이라는 놀라운 조직에 대해 내가 가진 열정과 경외심을 다른 사람들과 나누고 싶다는 생각을 할 수 있게 됐다. 또한 나와 함께 일하는 수백 명의 수부외과 펠로, 정형외과와 성형외과의 레지던트, 그리고 의대생들에게 감사의 마음을 전한다. 이들은 내가 가르칠 수 있는 특권을 누리게 해준 사람들이자 나의 스승들이기도 하다. 또한 중학교 시절부터 내가 자연세계에 대해 탐구할 수 있도록 내 호기심을 자극해준 선생님들과 캠프 카운슬러들에게도 감사드린다.

마지막으로, 나는 전 세계에서 생산된 생명과학 관련 문헌과 대중문화에 대한 최신 정보를 즉시 접할 수 있게 해준 인터넷의 힘에 지금도 감탄하고 있다. 인터넷을 통해 나는 쉽게 배경지식의 폭과 깊이를 획기적으로 늘릴 수 있었다.

참고할 만한 동영상

동영상과 컴퓨터 애니메이션은 글과 정적인 이미지로는 완전하게 이해하기가 힘든 근육의 움직임을 쉽게 이해하는 데 도움을 준다. 유튜브에서 다음의 단어들을 키워드로 검색하면 근육의 움직임을 보여주는 동영상을 찾을 수 있다. 이 동영상들을 모두 보는 데는 30분도 채 걸리지 않지만, 일단 이 동영상들을 보고 시각적인 깨달음을 얻는다면, 유튜브에서 추천하는 관련 동영상들을 찾아보면서 세계 최고의 모터에 대해 더 많이 배우게 될 것이다.

lamellipodia dynamics

growth cones turning and actin dynamics

cytoplasmic streaming: Elodea under the microscope

muscle structure and function animation by Drew Barry

transoral incisionless fundoplication

The Visible Human Project — Male

The Muscle Song (Memorize Your Anatomy)

hungry woodpecker sticks out tongue

Javier Sotomayor high jump world record

kinesin protein walking on microtubule

ATP synthase, Graham Johnson

seven power suits

targeted muscle reinnervation patient

cyborg stingray made of rat muscles and gold

참고 문헌

1장. 발견

Britannica. "Connective Tissue." Accessed October 18, 2021. https://www.britannica.com/science/skeleton/Connective-tissue.

Burgoon, Judee K. "Microexpressions Are Not the Best Way to Catch a Liar." *Frontiers in Psychology* 9 (2018): 1672.

De Havas, Jack, Hiroaki Gomi, and Patrick Haggard. "Experimental Investigations of Control Principles of Involuntary Movement: A Comprehensive Review of the Kohnstamm Phenomenon." *Brain Research* 235, no. 7 (2017): 1953–97.

Eckman, P. "Facial Expressions of Emotion: An Old Controversy and New Findings." *Philosophical Transactions of the Royal Society B Biological* 335, no. 1273 (1992): 63–69.

Harrison, R. J., and E. J. Field. *Anatomical Terms: Their Origins and Derivation*. Cambridge: W. Heffer and Son, 1947.

Hendriks, I. F., D. A. Zhuravlev, J. G. Govill, F. Boer, I. V. Baivoronskii, P. C. W. Hogendoorn, and M. C. DeRuiter. "Nikolay Ivanovich Pirogov (1810–1881): Anatomical Research to Develop Surgery." *Clinical Anatomy* 33, no. 5 (2020): 714–30.

Hilloowala, Rumy. "Michelangelo: Anatomy and Its Implication in His Art." *Vesalius* 15, no. 1 (2009): 19–24.

Ivanenko, Y. P., W. G. Wright, V. S. Gurfinkel, F. Horak, and P. Cordo. "Interaction of Involuntary Post-Contraction Activity with Locomotor Movements." *Experimental Brain Research* 169, no. 2 (2006): 255–60.

Kemp, Martin. "Style and Non-Style in Anatomical Illustration: From Renaissance

Humanism to Henry Gray." *Journal of Anatomy* 216, no. 2 (2010): 192–208.

Kohnstamm, O. "Demonstration einer Katatonieartigen Erscheinung beim Gesunden." *Neurologie Zentralblatt* 34 (1915): 290–91.

Lee, Se-Jin, Adam Lehar, Jessica U. Meir, Christina Koch, Andrew Morgan, Lara E. Warren, Renata Rydzik, et al. "Targeting Myostatin/ Activin A Protects Against Skeletal Muscle and Bone Loss during Spaceflight." *Proceedings of the National Academy of Sciences* 117, no. 38 (2020): 23942–51.

Longo, Aldo F., Carlos R. Siffredi, Marcelo L. Cardey, Gustavo D. Aquilino, and Néstor A. Lentini. "Age of Peak Performance in Olympic Sports: A Comparative Research Among Disciplines." *Journal of Human Sport and Exercise* 11, no. 1 (2016): 31–41.

Macalister, A. "Observations on Muscular Anomalies in the Human Anatomy. Third Series, with a Catalogue of the Principal Muscular Variations Hitherto Published." *Transactions of the Royal Irish Academy of Science* 25 (1875): 1–130.

Musil, Vladimir, Zdenek Suchomel, Petra Malinova, Josef Stingl, Martin Vlcek, and Marek Vacha. "The History of Latin Terminology of Human Skeletal Muscles (From Vesalius to the Present)." *Surgical and Radiologic Anatomy* 37 (2015): 33–41.

Shelbourn, Carolyn. "Bringing the Skeletons Out of the Closet: The Law and Human Remains in Art, Archaeology and Museum Collections." *Art Antiquity and Law Journal* 11 (2006): 179–98.

Spira, Anthony, Martin Postle, and Paul Bonaventura. George Stubbs: *"All Done from Nature."* London: Paul Holberton Publishing, 2019.

Spitzer, Victor M., and David G. Whitlock. *National Library of Medicine Atlas of the Visible Human Male: Reverse Engineering of the Human Body*. Burlington, MA: Jones and Bartlett Learning, 1997.

Starr, Michelle. "Some People Can Make a Roaring Sound in Their Ears Just by Tensing a Muscle." Accessed October 18, 2021. https://www .sciencealert.com/some-people-can-make-a-roaring-sound-in-your-ears -just-by-tensing-a-muscle.

Vasari, G. *The Lives of the Most Excellent Painters, Sculptors, and Architects*. Florence, 1550 and 1568. *The Lives of the Artists*. Translated by Julia Conway Bondanella. Oxford World's Classics. Oxford: Oxford University Press, 2008.

Voloshin, I., and P. M. Bernini. "Nickolay Ivanovich Pirogoff. Innovative Scientist and Clinician." *Spine* 23, no. 19 (1976): 2143–46.

Woltmann, Alfred, and Karl Woermann. *History of Painting*, vol. 2, *The Painting of the Renascence*. Translated by Clara Bell. New York: Dodd, Mead, 1885.

Wood J. "Variations in Human Myology." *Proceedings of the Royal Society of London* 16 (1868): 483–525.

2장. 분자의 마법

Akasaki, Y., N. Ouchi, Y. Izumiya, B. Bernardo, N. LeBrasseur, and K. Walsh. "Glycolytic Fast-Twitch Muscle Fiber Restoration Counters Adverse Age-Related Changes in Body Composition and Metabolism." *Aging Cell* 13 (2013): 80–91.

Al-Khayat, Hind A. "Three-Dimensional Structure of the Human Myosin Thick Filament: Clinical Implications." *Global Cardiology and Scientific Practice* 2013, no. 3 (2013): 280–302.

Austin City College. "Muscle Cell Anatomy and Function." Accessed October 16, 2021. https://www.austincc.edu/sziser/Biol%202404/240 4LecNotes/2404LNExII/Muscle%20Physiology.pdf.

Boland, Mike, Lovedeep Kaur, Feng Ming Chian, and Thierry Astruc. "Muscle Proteins." Accessed October 16, 2021. https://hal.archives -ouvertes.fr/hal-02000883/document.

Cohen, Joe. "What Does Myostatin Inhibition Do? + Risks & Side Effects." Accessed October 16, 2021. https://selfhacked.com/blog/myostatin -inhibition/.

Čolović, Mirjana B, Danijela Z. Krstić, Tamara D. Lazarević-Pašti, Aleksandra M. Bondžić, and Vesna M. Vasić. "Acetylcholinesterase Inhibitors: Pharmacology and Toxicology." *Current Neuropharmacology* 11, no. 3 (2013) 315–35.

Hamilton, Jon. "Scientists Sent Mighty Mice to Space to Improve Treatments Back on Earth." Accessed October 16, 2021. https://www.npr .org/sections/health-shots/2020/01/16/796316186/scientists-sent -mighty-mice-to-space-to-improve-treatments-back-on-earth.

Hartman, M. Amanda, and James A. Spudich. "The Myosin Superfamily at a Glance." *Journal of Cell Science* 128, no. 11 (2015): 2009–19.

Narici, M. V., and N. Maffulli. "Sarcopenia: Characteristics, Mechanisms and Functional Significance." *British Medical Bulletin* 95 (2010): 139–59.

Nigam, P. K., and Anjana Nigam. "Botulinum Toxin." *Indian Journal of Dermatology* 55, no. 1 (2010): 8–14.

Orizio, Claudio. "Muscle Sound: Bases for the Introduction of a Mechanomyographic Signal in Muscle Studies." *Critical Reviews in Biomedical Engineering* 21, no. 3 (1993): 210–43.

Oster, Gerald. "Muscle Sounds." Scientific American 250, no. 3 (1984): 108–15.

Ross, T. "Myostatin Inhibitors—Do They Work? Is There Another Way to Do It?" Accessed October 16, 2021. https://www.researchedsupplements .com/myostatin-inhibitors.

Stanford University. "The History of Muscles." Accessed October 16, 2021. https://web.stanford.edu/class/history13/earlysciencelab/body/ musclespages/muscles.html.

Szent-Györgyi, Andrew G. "The Early History of the Biochemistry of Muscle Contraction." *Journal of General Physiology* 123, no. 6 (2004): 631–41.

White, T. A., and N. K. LeBrasseur. "Myostatin and Sarcopenia: Opportunities and Challenges—A Mini-Review." *Gerontology* 60 (2014): 289–93.

3장. 골격근

Adams, Valerie, Bernice Mathisen, Surinder Baines, Cathy Lazarus, and Robin Callister. "A Systematic Review and Meta-Analysis of Measurements of Tongue and Hand Strength and Endurance Using the Iowa Oral Performance Instrument (IOPI)." *Dysphagia* 28, no. 3 (2013): 350–69.

Dikmen, Ebrar. "Embodied Cognition: Change Your Mental Level with Your Body." Accessed October 18, 2021. https://mozartcultures.com/ en/uyelik/.

Goss, C. M. "On Movement of Muscles by Galen of Pergamon." *American Journal of Anatomy* 123, no. 1 (1968): 1–26.

Hung, Iris W., and Aparna A. Labroo. "From Firm Muscles to Firm Willpower: Understanding the Role of Embodied Cognition in Self-Regulation." *Journal of Consumer Research* 37, no. 6 (2011): 1046–64.

Janssen, Ian, Steven B. Heymsfield, and Z. M. Wang. "Skeletal Muscle Mass and Distribution in 468 Men and Women Aged 18–88 Yr." *Journal of Applied Physiology* 89, no. 1 (1985): 81–88.

Kayalioglu, Gulgun, Baris Altay, Feray Gulec Uyaroglu, Fikret Bademkiran, Burhanettin Uludag, and Cumhur Ertekin. "Morphology and Innervation of the Human Cremaster Muscle in Relation to Its Function." *Anatomical Record* 29, no. 7 (2008): 790–96.

Kemp, Martin. "Style and Non-Style in Anatomical Illustration: From Renaissance Humanism to Henry Gray." *Journal of Anatomy* 216, no. 2 (2010): 192–208.

Kurivan, Rebecca. "Body Composition Techniques." *Indian Journal of Medical Research* 148, no. 5 (2018): 648–58.

Shepherd, John, Bennett Ng, Markus Sommer, and Steven B. Heymsfield. "Body Composition by DXA." *Bone* 104 (2017): 101–5.

Tuthill, John C., Eiman Azim, and Ian Waterman. "Proprioception." *Current Biology* 28, no. 5 (2018): R194–R203.

Vesalius, Andreas. *De Humani Corporis Fabrica Libri Septum (On the Fabric of the Human Body)*, translated by William Frank Richardson. San Francisco: Norman Publishing, 1999.

4장. 민무늬근

Ackerknecht, E. H. "The History of the Discovery of the Vegetative (Autonomic) Nervous System." *Medical History* 18, no. 1 (1974): 1–8.

Agarwal, Pawan, Shabbir Husain, Sudesh Wankhede, and D. Sharma. "Rectus Abdominis Detrusor Myoplasty (RADM) for Acontractile/ Hypocontractile Bladder in Spinal Cord Injury Patients: Preliminary Report." *Journal of Plastic, Reconstructive & Aesthetic Surgery* 71, no. 5 (2018): 736–42.

Amrani, Yassine, and Reynold A. Panettieri. "Airway Smooth Muscle: Contraction and Beyond." *International Journal of Biochemistry and Cell Biology* 35, no. 3 (2003): 272–76.

Barišić, Goran, and Zoran Krivokapić. "Adynamic and Dynamic Muscle Transposition Techniques for Anal Incontinence." *Gastroenterology Report* 2, no. 2 (2014): 98–105.

Benson, Herbert, John W. Lehmann, M. S. Malhotra, Ralph F. Goldman, Jeffrey Hopkins, and Mark D. Epstein. "Body Temperature Changes during the Practice of G Tum-mo Yoga." *Nature* 295 (1982): 234–36.

Bharadwaj, Shishira, Parul Tandon, Tushar D. Gohel, Jill Brown, Ezra Steiger, Donald F. Kirby, Ajai Khanna, et al. "Current Status of Intestinal and Multivisceral Transplantation." *Gasteroenterology Report (Oxford)* 5, no. 1 (2017): 20–28.

Bianchi, A. "Intestinal Loop Lengthening—A Technique for Increasing Small Intestinal Length." *Journal of Pediatric Surgery* 15, no. 2 (1980): 145–51.

Bornemeier, Walter C. "Sphincter Protecting Hemorrhoidectomy." *American Journal of Proctology* 11 (1960): 48–52.

Bourne, L. E., C. P. Wheeler-Jones, and I. R. Orriss. "Regulation of Mineralisation in Bone and Vascular Tissue: A Comprehensive Review." *Journal of Endocrinology* 248, no. 2 (2021): R51–R65.

Bubenik, George A. "Why Do Humans Get 'Goosebumps' When They Are Cold, Or under Other Circumstances?" Accessed October 17, 2021. https://open.oregonstate.education/aandp/chapter/10–7-smooth -muscle-tissue/.

Cleveland Clinic. "For the First Time in North America, a Women Gives Birth after Uterus Transplant from a Deceased Donor." Accessed October 17, 2021. https://health.clevelandclinic.org/for-the-first-time -in-north-america-woman-gives-birth-after-uterus-transplant-from -deceased-donor/.

Dalziel J. E., N. J. Spencer, and W. Young. "Microbial Signalling in Colonic Motility." *International Journal of Biochemistry & Cell Biology* 134 (2021): 105963.

Deora, Surender. "The Story of 'STENT': From Noun to Verb." *Indian Heart Journal* 68, no. 2 (2016): 235–37.

Dunn, P. "John Braxton Hicks (1893–97) and Painless Uterine Contractions." *Archives of Diseases in Children. Fetal and Neonatal Edition* 81, no. 2 (1999): F157–F158.

Grootaert, Mandy O. J., and Martin R Bennett. "Smooth Muscle Cells in Atherosclerosis: Time for a Reassessment." *Cardiovascular Research* 117, no. 11 (2021): 2326–39.

Grubb, Søren, Changsi Cai, Bjørn O. Hald, Lila Khennouf, Reena Prity Murmu, Aske G. K. Jensen, Jonas Fordsmann, et al. "Precapillary Sphincters Maintain Perfusion in the Cerebral Cortex." *Nature Communications* 11, no. 1 (2020): 395.

Gutowski, Piotr, Shawn M. Gage, Malgorzata Guziewicz, Marek Ilzecki, Arkadiusz Kazimierczak, Robert D. Kirkton, Laura E. Niklason, et al. "Arterial Reconstruction with Human Bioengineered Acellular Blood Vessels in Patients with Peripheral Arterial Disease." *Journal of Vascular Surgery* 72, no. 4 (2020): 1247–58.

Harryman, William L., Kendra D. Marr, Daniel Hernandez-Cortes, Raymond B. Nagle, Joe G. N. Garcia, and Anne E. Cress. "Cohesive Cancer Invasion of the Biophysical Barrier of Smooth Muscle." *Cancer Metastasis Review* 40, no. 1 (2021): 205–19.

Hicks J. B. "On the Contractions of the Uterus Throughout Pregnancy: Their Physiological Effects and Their Value in the Diagnosis of Pregnancy." *Transactions of the Obstetrical Society of London* 13 (1871): 216–31.

Hur, Christine, Jenna Rehmer, Rebecca Flyckt, and Tommaso Falcone. "Uterine Factor Infertility: A Clinical Review." *Clinical Obstetrics and Gynecology* 62, no. 2 (2019): 257–

70.

Ilardo, Melissa A., Ida Moltke, Thorfinn S. Korneliussen, Jade Cheng, Aaron J. Stern, Fernando Racimo, Peter de Barros Damgaard, et al. "Physiological and Genetic Adaptations to Diving in Sea Nomads." *Cell* 173, no. 3 (2018): 569–80.e15.

Jones, B. P., N. J. Williams, S. Saso, M.-Y. Thum, I. Quiroga, J. Yazbek, S. Wilkinson, et al. "Uterine Transplantation in Transgender Women." *British Journal of Obstetrics and Gynaecology* 126, no. 2 (2019): 152–56.

Jones, T. W. "Discovery That Veins of the Bat's Wing (Which Are Furnished with Valves) Are Endowed with Rhythmical Contractility and That the Onward Flow of Blood Is Accelerated by Each Contraction." *Philosophical Transactions of the Royal Society of London* 142 (1852): 131–36.

Katayama, Rafael C., Fernando A. M. Herbella, Francisco Schlottmann, and P. Marco Fisichella. "Lessons Learned from the History of Fundoplication." *SN Comprehensive Clinical Medicine* 2 (2020): 775–81.

Kegel, A. H. "The Nonsurgical Treatment of Genital Relaxation; Use of the Perineometer as an Aid in Restoring Anatomic and Functional Structure." *Annals of Western Medicine and Surgery* 2, no. 5 (1948): 213–16.

Kesseli, S., and D. Sudan. "Small Bowel Transplantation." *Surgical Clinics of North America* 99, no. 1 (2019): 103–16.

Kirkton, Robert D., Maribel Santiago-Maysonet, Jeffrey H. Lawson, William E. Tente, Shannon L. M. Dahl, Laura E. Niklason, and Heather L. Prichard. "Bioengineered Human Acellular Vessels Recellularize and Evolve into Living Blood Vessels after Human Implantation." *Science Translational Medicine* 11, no. 485 (2019): eaau6934.

Kozhevnikov, Maria, James Elliott, Jennifer Shephard, and Klaus Gramann. "Neurocognitive and Somatic Components of Temperature Increases during g-Tummo Meditation: Legend and Reality." *PLOS One* 8, no. 3 (2013): e58244.

Krishnan, Jerry A., and Aliya N. Husain. "One Step Forward, Two Steps Back: Bronchial Thermoplasty for Asthma." *American Journal of Respiratory and Critical Care Medicine* 203, no. 2 (2021): 153–54.

Lehur, Paul-Antoine, Shane McNevin, Steen Buntzen, Anders F. Mellgren, Soeren Laurberg, and Robert D. Madoff. "Magnetic Anal Sphincter Augmentation for the Treatment of Fecal Incontinence: A Preliminary Report from a Feasibility Study."

Diseases of the Colon and Rectum 53, no. 12 (2010): 1604–10.

Luo, Jiesi, Yuyao Lin, Xiangyu Shi, Guangxin Li, Mehmet H. Kural, Christopher W. Anderson, Matthew W. Ellis, et al. "Xenogeneic-Free Generation of Vascular Smooth Muscle Cells from Human Induced Pluripotent Stem Cells for Vascular Tissue Engineering." *Acta Biomaterialia* 119 (2021): 155–68.

Magalhaes, Renata S., J. Koudy Williams, Kyung W. Yoo, James J. Yoo, and Anthony Atala. "A Tissue-Engineered Uterus Supports Live Birth in Rabbits." *Nature Biotechnology* 38 (2020): 1280–87.

Matsumoto, C. S., S. Subramanian, and T. M. Fishbein. "Adult Intestinal Transplantation." *Gasteroenterology Clinics of North America* 47, no. 2 (2018): 341–54.

Mookerjee, Vikram G., and Daniel Kwan. "Uterus Transplantation as a Fertility Option in Transgender Health Care." *International Journal of Transgender Health* 21, no. 2 (2021): 122–24.

Nguyen, Jennifer V. "The Biology, Structure, and Function of Eyebrow Hair." *Journal of Drugs in Dermatology* 13, no. 1 Suppl. (2014): s12–s16.

Nyangoh, Timoh K., D. Moszkowicz, M. Creze, M. Zaitouna, M. Felber, C. Lebacle, D. Diallo, et al. "The Male External Sphincter Is Autonomically Innervated." *Clinical Anatomy* 34, no. 2 (2021): 263–71.

Oregon State University. "Smooth Muscle Tissue." Accessed October 17, 2021. https://open.oregonstate.education/aandp/chapter/10-7-smooth -muscle-tissue./

Oshiro, Takuma, Ryu Kimura, Keiichiro Izumi, Asuka Ashikari, Seiichi Saito, and Minoru Miyazato. "Changes in Urethral Smooth Muscle and External Urethral Sphincter Function with Age in Rats." *Physiological Reports* 8, no. 24 (2021): e14643.

Panneton, W. Michael. "The Mammalian Diving Response: An Enigmatic Reflex to Preserve Life?" *Physiology (Bethesda)* 28, no. 5 (2013): 284–97.

Paus, I., I. Burgoa, C. I. Platt, T. Griffiths, E. Poblet, and A. Izeta. "Biology of the Eyelash Hair Follicle: An Enigma in Plain Sight." *British Journal of Dermatology* 174, no. 2 (2016): 741–52.

Pollard, Stephen. "Small Bowel Transplantation." *Clinics in Colon Rectal Surgery* 17, no. 2 (2004): 119–24.

Sarveazad, Arash, Asrin Babahajian, Naser Amini, Jebreil Shamseddin, and Mahmoud Yousefifard. "Posterior Tibial Nerve Stimulation in Fecal Incontinence: A Systematic

Review and Meta-Analysis." *Basic and Clinical Neuroscience* 10, no. 5 (2019): 419–31.
Smith, Edwin A., Jonathan D. Kaye, John Y. Lee, Andrew J. Kirsch, and Joseph K. Williams. "Use of Rectus Abdominis Muscle Flap as Adjunct to Bladder Neck Closure in Patients with Neurogenic Incontinence: Preliminary Experience." *Journal of Urology* 183, no. 4 (2010): 1556–60.
Tzvetanov, Ivo G., Kiara A. Tulla, Giuseppe D'Amico, and Enrico Benedetti. "Living Donor Intestinal Transplantation." *Gastroenterology Clinics of North America* 47, no. 2 (2018): 369–80.
Wan, Juyi, Xiaolin Zhong, Zhiwei Xu, Da Gong, Diankun Li, Zhifei Xin, Xiaolong Ma, et al. "A Decellularized Porcine Pulmonary Valved Conduit Embedded with Gelatin." *Artificial Organs* 45, no. 9 (2021): 1068–82.
Whitehead A. K., A. P. Erwin, and X. Yue. "Nicotine and Vascular Dysfunction." *Acta Physiologica (Oxford)* 17 (2021): e13631.
Witcombe, Brian, and Dan Meyer. "Sword Swallowing and Its Side Effe ts." *British Medical Journal* 333, no. 7582 (2006): 1285–87.
Yuan, Cheng, Lihua Ni, Changjiang Zhang, Xiaorong Hu, and Xiaoyan Wu. "Vascular Calcification: New Insights into Endothelial Cells." *Microvascular Research* 134 (2021): 104–5.
Zhao, Jian, Zhaoyu Liu, and Zhihui Chang. "Osteogenic Differentiation and Calcification of Human Aortic Smooth Muscle Cells Is Induced by the RCN2/STAT3/miR-155-5p Feedback Loop." *Vascular Pharmacology* 136 (2021): 106821.

5장. 심장근육

American Heart Association. "The Past, Present and Future of the Device Keeping Alive Carew, Thousands of HF Patients." Accessed October 15, 2021. https://www.heart.org/en/news/2018/06/13/the-past-present-and -future-of-the-device-keeping-alive-carew-thousands-of-hf-patients.
Aranki, Sary. "Coronary Artery Bypass Graft Surgery: Graft Choices." Accessed October 21, 2021. https://www.uptodate.com/contents/ coronary-artery-bypass-graft-surgery-graft-choices.
Bakhtiyar, Syed Shahyan, Elizabeth L. Godfrey, Shayan Ahmed, Harveen Lamba, Jeffrey Morgan, Gabriel Loor, Andrew Civitello, et al. "Survival on the Heart Transplant

Waiting List." *JAMA Cardiology* 5, no. 11 (2020): 1227–35.

Barron, S. L. "Development of the Electrocardiograph in Great Britain." *British Medical Journal* 1, no. 4655 (1950): 720–25.

Becnel, Miriam, and Selim R. Krim. "Left Ventricular Assist Devices in the Treatment of Advanced Heart Failure." *Journal of the American Academy of Physician Assistants* 32, no. 5 (2019): 41–46.

Braunwald, Eugene. "Cell-Based Therapy in Cardiac Regeneration: An Overview." *Circulation Research* 123, no. 2 (2018): 132–37.

Brenner, Paolo, and Maks Mihalj. "Update and Breakthrough in Cardiac Xenotransplantation." *Current Opinion in Organ Transplantation* 25, no. 3 (2020): 261–67.

Curfman. G. "Stem Cell Therapy for Heart Failure: An Unfulfilled Promise?" *JAMA* 321 (2019): 1186–87.

Domingues, José Sérgio, Marcos de Paula Vale, and Marcos Pinotti Barbosa. "Partial Left Ventriculectomy: Have Well-Succeeded Cases and Innovations in the Procedure Been Observed in the Last 12 Years?" *Brazilian Journal of Cardiovascular Surgery* 30, no. 5 (2015): 579–85.

Duan, Dongsheng, and Jerry R. Mendell, editors. *Muscle Gene Therapy*. 2nd ed. New York: Springer, 2019.

Edwards, Jena E., Elizabeth Hiltz, Franziska Broell, Peter G. Bushnell, Steven E. Campana, Jørgen S. Christiansen, Brynn M. Devine, et al. "Advancing Research for the Management of Long-Lived Species: A Case Study on the Greenland Shark." *Frontiers in Marine Science* 6 (2019): 87.

Fahlman, Andreas, Bruno Cozzi, Mercey Manley, Sandra Jabas, Marek Malik, Ashley Blawas, and Vincent M. Janik. "Conditioned Variation in Heart Rate during Static Breath-Holds in the Bottlenose Dolphin (Tursiops truncatus)." *Frontiers in Physiology* 11 (2020): 604018.

Fernández-Ruiz, Irene. "Breakthrough in Heart Xenotransplantation." *Nature Reviews Cardiology* 16, no. 2 (2019): 69.

Gao, L., and J. J. Zhang. "Efficient Protocols for Fabricating a Large Human Cardiac Muscle Patch from Human Induced Pluripotent Stem Cells." *Methods in Molecular Biology* 2158 (2021): 187–97.

Ghiroldi, A., M. Piccoli, G. Ciconte, C. Pappone, and L. Anastasia. "Regenerating the

Human Heart: Direct Reprogramming Strategies and Their Current Limitations." *Basic Research in Cardiology* 112, no. 6 (2017): 68.

Goff, Z. D., A. B. Kichura, J. T. Chibnall, and P. J. Hauptman. "A Survey of Unregulated Direct-to-Consumer Treatment Centers Providing Stem Cells for Patients with Heart Failure." *JAMA Internal Medicine* 177, no. 9 (2017): 1387–88.

Goldbogen, J. A., D. E. Cade, J. Calambokidis, M. F. Czapanskiy, J. Fahlbusch, A. S. Friedlaender, W. T. Gough, et al. "Extreme Bradycardia and Tachycardia in the World's Largest Animal." *Proceedings of the National Academy of Sciences* 116, no. 50 (2019): 25329–32.

Han, Jooli, and Dennis R. Trumble. "Cardiac Assist Devices: Early Concepts, Current Technologies, and Future Innovations." *Bioengineering (Basel)* 6, no. 1 (2019): 18.

Harris, K. M., S. Mackey-Bojack, M. Bennett, D. Nwaudo, E. Duncanson, and B. J. Maron. "Sudden Unexpected Death Due to Myocarditis in Young People." *American Journal of Cardiology* 143 (2021): 131–34.

Hayward, M. "Dynamic Cardiomyoplasty: Time to Wrap It Up?" *Heart* 82, no. 3 (1999): 263–64.

Hetzer, Roland, Mariano Francisco del Maria Javier, Frank Wagner, Matthias Loebe, and Eva Maria Javier Delmo. "Organ-Saving Surgical Alternatives to Treatment of Heart Failure." *Cardiovascular Diagnosis and Therapy* 11, no. 1 (2021): 213–25.

Huang, Ke, Emily W. Ozpinar, Teng Su, Junnan Tang, Deliang Shen, Li Qiao, Shiqi Hu, et al. "An Off-the-Shelf Artificial Cardiac Patch Improves Cardiac Repair after Myocardial Infarction in Rats and Pigs." *Science Translational Medicine* 12, no. 538 (2020): eaat9683.

Kaye, Alan D., Allyson L. Spence, Mariah Mayerle, Nitish Sardana, Claire M. Clay, Matthew R. Eng, Markus M. Luedi, et al. "Impact of COVID- 19 Infection on the Cardiovascular System: An Evidence-Based Analysis of Risk Factors and Outcomes." *Best Practices and Research in Clinical Anaesthesiology* 35, no. 3 (2021): 437–48.

Leier, Carl V. "Editorial Comment Cardiomyoplasty: Is It Time to Wrap It Up?" *Journal of the American College of Cardiology* 28, no. 5 (1996): 1181–82.

Li, W., S. A. Su, J. Chen, H. Ma, and M. Xiang. "Emerging Roles of Fibroblasts in Cardiovascular Calcification." *Journal of Cellular and Molecular Medicine* 25, no. 4 (2021): 1808–16.

Lim, Gregory B. "An Acellular Artificial Cardiac Patch for Myocardial Repair." *Nature Reviews Cardiology* 17 (2020): 220.

Long, Ashleigh, and Paul Mahoney. "Use of Mitral Clip to Target Obstructive SAM in Severe Diffuse-Type Hypertrophic Cardiomyopathy: Case Report and Review of Literature." *Journal of Invasive Cardiology* 32, no. 9 (2020): E228–E232d.

Maron, B. J., T. S. Haas, A. Ahluwalia, C. J. Murphy, and R. F. Garberich. "Demographics and Epidemiology of Sudden Deaths in Young Competitive Athletes: From the United States National Registry." *American Journal of Medicine* 129, no. 11 (2016): 1170–77.

Martinez, W. Matthew, Andrew M. Tucker, O. Josh Bloom, Gary Green, John P. DiFiori, Gary Solomon, Dermot Phelan, et al. "Prevalence of Inflammatory Heart Disease Among Professional Athletes with Prior COVID-19 Infection Who Received Systematic Return-to-Play Cardiac Screening." *JAMA Cardiology* 6, no. 7 (2021): 745–52.

McGregor, Christopher G. A., and W. Byrne Guerand. "Porcine Human Heart Transplantation: Is Clinical Application Now Appropriate?" *Journal of Immunology Research* 2017 (2017): 2534653.

Mei, Xuan, and Ke Cheng. "Recent Development in Therapeutic Cardiac Patches." *Frontiers in Cardiovascular Medicine* 27, no. 7 (2020): 610364.

Meier, Raphael P. H., Alban Longchamp, Muhammad Mohiuddin, Oriol Manuel, Georgios Vrakas, Daniel G. Maluf, Leo H. Buhler, Yannick D. Muller, and Manuel Pascual. "Recent Progress and Remaining Hurdles Toward Clinical Xenotransplantation." *Xenotransplantation* (March 23, 2021): e12681.

National Cancer Institute. "Matters of the Heart: Why Are Cardiac Tumors So Rare?" Accessed October 15, 2021. https://www.cancer.gov/ types/metastatic-cancer/research/cardiac-tumors.

Piccolino, Marco. "Animal Electricity and the Birth of Electrophysiology: The Legacy of Luigi Galvani." *Brain Research Bulletin* 46, no. 5 (1998): 381–407.

Pierson III, Richard N., Jay A. Fishman, Gregory D. Lewis, David A. D'Alessandro, Margaret R. Connolly, Lars Burdorf, Joren C. Madsen, and Agnes M. Azimzadeh. "Progress Toward Cardiac Xenotransplantation." *Circulation* 142 (2020): 1389–98.

Puntmann, Valentina O., M. Ludovica Carerj, Imke Wieters, Masia Fahim, Christophe Arendt, Jedrzej Hoffmann, Anastasia Shchendrygina, et al. "Outcomes of Cardiovascular Magnetic Resonance Imaging in Patients Recently Recovered from Coronavirus Disease

2019 (COVID-19)." *JAMA Cardiology* 5, no. 11 (2020): 1265–73.

Quick, Nicola J., William R. Cioffi, Jeanne M. Shearer, Andreas Fahlman, and Andrew J. Read. "Extreme Diving in Mammals: First Estimates of Behavioural Aerobic Dive Limits in Cuvier's Beaked Whales." *Journal of Experimental Biology* 23, no. 223 (Pt 18) (2020): jeb 222109.

Rajpal, Saurabh, Matthew S. Tong, James Borchers, Karolina M. Zareba, Timothy P. Obarski, Orlando P. Simonetti, and Curt J. Daniels. "Cardiovascular Magnetic Resonance Findings in Competitive Athletes Recovering from COVID-19 Infection." *JAMA Cardiology* 6, no. 1 (2021): 116–18.

Rastegar, Hassan, Griffin Boll, Ethan J. Rowin, Noreen Dolan, Catherine Carroll, James E. Udelson, Wendy Wang, et al. "Results of Surgical Septal Myectomy for Obstructive Hypertrophic Cardiomyopathy: The Tufts Experience." *Annals of Cardiothoracic Surgery* 6 (2017): 353–63.

Retraction Watch. "Anversa Cardiac Stem Cell Lab Earns 13 Retractions." Accessed October 15, 2021. https://retractionwatch.com/2018/12/13/ anversa-cardiac-stem-cell-lab-earns-13-retractions.

Schagatay, Erika, and Boris Holm. "Effects of Water and Ambient Air Temperatures on Human Diving Bradycardia." *European Journal of Applied Physiology* 73 (1996): 1–6.

Sherrid, Mark V., Daniele Massera, and Daniel G. Swistell. "Surgical Septal Myectomy and Alcohol Ablation: Not Equivalent in Efficacy or Survival." *Journal of the American College of Cardiology* 79, no. 17 (2022): 1656–59.

Streeter, Benjamin W., and Michael E. Davis. "Therapeutic Cardiac Patches for Repairing the Myocardium." *Advances in Experimental Medicine and Biology* 5 (2019): 1–24.

Thompson, Randall C., Adel H. Allam, Guido P. Lombardi, L. Samuel Wann, M. Linda Sutherland, James D. Sutherland, Muhammad AlTohamy Soliman, et al. "Atherosclerosis Across 4000 Years of Human History: The Horus Study of Four Ancient Populations." *Lancet* 381, no. 9873 (2013): 1211–22.

Vanderbilt University School of Medicine. "World Leader in Heart Transplants." Accessed October 15, 2021. https://medschool.vanderbilt.edu/ vanderbilt-medicine/world-leader-in-heart-transplants/.

Wenger, M. A., B. K. Bagchi, and B. K. Anand. "Experiments in India on "Voluntary" Control of the Heart and Pulse." *Circulation* 24 (1961): 1319–25.

Wilson, Clare. "Myocarditis Is More Common after Covid-19 Infection Than Vaccination." Accessed October 15, 2021. https://www .newscientist.com/article/mg25133462–800-myocarditis-is-more -common-after-covid-19-infection-than-vaccination/#ixzz79P8NxsjA.

6장. 컨디셔닝

Armstrong, Brock. "Build Strength and Muscle Fast with Occlusion Training." Accessed October 20, 2021. https://www.scientificamerican.com/ article/build-strength-and-muscle-fast-with-occlusion-training/.

Bachman, Rachel. "An Olympian, a Failed Drug Test and an Accused Burrito." Accessed October 21, 2021. https://www.wsj.com/ articles/olympic-runner-failed-drug-test-burrito-shelby-houlihan -11623867500?mod=hp_major_pos1#cxrecs_s.

Bagheri, Reza, Babak Hooshmand Moghadam, Damoon Ashtary-Larky, Scott C. Forbes, Darren G. Dandow, Andrew J. Galpin, Mozhgan Eskandari, Richard B. Kreider, and Alexie Wong. "Whole Egg vs. Egg White Ingestion during 12 Weeks of Resistance Training in Trained Young Males: A Randomized Controlled Trial." *Journal of Strength and Conditioning Research* 35, no. 2 (2021): 411–19.

Baker, B. S., M. S. Stannard, D. L. Duren, J. L. Cook, and J. P. Stannard. "Does Blood Flow Restriction Therapy in Patients Older Than Age 50 Result in Muscle Hypertrophy, Increased Strength, or Greater Physical Function? A Systematic Review." *Clinical Orthopaedics and Related Research* 478, no. 3 (2020): 593–606.

Berger, Joshua, Oliver Ludwig, Stephan Becker, Marco Backfisch, Wolfgang Kemmler, and Michael Fröhlich. "Effects of an Impulse Frequency Dependent 10-Week Whole-Body Electromyostimulation Training Program on Specific Sport Performance Parameters." *Journal of Sports Science and Medicine* 19, no. 2 (2020): 271–81.

Black, Jonathan. "Charles Atlas: Muscle Man." Accessed October 20, 2021. https://www.smithsonianmag.com/history/charles-atlas-muscle -man-34626921/.

Blocquiaux, Sara, Tatiane Gorski, Evelien Van Roie, Monique Ramaekers, Ruud Van Thienen, Henri Nielens, Christophe Delecluse, Katrien De Bock, and Martine Thomis. "The Effect of Resistance Training, Detraining and Retraining on Muscle Strength and Power, Myofibre Size, Satellite Cells and Myonuclei in Older Men." *Experimental Gerontology* 133 (2020): 110860.

Bowman, Eric N., Rami Elshaar, Heather Milligan, Gregory Jue, Karen Mohr, Patty Brown, Drew M. Watanabe, and Orr Limpisvasti. "Proximal, Distal, and Contralateral Effects of Blood Flow Restriction Training on the Lower Extremities: A Randomized Controlled Trial." *Sports Health* 11, no. 2 (2019): 149–56.

Bowman, Eric N., Rami Elshaar, Heather Milligan, Gregory Jue, Karen Mohr, Patty Brown, Drew M. Watanabe, and Orr Limpisvasti. "UpperExtremity Blood Flow Restriction: The Proximal, Distal, and Contralateral Effects—A Randomized Controlled Trial." *Journal of Shoulder and Elbow Surgery* 29, no. 6 (2020): 1267–74.

Brandner, C. R., and S. A. Warmington. "Delayed Onset Muscle Soreness and Perceived Exertion after Blood Flow Restriction Exercise." *Journal of Strength and Conditioning Research* 31, no. 11 (2017): 3101–8.

Britannica. "Milo of Croton. Greek Athlete." Accessed October 21, 2021. https://www.britannica.com/biography/Milo-of-Croton.

Calderone, Julia, and Ben Fogelson. "Fact or Fiction? The Tongue Is the Strongest Muscle in the Body." Accessed October 20, 2021. https:// www.scientificamerican.com/article/fact-or-fiction-the-tongue-is-the -strongest-muscle-in-the-body/.

Carr, Joshua C., Xin Ye, Matt S. Stock, Michael G. Bemben, and Jason M. DeFreitas. "The Time Course of Cross-Education during Short-Term Isometric Strength Training." *European Journal of Applied Physiology* 119 (2019): 1395–407.

Cohen, Joe. "What Does Myostatin Inhibition Do? + Risks & Side Effects." Accessed October 21, 2021. https://selfhacked.com/blog/myostatin -inhibition/.

Dalleck, Lance C., and Len Kravitz. "The History of Fitness." Accessed October 21, 2021. https://www.unm.edu/~lkravitz/Article%20folder/ history.html.

Damas, Felipe, Cleiton A. Libardi, and Carlos Ugrinowitsch. "The Development of Skeletal Muscle Hypertrophy Through Resistance Training: The Role of Muscle Damage and Muscle Protein Synthesis." *European Journal of Applied Physiology* 118, no. 3 (2018): 485–500.

Fair, John D. *Muscletown USA: Bob Hoffman and the Manly Culture of York Barbell.* University Park: Penn State University Press, 1999.

Fleckenstein, Daniel, Olaf Ueberschär, Jan C., Wüstenfeld, Peter Rüdrich, and Bernd Wolfarth. "Effect of Uphill Running on VO2, Heart Rate and Lactate Accumulation on Lower Body Positive Pressure Treadmills." *Sports (Basel)* 9, no. 4 (2021): 51.

Furtado, Guilherme Eustáquio, Rubens Vinícius Letieri, Adriana SilvaCaldo, Joice C. S. Trombeta, Clara Monteiro, Rafael Nogueira Rodrigues, Ana Vieira-Pedrosa, et al. "Combined Chair-Based Exercises Improve Functional Fitness, Mental Well-Being, Salivary Steroid Balance, and Anti-microbial Activity in Pre-frail Older Women." *Frontiers in Psychology* 12 (2021): 564490.

Garber, Carol Ewing, Bryan Blissmer, Michael R. Deschenes, Barry A. Franklin, Michael J. Lamonte, I-Min Lee, David C. Nieman, David P. Swain, and the American College of Sports Medicine. "American College of Sports Medicine Position Stand. Quantity and Quality of Exercise for Developing and Maintaining Cardiorespiratory, Musculoskeletal, and Neuromotor Fitness in Apparently Healthy Adults: Guidance for Prescribing Exercise." *Medicine and Science in Sports and Exercise* 43, no. 7 (2011): 1334–59.

Government of Canada. "What Happens to Muscles in Space." Accessed October 20, 2021. https://www.asc-csa.gc.ca/eng/sciences/osm/muscles .asp.

Gutierrez, Sara Duarte, Samuel da Silva Aguiar, Lucas Pinheiro Barbosa, Patrick Anderson Santos, Larissa Alves Maciel, Patrício Lopes de Araujo Leite, Thiago Dos Santos Rosa, et al. "Is Lifelong Endurance Training Associated with Maintaining Levels of Testosterone, Interleukin-10, and Body Fat in Middle-Aged Males?" *Journal of Clinical and Translational Research* 7, no. 4 (2021): 450–55.

Herda, Ashley A., and Omid Nabavizadeh. "Short-Term Resistance Training in Older Adults Improves Muscle Quality: A Randomized Control Trial." *Experimental Gerontology* 145 (2021): 111195.

Hong, A. Ram, and Sang Wan Kim. "Effects of Resistance Exercise on Bone Health." *Endocrinology and Metabolism (Seoul)* 33, no. 4 (2018): 435–44.

Huxley, H. E. "Past, Present and Future Experiments on Muscle." *Philosophical Transactions: Biological Sciences* 355, no. 1396 (2020): 539–43.

Kamram, Ghazal. "Physical Benefits of (Salah) Prayer—Strengthen the Faith and Fitness." *Journal of Novel Physiotherapy and Rehabilitation* 2 (2018): 43–53.

Kemmler, W., A. Weissenfels, S. Willert, M. Shojaa, S. von Stengel, A. Filipovic, H. Kleinöder, J. Berger, and M. Fröhlich. "Efficacy and Safety of Low Frequency Whole-Body Electromyostimulation (WB-EMS) to Improve Health-Related Outcomes in Non-athletic Adults. A Systematic Review." *Frontiers in Physiology* 23, no. 9 (2018): 573.

Kemmler, Wolfgang, Heinz Kleinöder, and Michael Fröhlich. "Editorial: Whole-Body Electromyostimulation: A Training Technology to Improve Health and Performance in Humans?" *Frontiers in Physiology* 26, no. 11 (2020): 523.

Larsson, Lars, Hans Degens, Meishan Li, Leonardo Salviati, Young Il Lee, Wesley Thompson, James L. Kirkland, and Marco Sandri. "Sarcopenia: Aging-Related Loss of Muscle Mass and Function." *Physiology Review* 99, no. 1 (2019): 427–511.

Lazaro, R. J. "Effects of Lower Body Positive Pressure Treadmill Training on Balance, Mobility and Lower Extremity Strength of Community-Dwelling Older Adults: A Pilot Study." *Allied Health* 49, no. 2 (2020): e99–e103.

Lee, Se-Jin, Adam Lehar, Jessica U. Meir, Christina Koch, Andrew Morgan, Lara E. Warren, Renata Rydzik, et al. "Targeting Myostatin/Activin A Protects Against Skeletal Muscle and Bone Loss during Spaceflight." *Proceedings of the National Academy of Sciences* 117, no. 38 (2020): 23942–51.

Lichtenberg, Theresa, Simon von Stengel, Cornel Sieber, and Wolfgang Kemmler. "The Favorable Effects of a High-Intensity Resistance Training on Sarcopenia in Older Community-Dwelling Men with Osteosarcopenia: The Randomized Controlled FrOST Study." *Clinical Interventions in Aging* 14 (2019): 2173–86.

Ludwig, Oliver, Joshua Berger, Torsten Schuh, Marco Backfisch, Stephan Becker, and Michael Fröhlich. "Can a Superimposed Whole-Body Electromyostimulation Intervention Enhance the Effects of a 10-Week Athletic Strength Training in Youth Elite Soccer Players?" *Journal of Sports Science and Medicine* 19, no. 3 (2020): 535–46.

May, A. K., A. P. Russell, and S. A. Warmington. "Lower Body Blood Flow Restriction Training May Induce Remote Muscle Strength Adaptations in an Active Unrestricted Arm." *European Journal of Applied Physiology* 118, no. 3 (2018): 617–27.

McKenna, C. F., A. F. Salvador, R. L. Hughes, S. E. Scaroni, R. A. Alamilla, A. T. Askow, S. A Paluska, et al. "Higher Protein Intake during Resistance Training Does Not Potentiate Strength, but Modulates Gut Microbiota, in Middle-Aged Adults: A Randomized Control Trial." *American Journal of Physiology, Endocrinology and Metabolism* 320, no. 5 (2021): E900–E913.

Mendonca, Goncalo, Carolina Vila-Chã, Carolina Teodósio, Andre D. Goncalves, Sandro R. Freitas, Pedro Mil-Homens, and Pedro PezaratCorreia. "Contralateral Training Effects of Low-Intensity Blood-Flow Restricted and High-Intensity Unilateral Resistance

Training." *European Journal of Applied Physiology* 121, no. 8 (2021): 2305–21.

Murphy, Caoileann C., Ellen M. Flanagan, Giuseppe De Vito, Davide Susta, Kathleen A. J. Mitchelson, Elena de Marco Castro, Joan M. G. Senden, et al. "Does Supplementation with Leucine-Enriched Protein Alone and in Combination with Fish-Oil-Derived N-3 Pufa Affect Muscle Mass, Strength, Physical Performance, and Muscle Protein Synthesis in Well-Nourished Older Adults? A Randomized, DoubleBlind, Placebo-Controlled Trial." *American Journal of Clinical Nutrition* 113, no. 6 (2021): 1411–27.

National Aeronautics and Space Administration. "Muscle Atrophy." Accessed October 20, 2021. https://www.nasa.gov/pdf/64249main_ ffs_factsheets_hbp_atrophy.pdf.

Nippard, Jeff. "How to Build Maximum Muscle (Explained in 5 Levels)." Accessed October 21, 2021. https://www.youtube.com/ watch?v=lu_BObG6dj8.

Osama, Muhammad, and Reem Javed Malik. "Salat (Muslim Prayer) as a Therapeutic Exercise." *Journal of the Pakistan Medical Association* 69, no. 3 (2019): 399–404.

Park, Ji-Su, Sang-Hoon Lee, Sang-Hoon Jung, Jong-Bae Choi, and YoungJin Jung. "Tongue Strengthening Exercise Is Effective in Improving the Oropharyngeal Muscles Associated with Swallowing in CommunityDwelling Older Adults in South Korea: A Randomized Trial." *Medicine (Baltimore)* 98, no. 40 (2019): e17304.

Peteiro, Jesus, and Alberto Bouzas-Mosquera. "Time to Climb 4 Flights of Stairs Provides Relevant Information on Exercise Testing Performance and Results." *Revista Española de Cardiologia (English Edition)* 74, no. 4 (2021): 354–55.

Rey-López, Juan Pablo, Emmanuel Stamatakis, Martin Mackey, Howard D. Sesso, and I-Min Lee. "Associations of Self-Reported Stair Climbing with All-Cause and Cardiovascular Mortality: The Harvard Alumni Health Study." *Preventative Medicine Reports* 15 (2019): 100938.

Schoenfeld, Brad J., Jozo Grgic, and James Krieger. "How Many Times Per Week Should a Muscle Be Trained to Maximize Muscle Hypertrophy? A Systematic Review and Meta-Analysis of Studies Examining the Effects of Resistance Training Frequency." *Journal of Sports Science* 37, no. 11 (2019): 1286–95.

Schoenfeld, B. J., and A. A. Aragon. "How Much Protein Can the Body Use in a Single Meal for Muscle-Building? Implications for Daily Protein Distribution." *Journal of the International Society of Sports Nutrition* 15 (2018): 10.

Smith, Tobie, Matthew Fedoruk, and Amy Eichner. "Performance Enhancing Drug Use in

Recreational Athletes." *American Family Physician* 103, no. 4 (2021): 203–4.

Stares, Aaron, and Mona Bains. "The Additive Effects of Creatine Supplementation and Exercise Training in an Aging Population: A Systematic Review of Randomized Controlled Trials." *Journal of Geriatric Physical Therapy* 43, no. 2 (2020): 99–112.

Stern, Marc. "The Fitness Movement and the Fitness Center Industry, 1960– 2000." Accessed October 21, 2021. https://thebhc.org/sites/default/files/ stern_0.pdf.

Stöllberger, Claudia, and Josef Finsterer. "Side Effects of and Contraindications for Whole-Body Electro-Myo-Stimulation: A Viewpoint." *BMJ Open Sport and Exercise Medicine* 5, no. 1 (2019): e000619.

Strasser, Barbara, Dominik Pesta, Jörn Rittweger, Johannes Burtscher, and Martin Burtscher. "Nutrition for Older Athletes: Focus on Sex-Differences." *Nutrients* 13, no. 5 (2021): 1409.

Tan, Jingwang, Xiaojian Shi, Jeremy Witchalls, Gordon Waddington, Allan C. Lun Fu, Sam Wu, Oren Tirosh, Xueping Wu, and Jia Han. "Effects of Pre-Exercise Acute Vibration Training on Symptoms of Exercise-Induced Muscle Damage: A Systematic Review and Meta-Analysis." *Journal of Strength and Conditioning Research* 36, no. 8 (August 2020): 2339–48.

Zehr, E. Paul. "The Man of Steel, Myostatin, and Super Strength." Accessed October 21, 2021. https://blogs.scientificamerican.com/guest-blog/the -man-of-steel-myostatin-and-super-strength/.

Zoladz, Jerzy A. *Muscle and Exercise Physiology*. Cambridge, MA: Academic Press, 2018.

7장. 인간의 문화

Andersen, Jesper L., Peter Schjerling, and Bengt Saltin. "Muscle, Gene, and Athletic Performance." *Scientific American* 283, no. 3 (2000): 48–55.

Armstrong, Brock. "Do Amino Acids Build Bigger Muscles?" Accessed October 21, 2021. https://www.scientificamerican.com/article/do -amino-acids-build-bigger-muscles/.

Arnold, Carrie. "Virus Pumps Up Male Muscles—in Mice." Accessed October 20, 2021. https://www.scientificamerican.com/article/virus -pumps-up-male-muscles-in-mice/.

Beauty, Jivaka. "Easy Calf Reduction Methods for Beautiful Legs." Accessed October 21, 2021. https://beauty.jivaka.care/blogs/blog/slim -legs-with-calf-muscle-reduction-and-slimming-procedures.

Black, Ronald. "The Age of Sports—When Do Athletes Begin to Decline within Their Sport?" Accessed October 21, 2021. https:// www.legitgamblingsites.com/blog/when-do-athletes-begin-to-decline -within-their-sport/.

Britannica. "Eugen Sandow." Accessed October 21, 2021. https://www .britannica.com/biography/Eugen-Sandow.

Brown-Séquard, C. E. "The Effects Produced on Man by Subcutaneous Injections of Liquid Obtained from the Testicles of Animals." *Lancet* 2 (1889): 105.

Brzeziańska, E., D. Domańska, and A. Jegier. "Gene Doping in Sport— Perspectives and Risks." *Biology of Sport* 31, no. 4 (2014): 251–59.

Carreyrou, John. "Flap over Doping Taints Another Group of Athletes— Pigeons." Accessed October 21, 2021. https://www.wsj.com/articles/ SB110012337895470540.

Catlin, Oliver. "The WADA Prohibited List: A Guide and Temptation in Sports Nutrition." Accessed October 21, 2021. https://www .naturalproductsinsider.com/sports-nutrition/wada-prohibited-list -guide-and-temptation-sports-nutrition.

Cranswick, Ieuan. "Beyond the Muscles: Exploring the Meaning and Role of Muscularity in Identity." Accessed October 21, 2021. https://core.ac .uk/reader/222832880.

Dandoy, Christopher, and Rani S. Gereige. "Performance-Enhancing Drugs." *Pediatrics in Review* 33, no. 6 (2012): 265–72.

Davis, Josh. "Eugen Sandow: A Body Worth Immortalising." Accessed October 21, 2021. https://www.nhm.ac.uk/discover/eugen-sandow-a -body-worth-immortalising.html.

Economist. "Sport Is Still Rife with Doping." Accessed October 21, 2021. https://www.economist.com/science-and-technology/2021/07/14/sport-is-still-rife-with-doping.

Giaimo, Cara. "Were Colonial Men Obsessed with Their Calves?" Accessed October 21, 2021. https://www.atlasobscura.com/articles/colonial -calves-men-fashion-myth.

Gill, Michael. "A History of Stone Lifting and Strongman." Accessed October 21, 2021. https://barbend.com/strongman-stone-history/.

Government of Canada. "What Happens to Muscles in Space." Accessed October 20, 2021. https://www.asc-csa.gc.ca/eng/sciences/osm/muscles .asp.

Greenemeier, Larry. "Unnatural Selection: Muscles, Genes and Genetic Cheats." Accessed October 20, 2021. https://www.scientificamerican .com/article/muscles-genes-cheats-2012-olympics-london/.

Huebner, Marianne, and Aris Perperoglou. "Performance Development from Youth to

Senior and Age of Peak Performance in Olympic Weightlifting." *Frontiers in Physiology* 10 (2019): 1121.

Longman, Jeré. "85-Year-Old Marathoner Is So Fast That Even Scientists Marvel." Accessed October 21, 2021. https://www.nytimes .com/2016/12/28/sports/ed-whitlock-marathon-running.html.

Malcata, Rita M., and Will G. Hopkins. "Variability of Competitive Performance of Elite Athletes: A Systematic Review." *Sports Medicine* 44, no. 12 (2014): 1763–74.

Malta, Elvis S., Yago M. Dutra, James R. Broatch, David J. Bishop, and Alessandro M. Zagatto. "The Effects of Regular Cold-Water Immersion Use on Training-Induced Changes in Strength and Endurance Performance: A Systematic Review with Meta-Analysis." *Sports Medicine* 1, no. 1 (2021): 161–74.

Melville, Herman. *Typee*. New York: Wiley and Putnam, 1846.

Momaya, Amit, Marc Fawal, and Reed Estes. "Performance-Enhancing Substances in Sports: A Review of the Literature." *Sports Medicine* 45, no. 4 (2015): 517–31.

Morgan, Chance. "The History of Strength Training." Accessed October 21, 2021. http://thesportdigest.com/archive/article/history-strength -training.

Murden, Sarah. "Bums, Tums and Downy Calves." Accessed October 21, 2021. https://georgianera.wordpress.com/2014/07/22/bums-tums-and -downy-calves/.

Petersen, A. C., and J. J. Fyfe. "Post-Exercise Cold Water Immersion Effects on Physiological Adaptations to Resistance Training and the Underlying Mechanisms in Skeletal Muscle: A Narrative Review." *Frontiers in Sports and Active Living* 8, no. 3 (2021): 660291.

Robinson, Joshua. "How to Exhaust a Tour de France Racer: Ask Him to Take a Walk." Accessed October 20, 2021. https://www .wsj.com/articles/tour-de-france-cycle-racers-walk-10- 000-steps -11600275036?mod=searchresults_pos15&page=2.

Schwarzenegger, A. *The New Encyclopedia of Modern Bodybuilding*. New York: Fireside/Simon and Schuster, 1999.

Segre, Paolo S., Jean Potvin, David E. Cade, John Calambokidis, Jacopo Di Clemente, Frank E. Fish, Ari S. Friedlaender, William T. Gough, et al. "Energetic and Physical Limitations on the Breaching Performance of Large Whales." *eLife* 9 (2020): e51760.

Stone, Ken. "Dash of History: 100-Year-Old Sets 5 World Records." Accessed October 21, 2021. https://timesofsandiego.com/sports/2015/09/20/ dash-of-history-100-year-old-sets-5-world-records/.

Tan, Jingwang, Xiaojian Shi, Jeremy Witchalls, Gordon Waddington, Allan C. Lun Fu, Sam Wu, Oren Tirosh, Xueping Wu, and Jia Han. "Effects of Pre-Exercise Acute Vibration Training on Symptoms of Exercise-Induced Muscle Damage: A Systematic Review and Meta-Analysis." *Journal of Strength and Conditioning Research* 36 (2020): 2339–48.

Twardziak, Kelly. "10 Facts About Bodybuilding Legend Eugen Sandow." Accessed October 21, 2021. https://www.muscleandfitness.com/athletes -celebrities/news/10-facts-about-bodybuilding-legend-eugen-sandow/.

Vance, John. "Effective Drug Policies for Racing Pigeons." Accessed October 21, 2021. https://www.pigeonracingpigeon.com/pigeon-racing/effective -drug-policies-for-racing-pigeons/.

Wise, J. *Extreme Fear: The Science of Your Mind in Danger*. New York: Palgrave Macmillan, 2011.

World Anti-Doping Agency. "World Anti-Doping Code International Standard Prohibited List 2021." Accessed October 21, 2021. https://www .wada-ama.org/sites/default/files/resources/files/2021list_en.pdf.

Yeager, Selene. "This Woman Just Biked at 184 MPH to Smash the Bicycle Speed Record." Accessed October 20, 2021. https://www.bicycling.com/ news/a23281242/denise-mueller-korenek-breaks-bicycle-speed-record/.

8장. 불편함과 질병

Afonso, José, Filipe Manuel Clemente, Fábio Yuzo Nakamura, Pedro Morouço, Hugo Sarmento, Richard A. Inman, and Rodrigo Ramirez-Campillo. "The Effectiveness of Post-Exercise Stretching in Short-Term and Delayed Recovery of Strength, Range of Motion and Delayed Onset Muscle Soreness: A Systematic Review and Meta-Analysis of Randomized Controlled Trials." *Frontiers in Physiology* 12 (2021): 677581.

Agergaard, J., S. Leth, T. H. Pedersen, T. Harbo, J. U. Blicher, P. Karlsson, L. Østergaard, H. Andersen, and H. Tankisi. "Myopathic Changes in Patients with Long-Term Fatigue after COVID-19." *Clinical Neurophysiology* 132, no. 8 (2021): 1974–81.

Bunnell, Sterling. "Restoring Flexion to the Paralytic Elbow." *Journal of Bone and Joint Surgery* 33, no. 3 (1951): 569.

Choi, Ji Yun, Hyo Joon Kim, and Seong Yong Moon. "Management of the Paralyzed Face Using Temporalis Tendon Transfer via Intraoral and Transcutaneous Approach." *Maxillofacial Plastic and Reconstructive Surgery* 40, no. 1 (2018): 24.

Fang, Wang, and Yasaman Nasir. "The Effect of Curcumin Supplementation on Recovery Following Exercise-Induced Muscle Damage and Delayed-Onset Muscle Soreness: A Systematic Review and Meta-Analysis of Randomized Controlled Trials." *Physiotherapy Research* 35, no. 4 (2021): 1768–81.

Fernández-Lázaro, D., J. Mielgo-Ayuso, J. Seco Calvo, A. Córdova Martínez, A. Caballero García, and C. I. Fernandez-Lazaro. "Modulation of Exercise-Induced Muscle Damage, Inflammation, and Oxidative Markers by Curcumin Supplementation in a Physically Active Population: A Systematic Review." *Nutrients* 12, no. 2 (2020): 501.

Gawecki, Maciej. "Adjustable Versus Nonadjustable Sutures in Strabismus Surgery—Who Benefits the Most?" *Journal of Clinical Medicine* 9, no. 2 (2020): 292–305.

Giuriato, G., A. Pedrinolla, F. Schena, and M. Venturelli. "Muscle Cramps: A Comparison of the Two-Leading Hypothesis." *Journal of Electromyography and Kinesiology* 41 (2018): 89–95.

Heiss, Rafael, Christoph Lutter, Jürgen Freiwald, Matthias W. Hoppe, Casper Grim, Klaus Poettgen, Raimund Forst, et al. "Advances in Delayed-Onset Muscle Soreness (DOMS)—Part II: Treatment and Prevention." *Sportsverletzung Sportschaden* 33, no. 1 (2019): 21–29.

Kolata, Gina. "A Very Muscular Baby Offers Hope Against Diseases." Accessed October 20, 2021. https://www.nytimes.com/2004/06/24/ us/a-very-muscular-baby-offers-hope-against-diseases.html.

Ma, Fenghao, Yingqi Li, Jinchao Yang, Xidian Li, Na Zeng, and RobRoy L. Martin. "The Effectiveness of Low Intensity Exercise and Blood Flow Restriction without Exercise on Exercise Induced Muscle Damage: A Systematic Review." *Physical Therapy in Sport* 46 (2020): 77–88.

Maughan, R. J., and S. M. Shirreffs. "Muscle Cramping during Exercise: Causes, Solutions, and Questions Remaining." *Sports Medicine* 49, Supplement 2 (2019): 115–24.

Mueller, Amber L., Andrea O'Neill, Takako I. Jones, Anna Llach, Luis Alejandro Rojas, Paraskevi Sakellariou, Guido Stadler, et al. "Muscle Xenografts Reproduce Key Molecular Features of Facioscapulohumeral Muscular Dystrophy." *Experimental*

Neurology 320 (2019): 113011.

Négyesi, János, Li Yin Zhang, Rui Nian Jin, Tibor Hortobágyi, and Ryoichi Nagatomi. "A Below-Knee Compression Garment Reduces FatigueInduced Strength Loss but Not Knee Joint Position Sense Errors." *European Journal of Applied Physiology* 121, no. 1 (2021): 219–29.

Okabe, Yuka Tsukagoshi, Shinobu Shimizu, Yukihiro Suetake, Hisako Matsui-Hirai, Shizuka Hasegawa, Keisuke Takanari, Kazuhiro Toriyama, et al. "Biological Characterization of Adipose-Derived Regenerative Cells Used for the Treatment of Stress Urinary Incontinence." *International Journal of Urology* 28, no. 1 (2021): 115–24.

Puntillo, Filomena, Mariateresa Giglio, Antonella Paladini, Gaetano Perchiazzi, Omar Viswanath, Ivan Urits, Carlo Sabbà, et al. "Pathophysiology of Musculoskeletal Pain: A Narrative Review." *Therapeutic Advances in Musculoskeletal Disease* 12 (2021): 1759720X21995067.

Romero-Parra, Nuria, Rocío Cupeiro, Victor M. Alfaro-Magallanes, Bea triz Rael, Jacobo Á. Rubio-Arias, Ana B. Peinado, Pedro J. Benito, and IronFEMME Study Group. "Exercise-Induced Muscle Damage during the Menstrual Cycle: A Systematic Review and Meta-Analysis." *Journal of Strength and Conditioning Research* 35, no. 2 (2021): 549–61.

Roth, Stephen M. "Why Does Lactic Acid Build Up in Muscles? And Why Does It Cause Soreness?" Accessed October 20, 2021. https://www .scientificamerican.com/article/why-does-lactic-acid-buil/.

Rutecki, G. W., A. J. Ognibene, and J. D. Geib. "Rhabdomyolysis in Antiquity. From Ancient Descriptions to Scientific Explication." *Pharos* 61, no. 2 (1998): 18–22.

Saber, Mohamed. "Myositis Ossificans." Accessed October 21, 2021. https://radiopaedia.org/articles/myositis-ossificans-1?lang=us.

Selva-O'Callaghan, Albert, Marcelo Alvarado-Cardenas, Iago PinalFernández, Ernesto Trallero-Araguás, José Cesar Milisenda, María Ángeles Martínez, Ana Marín, Moisés Labrador-Horrillo, et al. "StatinInduced Myalgia and Myositis: An Update on Pathogenesis and Clinical Recommendations." *Expert Review of Clinical Immunology* 14, no. 3 (2018): 215–24.

Stefanelli, Lucas, Evan J. Lockyer, Brandon W. Collins, Nicholas J. Snow, Julie Crocker, Christopher Kent, Kevin E. Power, et al. "Delayed-Onset Muscle Soreness and Topical Analgesic Alter Corticospinal Excitability of the Biceps Brachii." *Medicine and Science in*

Sports and Exercise 51, no. 11 (2019): 2344–56.

Swash M., D. Czesnik, and M. de Carvalho. "Muscle Cramp: Causes and Management." *European Journal of Neurology* 26, no. 2 (2019): 214–21.

Thilo, Jürgen Freiwald, Matthias Wilhelm Hoppe, Christoph Lutter, Raimund Forst, Casper Grim, Wilhelm Bloch, Moritz Hüttel, et al. "Advances in Delayed-Onset Muscle Soreness (DOMS): Part I: Pathogenesis and Diagnostics." *Sportsverletzung Sportschaden* 32, no. 4 (2019): 243–50.

Walton, Zeke, Milton Armstrong, Sophia Traven, and Lee Leddy. "Pedicled Rotational Medial and Lateral Gastrocnemius Flaps: Surgical Technique." *Journal of the American Academy of Orthopaedic Surgeons* 25, no. 11 (2017): 744–51.

Wan, Jing-jing, Zhen Qin, Peng-yuan Wang, Yang Sun, and Xia Liu. "Muscle Fatigue: General Understanding and Treatment." *Experimental and Molecular Medicine* 49, no. 10 (2017): e384.

Ward, Natalie C., Gerald F. Watts, and Robert H. Eckel. "Statin Toxicity Mechanistic Insights and Clinical Implications." *Circulation Research* 124 (2019): 328–50.

9장. 동물의 근육

Boas, J. E. V., and Simon Paulli. *The Elephant's Head; Studies in the Comparative Anatomy of the Organs of the Head of the Indian Elephant and Other Mammals*. Copenhagen: Carlsberg Fund, 1908–1925.

Boswall, Jeffery. "How Birds Sing." Accessed October 21, 2021. https:// www.bl.uk/the-language-of-birds/articles/how-birds-sing.

Britannica. "Syrinx Bird Anatomy." Accessed October 20, 2021. https:// www.britannica.com/science/syrinx-bird-anatomy.

Burrows, Malcolm. "Jumping Performance of Froghopper Insects." *Journal of Experimental Biology* 209, no. 23 (2006): 4607–21.

Callier, Viviane. "Too Small for Big Muscles, Tiny Animals Use Springs." Accessed October 18, 2021. https://www.scientificamerican.com/ article/too-small-for-big-muscles-tiny-animals-use-springs/.

Chantler, P. D. "Scallop Adductor Muscles: Structure and Function." *Developments in Aquaculture and Fisheries Science* 35 (2006): 229–316.

Chatfield, Matthew. "Woodpeckers' Tongues Fit the Bill." Accessed October 21, 2021.

https://naturenet.net/blogs/2008/02/10/woodpeckers-tongues -fit-the-bill/.

Chen, Natalie. "A Flexible Body Allows the Earthworm to Burrow Through Soil." Accessed March 1, 2022. https://asknature.org/strategy/a-flexible -body-allows-the-earthworm-to-burrow-through-soil/.

Dewhurst, H. W. *The Natural History of the Order Cetacea, and the Oceanic Inhabitants of the Arctic Regions*. London: H. W. Dewhurst, 1834.

Gil, Kelsey N., Margo A. Lillie, A. Wayne Vogl, and Robert E. Shadwick. "Rorqual Whale Nasal Plugs: Protecting the Respiratory Tract against Water Entry and Barotrauma." *Journal of Experimental Biology* 223, no. 4 (2020): jeb219691.

Gill, Robert E., Jr., T. Lee Tibbitts, David C. Douglas, Colleen M. Handel, Daniel M. Mulcahy, Jon C. Gottschalk, Nils Warnock, et al. "Extreme Endurance Flights by Landbirds Crossing the Pacific Ocean: Ecological Corridor Rather Than Barrier?" *Proceedings: Biological Sciences* 276, no. 1656 (2009): 447–57.

Guglielmo, Christopher G., Theunis Piersma, and Tony D. Williams. "A Sport-Physiological Perspective on Bird Migration: Evidence for FlightInduced Muscle Damage." *Journal of Experimental Biology* 204, no. 15 (2001): 2683–90.

Harrison, Robert. "On the Anatomy of the Elephant." *Proceedings of the Royal Irish Academy* 3 (1844–1847): 392–98.

Higham, Timothy E., and Anthony P. Russell. "Flip, Flop and Fly: Modulated Motor Control and Highly Variable Movement Patterns of Autotomized Gecko Tails." *Biology Letters* 6, no. 1 (2010): 70–73.

Kaminski, Juliane, Bridget M. Waller, Rui Diogo, Adam Hartstone-Rose, and Anne M. Burrows. "Evolution of Facial Muscle Anatomy in Dogs." *Proceedings of the National Academy of Sciences* 116, no. 29 (2019): 14677–81.

Kier, William M. "The Musculature of Coleoid Cephalopod Arms and Tentacles." *Frontiers in Cell and Developmental Biology* 18, no. 4 (2016): 10.

Landys-Cianelli, M. M., T. Piersma, and J. Jukema. "Strategic Size Changes of Internal Organs and Muscle Tissue in the Bar-Tailed Godwit during Fat Storage on a Spring Stopover Site." *Functional Ecology* 17, no. 2 (2003): 151–59.

Langworthy, Orthello R. "A Morphological Study of the Panniculus Carnosus and Its Genetical Relationship to the Pectoral Musculature in Rodents." *American Journal of Anatomy* 35, no. 2 (1925): 283–302.

Naldaiz-Gastesi, Neia, Ola A. Bahri, Adolfo López de Munain, Karl J. A. McCullagh, and Ander Izeta. "The Panniculus Carnosus Muscle: An Evolutionary Enigma at the Intersection of Distinct Research Fields." *Journal of Anatomy* 233, no. 3 (2018): 275–88.

Patel, Amir, Edward Boje, Callen Fisher, Leeann Louis, and Emily Lane. "Quasi-Steady State Aerodynamics of the Cheetah Tail." *Biology Open* 5, no. 8 (2016): 1072–76.

Schmidt, Marc F., and J. Martin Wild. "The Respiratory-Vocal System of Songbirds: Anatomy, Physiology, and Neural Control." *Progress in Brain Research* 212 (2014): 297–335.

Tramacere, F., L. Beccai, M. Kuba, A. Gozzi, A. Bifone, and B. Mazzolai. "The Morphology and Adhesion Mechanism of Octopus Vulgaris Suckers." *PLOS One* 8, no. 6 (2013): 65074.

Wilson, J. F., U. Mahajan, S. A. Wainwright, and L. J. Croner. "A Continuum Model of Elephant Trunks." *Journal of Biomechanical Engineering* 113, no. 1 (1991): 79–84.

10장. 힘을 만들어내는 다른 요소들

Abraham, Zachary, Emma Hawley, Daniel Hayosh, Victoria A. WebsterWood, and Ozan Akkus. "Kinesin and Dynein Mechanics: Measurement Methods and Research Applications." *Journal of Biomechanical Engineering* 140, no. 2 (2018): 0208051–02080511.

Berg, Howard C. "The Rotary Motor of Bacterial Flagella." *Annual Review of Biochemistry* 72 (2003): 19–54.

Botanical Society of America. "The Mysterious Venus Flytrap." Accessed October 21, 2021. https://www.wsj.com/articles/olympic-runner-failed-drug-test -burrito-shelby-houlihan-11623867500?mod=hp_major_pos1#cxrecs_s.

Chen, Xiang-Jun, Huan Xu, Helen M. Cooper, and Yaobo Liu. "Cytoplasmic Dynein: A Key Player in Neurodegenerative and Neurodevelopmental Diseases." *Science China Life Sciences* 57, no. 4 (2014): 372–77.

Cooper, G. M., and M. A. Sunderland. *The Cell: A Molecular Approach*. 2nd ed. Washington, DC: American Society of Microbiology, 2000.

Darwin, Charles, and Francis Darwin. *The Power of Movement in Plants*. New York: D. Appleton, 1898.

Duan, Zhongrui, and Motoki Tominaga. "Actin-Myosin XI: An Intracellular Control

Network in Plants." *Biochemical and Biophysical Research Communications* 506, no. 2 (2018): 403–8.

Ebrahimkhani, Mo R., and Michael Levin. "Synthetic Living Machines: A New Window on Life." *iScience* 24, no. 5 (2021): 102502.

Ellis, C. H. "The Mechanism of Extension of the Legs of Spiders." *Biological Bulletin* 86 (1944): 41–50.

Ghoshdastider, U., S. Jiang, D. Popp, and R. C. Robinson. "In Search of the Primordial Actin Filament." *Proceedings of the National Academy of Sciences* 112, no. 30 (2015): 9150–51.

Gubert, Carolina, and Anthony J. Hannan. "Exercise Mimetics: Harnessing the Therapeutic Effects of Physical Activity." *Nature Reviews Drug Discovery* 20, no. 11 (2021): 862–79.

Gunning, P. W., U. Ghoshdastider, S. Whitaker, D. Popp, and R. C. Robinson. "The Evolution of Compositionally and Functionally Distinct Actin Filaments." *Journal of Cell Science* 128, no. 11 (2015): 2009–19.

Hagihara, Takuma, and Masatsugu Toyota. "Mechanical Signaling in the Sensitive Plant Mimosa pudica L." *Plants (Basel)* 9, no. 5 (2020): 587.

Hartman, M. Amanda, and James A. Spudich. "The Myosin Superfamily at a Glance." *Journal of Cell Science* 125, no. 7 (2012): 1627–32.

Hawley, John A., Michael J. Joyner, and Daniel J. Green. "Mimicking Exercise: What Matters Most and Where to Next?" *Journal of Physiology* 599, no. 3 (2021): 791–802.

Hendriks, Adam G. "Low Efficiency Spotted in a Molecular Motor." *Physics* 11 (2018): 120.

Hinz, Boris, and David Lagares. "Evasion of Apoptosis by Myofibroblasts: A Hallmark of Fibrotic Diseases." *Nature Reviews Rheumatology* 16 (2020): 11–31.

Hoffmeister, Dirk, and Markus Gressler. *Biology of the Fungal Cell*. New York: Springer, 2019.

Iino, Ryota, Kazushi Kinbara, and Zev Bryant. "Introduction: Molecular Motors." *Chemical Reviews* 120, no. 1 (2020): 1–4.

Krakhmal, N. V., M. V. Zavyalova, E. V. Denisov, S. V. Vtorushin, and V. M. Perelmuter. "Cancer Invasion: Patterns and Mechanisms." *Acta Naturae* 7, no. 2 (2015): 17–28.

Kuek, Li Eon, and Robert J. Lee. "First Contact: The Role of Respiratory Cilia in Host-Pathogen Interactions in the Airways." *American Journal of Physiology—Lung, Cell, and*

Molecular Physiology 319, no. 4 (2020): L603–L619.

Kuiken, Todd A., Ann K. Barlow, Levi Hargrove, and Gregory A. Dumanian. "Targeted Muscle Reinnervation for the Upper and Lower Extremity." *Techniques in Orthopaedics* 32, no. 2 (2017): 109–16.

Kurth, Elizabeth G., Valera V. Peremyslov, Hannah L. Turner, Kira S. Makarova, Jaime Iranzo, Sergei L. Mekhedov, Eugene V. Koonin, et al. "Myosin-Driven Transport Network in Plants." *Proceedings of the National Academy of Sciences* 114, no. 8 (2017): E1385–E1394.

La Porta, Caterina, and Stefano Zapperi. *Cell Migrations: Causes and Functions*. New York: Springer, 2019.

Lauga, Eric. *The Fluid Dynamics of Cell Motility*. Cambridge: Cambridge University Press, 2020.

Lindås, Ann-Christin, Karin Valegård, and Thijs J. G. Ettema. "Archaeal Actin-Family Filament Systems." *Subcellular Biochemistry* 84 (2017): 379–92.

Lou, Sunny S., Andrew S. Kennard, Elena F. Koslover, Edgar Gutierrez, Alexander Groisman, and Julie A. Theriot. "Elastic Wrinkling of Keratocyte Lamellipodia Driven by Myosin-Induced Contractile Stress." *Biophysical Journal* 120, no. 9 (2021): 1578–91.

McGrath, Jamis, Roy Pallabi, and Benjamin J. Perrin. "Stereocilia Morphogenesis and Maintenance Through Regulation of Actin Stability." *Seminars in Cell and Developmental Biology* 65 (2017): 88–95.

Morell, Maria, A. Wayne Vogl, Lonneke L. IJsseldijk, Marina Piscitelli-Doshkov, Ling Tong, Sonja Ostertag, Marissa Ferriera, et al. "Echolocating Whales and Bats Express the Motor Protein Prestin in the Inner Ear: A Potential Marker for Hearing Loss." *Frontiers in Veterinary Science* 7 (2020): 429.

Mueller, Sabine. "Plant Cell Division—Defining and Finding the Sweet Spot for Cell Plate Insertion." *Current Opinion in Cell Biology* 60 (2019): 9–18.

Nangole, Ferdinand, and George W. Agak. "Keloid Pathology: Fibroblast or Inflammatory Disorder?" *JPRAS Open* 22 (2019): 44–54.

Okimura, Chika, Atsushi Taniguchi, Shigenori Nonaka, and Yoshiaki Iwadate. "Rotation of Stress Fibers as a Single Wheel in Migrating Fish Keratocytes." *Scientific Reports* 2018, no. 8 (2018): 10615.

Parry, Wynne. "How the Venus Flytrap Kills and Digests Its Prey." Accessed October 21,

2021. https://www.livescience.com/15910-venus -flytrap-carnivorous.html.

Poppinga, Simon, Carmen Weisskopf, Anna Sophia Westermeier, Tom Masselter, and Thomas Speck. "Fastest Predators in the Plant Kingdom: Functional Morphology and Biomechanics of Suction Traps Found in the Largest Genus of Carnivorous Plants." *AoB Plants* 8 (2015): plv140.

Ryan, Jennifer M., and Andreas Nebenführ. "Update on Myosin Motors: Molecular Mechanisms and Physiological Functions." *Plant Physiology* 176, no. 1 (2018): 119–27.

Sahi, Vaidurya Pratap, and František Baluška. *Concepts in Cell Biology— History and Evolution*. New York: Springer, 2018.

Trepat, Xavier, Zaozao Chen, and Ken Jacobson. "Cell Migration." *Comprehensive Physiology* 2, no. 4 (2012): 2369–92.

Wang, Yifeng, and Hua Li. "Bio-Chemo-Electro-Mechanical Modelling of the Rapid Movement of Mimosa pudica." *Bioelectrochemistry* 134 (2020): 107533.

Wayne, Randy O. "Actin- and Microfilament-Mediated Processes." In *Plant Cell Biology: From Astronomy to Zoology*, 2nd ed. Cambridge, MA: Academic Press, 2018.

Woodhouse, Francis G., and Raymond E. Goldstein. "Cytoplasmic Streaming in Plant Cells Emerges Naturally by Microfilament SelfOrganization." *Proceedings of the National Academy of Sciences* 110, no. 35 (2013): 14132–37.

Wooley, David M. "Flagellar Oscillation: A Commentary on Proposed Mechanisms." *Biologic Reviews of the Cambridge Philosophical Society* 85, no. 3 (2010): 453–70.

Yamada, Kenneth M., and Michael Sixt. "Mechanisms of 3D Cell Migration." *Nature Reviews of Molecular and Cell Biology* 20, no. 12 (2019): 738–52.

Yamaguchi, Takami, Takuji Isikawa, and Yohsuke Imai. *Integrated Nano-Biomechanics*. Amsterdam: Elsevier, 2018.

Zheng, Huang, Yuxin Liu, and Zi Chen. "Fast Motion of Plants: From Biomechanics to Biomimetics." *Journal of Postdoctoral Research* 1, no. 2 (2013): 40–50.

도판의 출처

18쪽	J. G. De Lint. *Atlas of the History of Medicine*, Vol. 1: *Anatomy*. New York: Hoeber, 1926.
25쪽 오른쪽	Visible Human Male Project. Courtesy of the National Library of Medicine.
28쪽	Courtesy of the National Library of Medicine.
29쪽	Visible Human Male Project. Courtesy of the National Library of Medicine.
121쪽	Photomicrograph courtesy of Scott D. Nelson, MD.
157쪽	Courtesy of Benjamin Plotkin, MD.
194쪽 왼쪽	Alex Feldstein, Creative Commons.
197쪽 아래	Courtesy of the Dallas Museum of Art.
217쪽	Courtesy of Paul N. Chugay, MD.
243쪽	Joh-co, Wikipedia Creative Commons 3.0.
253쪽	Sterling Bunnell. "Restoring Flexion to the Paralytic Elbow." *Journal of Bone and Joint Surgery* 33, no. 3 (July 1951): 569.
254쪽	Subject granted permission; photos courtesy of Roger L. Simpson, MD.
256쪽	Courtesy of the National Cancer Institute.
287쪽 왼쪽	Htirgan, Creative Commons 3.
295쪽	C. David M. Wooley. "Flagellar Oscillation: A Commentary on Proposed Mechanisms." *Biologic Reviews of the Cambridge Philosophical Society* 85, no. 3 (2010): 453~470.
309쪽	Schokraie E, Warnken U, Hotz-Wagenblatt A, Grohme MA, Hengherr S, et al., Creative Commons.

찾아보기

A~Z

옮긴이 고현석
연세대학교 생화학과를 졸업하고 〈서울신문〉 과학부, 〈경향신문〉 생활과학부, 국제부, 사회부 등에서 기자로 일했다. 과학기술처와 정보통신부를 출입하면서 과학 정책, IT 관련 기사를 전문적으로 다루었다. 현재는 과학과 민주주의, 우주물리학, 생명과학, 문화와 역사 등 다양한 분야의 책을 기획하고 우리말로 옮기고 있다. 옮긴 책으로 안토니오 다마지오의 『느낌의 진화』와 『느끼고 아는 존재』를 비롯하여 『지구 밖 생명을 묻는다』, 『코스모스 오디세이』, 『의자의 배신』, 『세상을 이해하는 아름다운 수학 공식』, 『측정의 과학』, 『보이스』, 『제국주의와 전염병』, 『퀏 Quit』, 『우리 몸은 전기다』 등이 있다.

우리는 어떻게 움직이는가

1판 1쇄 2024년 11월 30일
1판 2쇄 2024년 12월 27일

지은이 로이 밀스
옮긴이 고현석
펴낸이 김정순
책임 편집 장준오
편집 허영수
마케팅 이보민 양혜림 손아영

펴낸곳 (주)북하우스 퍼블리셔스
출판등록 1997년 9월 23일 제406-2003-055호
주소 04043 서울시 마포구 양화로 12길 16-9(서교동 북앤빌딩)
전자우편 henamu@hotmail.com
홈페이지 www.bookhouse.co.kr
전화번호 02-3144-3123
팩스 02-3144-3121

ISBN 979-11-6405-293-6 03400

* 해나무는 (주)북하우스퍼블리셔스의 과학 브랜드입니다.